初级维修电工实训指导

主编／李秉玉　祝　福

哈尔滨工程大学出版社

内容简介

本书以最新制定的“维修电工国家职业标准”为依据，结合目前我国大、中型企业实际情况，突出工艺要领与操作技能的培养，书中列举了大量的实训项目，学生经过系统训练后，可达到职业技能鉴定初级以上水平。

全书主要内容有安全用电及触电急救、电工基本操作技能、船舶照明装置及线路的安装、常见变压器的检修与重绕、三相异步电动机操作技能、单相异步电动机安装与维护、常用低压电器的应用与检修、三相异步电动机基本控制线路的安装与维修、电子线路的安装与调试等九章。每章都对相关的基础知识进行了简要介绍，设置了相应的实训项目进行能力训练，突出维修电工操作技能训练，以培养分析和解决实际问题的能力。

本书可作为高职高专电类专业和机电一体化专业教材，也可作为职工培训教材。

图书在版编目(CIP)数据

初级维修电工实训指导/李秉玉，祝福主编. —哈尔滨：哈尔滨工程大学出版社，2008.2(2020.1 重印)
ISBN 978-7-81133-166-0

Ⅰ.初… Ⅱ.①李…②祝… Ⅲ.电工-维修-高等学校：技术学校-教材 Ⅳ.TM07

中国版本图书馆 CIP 数据核字(2008)第 018772 号

出版发行 哈尔滨工程大学出版社
社　　址 哈尔滨市南岗区南通大街 145 号
邮政编码 150001
发行电话 0451-82519328
传　　真 0451-82519699
经　　销 新华书店
印　　刷 肇东市一兴印刷有限公司
开　　本 787mm×1 092mm 1/16
印　　张 12.75
字　　数 277 千字
版　　次 2008 年 2 月第 1 版
印　　次 2020 年 1 月第 4 次印刷
定　　价 22.00 元
http://www.hrbeupress.com
E-mail:heupress@hrbeu.edu.cn

21 世纪高职系列教材编委会

前言

高职教育以“就业为导向，服务为宗旨”为培养目标，培养高素质应用型高技能人才。总体思路是以劳动部制定的初、中级维修电工标准为依据，以职业岗位能力培养为目标，以实训项目为依托，采用任务驱动的方式达到相应知识和技能的训练与掌握。

本书的内容以提高实际能力为目标，围绕维修电工所必须具备的基本理论和操作能力要求进行展开。主要是围绕安全用电及触电急救、电工基本操作技能、船舶照明装置及线路的安装、常见变压器的检修与重绕、三相异步电动机操作技能、单相异步电动机安装与维护、常用低压电器的应用与检修、三相异步电动机基本控制线路的安装与维修、电子线路的安装与调试等九章，进行相关的基础理论知识介绍，针对明确的能力培养目标，对其实训项目进行精心设计，通过完成实际操作任务对各种单项和综合技能进行实训。本书以工作过程和职业活动为导向，以实训项目为载体，注重素质教育，由现象到本质由理论到实践，由浅入深的模块化训练和模块化教学，逐步使学生掌握综合技能。针对本校学生就业特点，实训项目有所偏重船舶工业与国防科技。

能力不是“讲”会的，而是学生“练”会的。以学生为主体，实现教、学、做一体化是我们的教学目标。本书适用于电类各专业高职、中职学生，培养分析和解决问题的能力，掌握维修电工应有的基本技能和应知的基本理论知识。并附录初级维修电工技能试题，便于学生了解劳动和社会保障部的技能鉴定要求，通过实训与学习，达到国家标准，获取相应职业资格证书，成为生产、服务第一线真正需要的应用型人才。

本教材由武汉船舶职业技术学院高级实验师李秉玉老师、副教授祝福老师主编。在编写的过程中得到了船舶电气自动化教研室王文义教授、邓香生老师的大力支持，在此一并表示感谢！

为使本教材能更好地体现高职教育的特点，适应高职教育培养学生实际工作能力的需要，在教学内容的取舍、教学形式的改革、教学方法的创新方面都作了一些探索，在教材建设的特色方面作了很多的努力，但由于编者水平有限，书中缺点和错误在所难免，恳请广大读者批评指正。

编　者

2007年12月

目录

第一章　安全用电及触电急救

第一节　安全用电常识

一、人体安全电压

安全电压是指使通过人体电流不超过允许范围的电压(又称安全特低电压)。其保护原理是:通过对系统中可能作用于人体的电压进行限制,从而使触电时流过人体的电流受到抑制,将触电危险性控制在没有危险的范围内。

国家新的标准规定 50 Hz/500 V 的交流电,其安全电压的额定值分为 42 V,36 V,24 V,12 V 和 6 V 五级,如表 1-1 所示。工频电流对人体作用的分析如表 1-2 所示。

表 1-1　安全电压等级及选用举例

安全电压(交流有效值)/V		选用举例
额定值	空载上限值	
42	50	在有触电危险的场所使用的手持式电动工具等
36	43	潮湿场所,如矿井、多导电粉尘及类似场所使用的照明灯等
24	29	工作面积狭窄,操作者易大面积接触带电体的场所,如锅炉、金属容器内
12	15	人体需要长期触及器具上带电体的场所
6	8	

表 1-2　工频电流对人体作用的分析

电流范围	电流/mA	通电时间	人的生理反应
0	0~0.5	连续通电	没有感觉
A1	0.5~5	连续通电	开始有感觉,手指、手腕等处有痛感,没有痉挛,可以摆脱带电体
A2	5~30	数分钟以内	痉挛,不能摆脱带电体,呼吸困难,血压升高,是可以忍受的极限
A3	30~50	数秒钟到数分钟	心脏跳动不规则,昏迷,血压升高,强烈痉挛,时间过长即引起心室颤动
B1	50~数百	低于心脏搏动周期	受到强烈冲击,但未发生心室颤动
		超过心脏搏动周期	昏迷,心室颤动,接触部位留有电流通过的痕迹
B2	超过数百	低于心脏搏动周期	在心脏搏动特定的相位触电时,发生心室颤动、昏迷,接触部位留有电流通过的痕迹
		超过心脏搏动周期	心脏停止跳动,昏迷,可能致命的电击伤

注:“0”是没有感知的范围,“A”是感知的范围,“B”是容易致命的范围。

二、人体触电的形式

(一)单线触电

单线触电是指人体的一部分接触一相带电体所引起的触电。无意或有意接触带电且没有绝缘皮或绝缘皮损坏(如受潮、接线桩头包扎不当)的导线及与导线连通的导体、用电器金属外壳等是引起单线触电的原因,如图 1-1 所示。

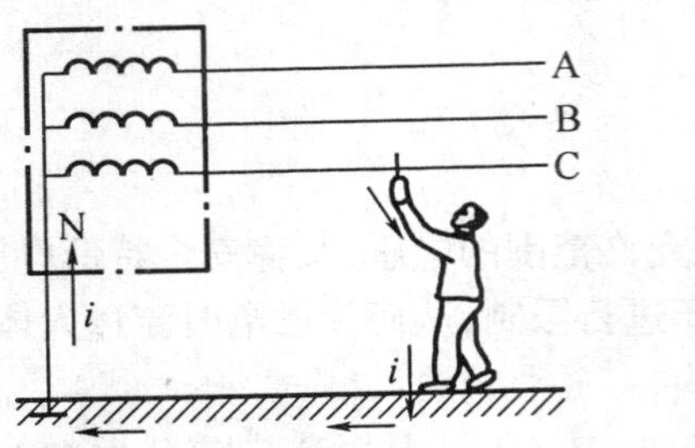

图 1-1 单线触电示意图

(二)双线触电

双线触电是指人体有两处同时接触带电的任何两相电源时的触电,如图 1-2 所示。安装、检修电路或电气设备时没有切断电源,容易发生这类触电事故。

图 1-2 双线触电示意图

(三)跨步电压触电

高压(6 000 V 以上)带电体断落在地面上,在接地点的周围会存在强电场,当人走近断落高压线的着地点时,两脚之间将因承受跨步电压而触电,如图 1-3 所示。

图 1-3 跨步电压触电示意图

三、预防触电的措施

图 1-4 所示是预防触电的常用措施。其中(a)图为防止导电部位外露;(b)图为防止线路和电气设备受潮;(c)图为注意设置接地导体;(d)图为检修时切断电源并在开关处挂牌示警或派专人看守;(e)图为注意设置避雷装置。

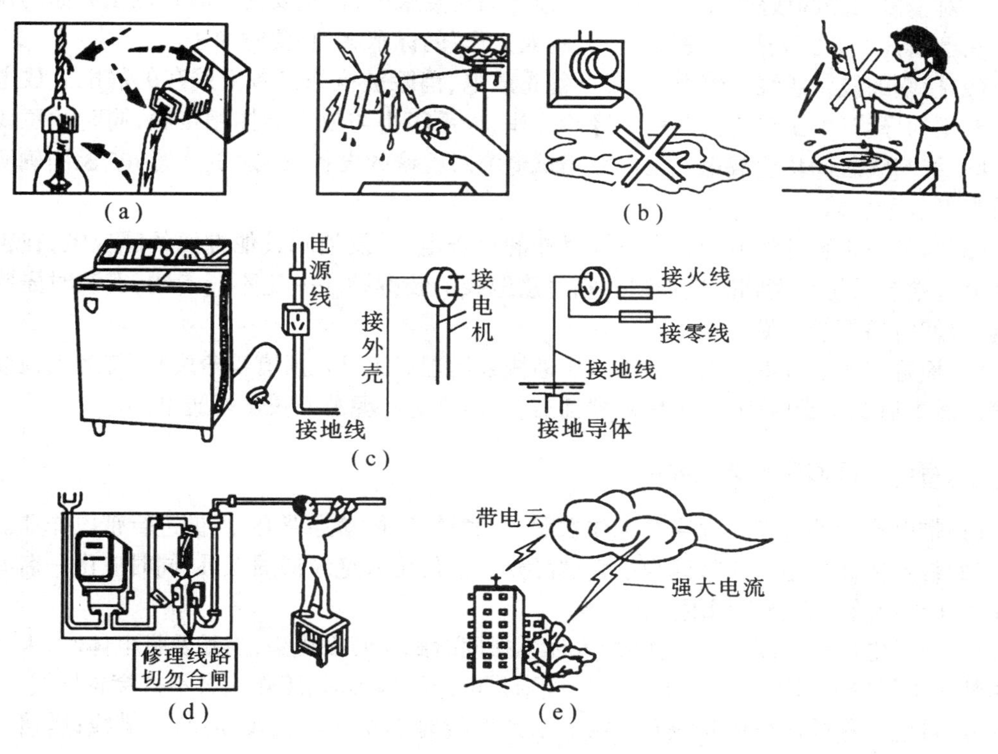

图1-4 预防触电的措施

(a)绝缘线破损要及时更换;(b)防止线路和电气设备受潮;(c)设置接地导体;(d)挂牌检修示警;(e)设置避雷针

第二节 电工安全操作规程

一、电工安全知识

(1)电工必须接受安全教育;患有精神病、癫痫、心脏病及四肢功能有严重障碍者,不能参与电工操作。

(2)在安装、维修电气设备和线路时,必须严格遵守各种安全操作规程和规定。

(3)如图1-5所示,在检修电路时为防止电路突然送电,应采取如下预防措施:

图1-5 电工安全预防措施

①穿上电工绝缘胶鞋;

②站在干燥的木凳或木板上;

③不要接触非木结构的建筑物体;

④不要同没有与大地隔离的人体接触。

二、停电检修的安全操作规程

(1)将检修设备停电,把各方面的电源完全断开,禁止在只经断路器断开电源的设备上工作。对于多回路的线路，要注意防止其他方面突然来电，特别要注意防止低压方面的反送电。在已断开的开关处挂上“禁止合闸，有人工作”的标示牌，必要时加锁。

(2)检修的设备或线路停电后，对设备先放电，消除被检修设备上残存的静电。放电须采用专用的导线(电工专用)，并用绝缘棒操作，人手不得与放电导体相接触，同时注意线与地之间、线与线之间均应放电。放电后用试电笔对检修的设备及线路进行验电，验明确实无电后方可着手检修。

(3)为了防止意外送电和二次系统意外的反送电，以及消除其他方面的感应电，在被检修部分外端装设携带型临时接地线。临时接地线的装拆顺序一定不能弄错，安装时先装接地端，拆卸时后拆接地端。

(4)检修完毕后应拆除携带型临时接地线并清理好工具及所有零角废料，待各点检修人员全部撤离后摘下警告牌、装上熔断器插盖，最后合上电源总开关恢复送电。

三、带电检修的安全操作规程

(1)带电作业的电工必须穿好工作衣服，扣紧袖口，严禁穿背心、短裤进行带电作业。

(2)带电操作的电工应带绝缘手套、穿绝缘鞋、使用有绝缘柄的工具，同时应由一名有带电操作实践经验的人员在周围监护。

(3)在带电的低压线路上工作时，人体不得同时触及两根线头，当触及带电体时，人体的任何部位不得同时触及其他带电体。导线未采取绝缘措施时，工作人员不得穿越导线。

(4)带电操作前应分清相线和零线。断开导线时应先断开相线，后断开零线；搭接导线时应先接零线，后接相线。

第三节　触电的危害及急救

一、触电的危害

当人体触电时，电流会使人体的各种生理机能失常或遭受损害，如烧伤、呼吸困难、心脏麻痹等，严重时会危及生命。触电的危害性与通过人体电流的大小、时间的长短有关，一般认为，若有 50 mA 的电流流经人体心脏即能致命。

二、触电急救

(一)脱离电源

若发现有人触电，切不可惊慌失措，应设法尽快将触电者所接触的带电设备的开关或其他断路设备断开，也可以戴手套或用干燥的衣服包着手并站在木板上去拉触电者，使触电者脱离电源，如图 1－6 所示。

(二)现场急救

当触电者脱离电源后，如果神志清醒且皮肤又未灼伤，可将其抱至通风的地方休息；若触电者呼吸停止，心脏也停止跳动，这种情况往往是休克，应及时拨打 120 急救电话，在医务人员到达之前，采用人工呼吸和心脏挤压的急救方法。

(1)人工呼吸法　使触电者仰卧，救护人员一只手捏紧触电者的鼻子，另一只手掰开触电者的嘴，直接用嘴向触电者口内反复吹气，如图 1－7 所示。

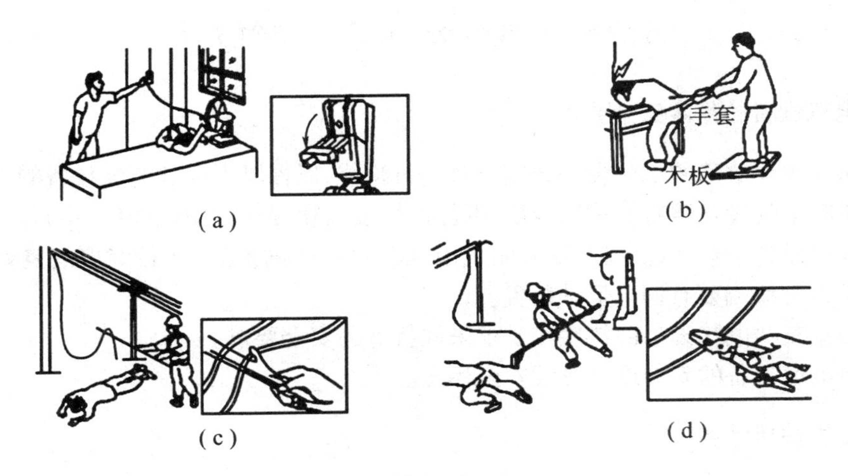

图1-6

(a)拉开开关或拔掉插头;(b)拉开触电者;(c)挑、拉电源线;(d)割断电源线

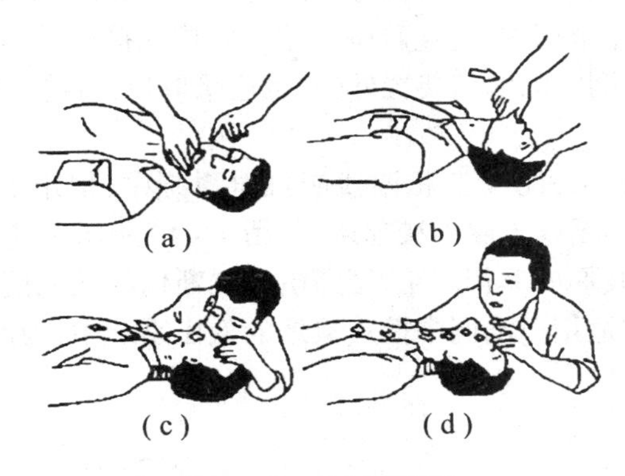

图1-7　人工呼吸法

(2)胸外心脏挤压法　救护人员在触电者的一侧两手相叠,手掌放在其心窝上,如图1-8所示。掌根用力向下挤压,之后掌根迅速放松,让触电者胸部自动复原,血液充满心脏。

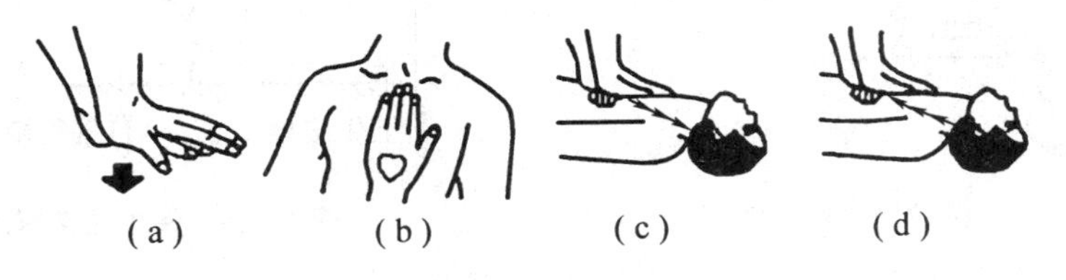

图1-8　胸外心脏挤压法

第四节 电气设备安全运行知识

一、电气设备的基本安全要求

(1)对于出现故障的电气设备必须及时进行检修,以保障人身和电气设备的安全。

(2)所有电气设备要有保护性接地,低压电网要装设保护性中性线(接零)。

(3)电气设备一般不能受潮,要有防止雨、雪、水侵袭的措施;运行时要有良好的通风散热条件;接电源线端要有漏电保护装置。

(4)根据某些电气设备的特性和要求采取特殊的安全要求。

(5)在电气设备的安装地点应设安全标志。

二、保护性接地和接零

(一)保护性接地

保护性接地主要是保护人身的安全,也就是将正常运行的电气设备的不带电金属部分和大地紧密连接起来,如图1-9所示(接地电阻应小于4 Ω)。其原理是通过接地把漏电设备的对地电压限制在安全范围内,防止触电事故。保护性接地适用于中性点不接地的电网。电压高于1 kV的高压电网中的电气装置外壳,也应采取保护性接地。

(二)保护性接零

保护性接零是在220 V/380 V三相四线制供电系统中,把用电设备在正常情况下不带电的金属外壳与电网中的零线牢固连接起来,如图1-10所示。其原理是在设备漏电时,电流经过设备的外壳和零线形成单相短路,短路电流烧断保险丝或使自动开关跳闸,从而切断电源,消除触电危险。它适用于电网中性点接地的低压系统中,为此"三相四线制"也将逐步改为"三相五线制"。

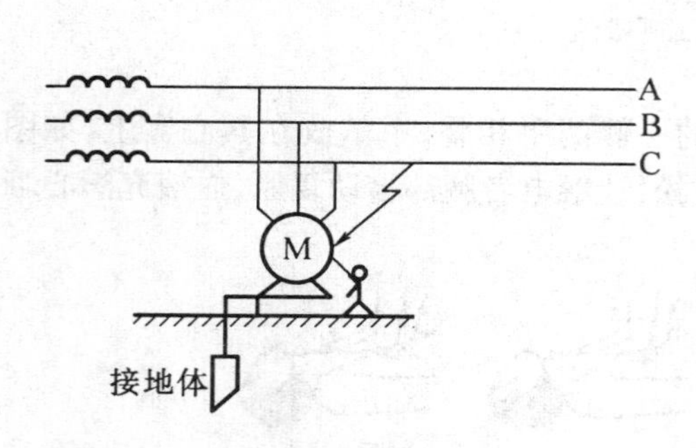

图1-9 保护性接地示意图

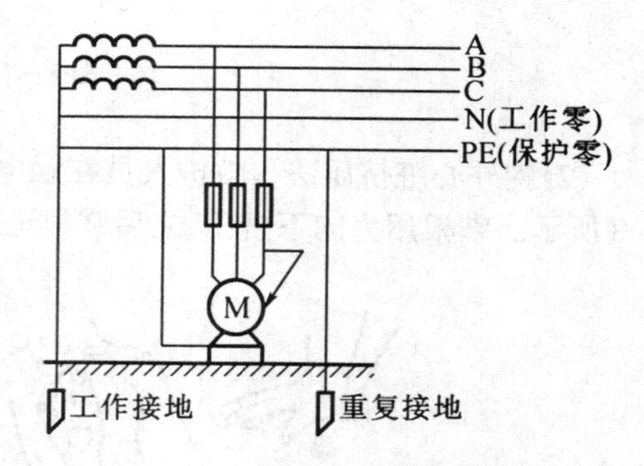

图1-10 保护性接零示意图

必须指出,在同一电网中不允许一部分电气设备接地,而另一部分电气设备接零,以免接地设备一相碰壳短路时,可能由于接地电阻较大而使空气开关中过流脱扣装置不动作,从而使所有接地的设备外壳都带电,反而增加了触电的危险性。

三、漏电保护器

漏电保护器又称漏电开关,是用来防止电气设备和线路等漏电引起人身触电事故的,它能够在设备漏电、外壳呈现危险的对地电压时自动切断电源。在 1 kV 以下的低压电网中，凡有可能触及带电部分或在潮湿场所有电气设备时，都应装设漏电保护装置。漏电保护器的安装使用如图 1 - 11 所示。

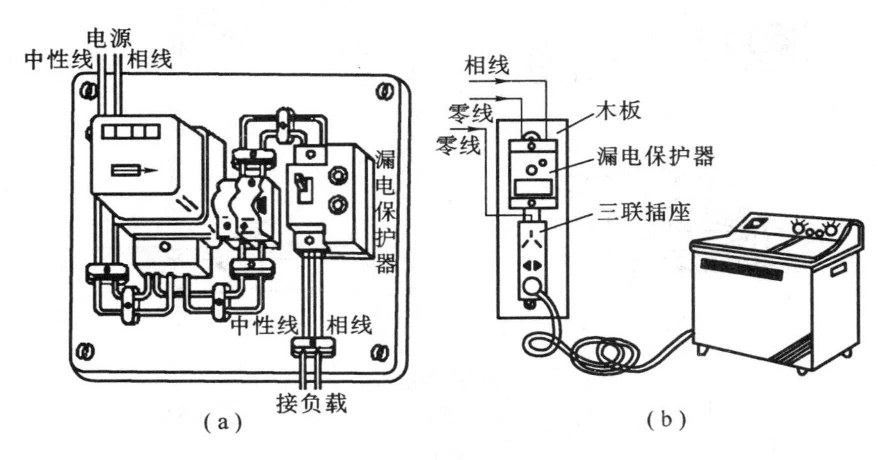

图 1 - 11　漏电保护器安装示意图

(a)家庭总保护安装示意图；(b)单机专用保护安装示意图

第五节　电气防火、防爆、防雷的基本知识

一、防火、防爆

(一)电气火警

电气设备周围有可燃物质，往往容易引起火灾，并可能伴随有爆炸而引起火警。引起电气火警的主要原因有以下几种。

(1)总功率过大　电气设备总功率过大，使导线中的电流超过导线允许通过的最大电流，而保护装置又不能发挥作用，从而引起导线过热，损坏绝缘层，甚至引起火灾，如图 1 - 12(a)所示。

(2)短路　导线短路引起电路中电流过大，以致导线过热燃烧形成火灾，如图 1 - 12(b)所示。

(3)应用电器时间过长　长时间使用热能电器，用后忘记关掉电源，从而引起周围易燃物品燃烧造成火灾，如图 1 - 12(c)所示。

(4)导线接触不良　导线连接处接触不良，电流通过接触点时打火，引起火灾，如图 1 - 12(d)所示。

(二)预防措施

(1)选择合适的导线和电器　当电气设备增多、电功率过大时，及时更换原有电路中不合要求的导线、开关及有关设备。

(2)选择合适的保护装置。

(3)选择绝缘性能好的导线，对热能电器应选用棉织物护套线绝缘。

(4)避免短路　电路中的连接处要连接牢固、接触良好。

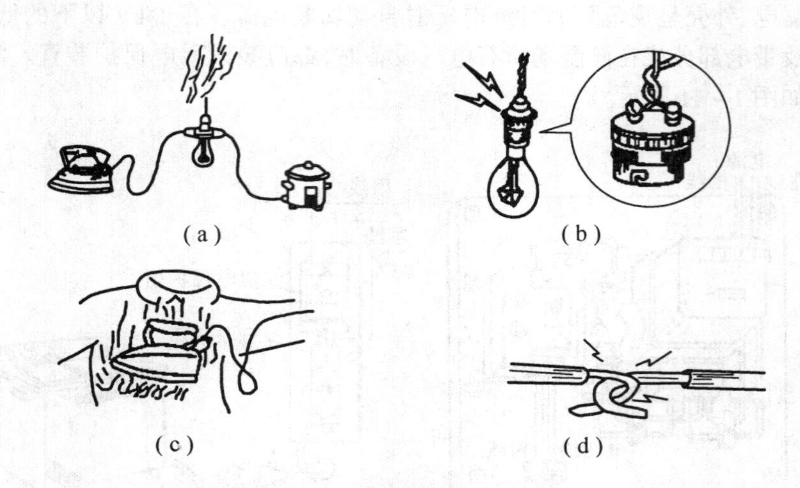

图 1-12　引起火警的原因示意图

(a)总功率过大;(b)导线短路;(c)用电时间过长;(d)导线接触不良

(三)电气消防

在发生电气火灾时应采取以下措施:

(1)发现电子装置、电气设备、电缆等冒烟起火时,要尽快切断电源;

(2)使用沙土或专用灭火器进行灭火;

(3)在灭火时避免将身体或灭火工具触及导线或电气设备;

(4)若不能及时灭火,应立即拨打 119 报警。

可用于电气消防的灭火器的用途和使用方法如表 1-3 所示。

表 1-3　几种灭火器的简介

灭火器种类	用　途	使用方法	检查方法
二氧化碳灭火器	不导电,主要适用于扑灭贵重设备、档案资料、仪器仪表、600 V以下的电器及油脂等火灾	先拔去保险插销,一手拿灭火器手把,另一手紧压压把,气体即可自动喷出。不用时,将压把松开,即可关闭	每3个月测量一次重量,当减少原重的1/10时应充气
四氧化碳灭火器	不导电,适用于扑灭电气设备火灾,但不能扑救钾、钠、镁、铝、乙炔等物质的火灾	打开开关,液体就可喷出	每3个月试喷少许,压力不够时,充气
干粉灭火器	不导电,适用于扑灭石油产品、油漆、有机溶剂、天然气和电气设备的初起火灾	先打开保险销,把喷管口对准火源,拉动拉环,干粉即可喷出灭火	每年检查一次干粉,看其是否受潮或结冰。小钢瓶内气体压力,每半年检查一次,减少1/10时,换气

表 1－3(续)

灭火器种类	用　途	使用方法	检查方法
1211 灭火器	不导电，具有绝缘良好，灭火时不污损物件、不留痕迹、灭火速度快的特点，适用于扑灭油类、精密机械设备、仪表、电子仪器设备及文物、图书、档案等贵重物品的火灾	先拔去安全销，然后握紧压把开关，使 1211 灭火剂喷出。当松开时，阀门关闭，便停止喷射。使用中应垂直操作，不能平放或倒置，喷射应对准火源，并向火源边缘左右扫射，快速向前推进	每 3 年检查一次，察看灭火器上的计量表或称重，如果计量表指示在警戒线或重量减轻 60%，需冲液
泡沫灭火器	导电(不能用于带电设备的灭火)，适用于扑灭油脂类、石油产品及一般固体物质的初起火灾	先将泡沫灭火器取下，在奔跑时，应注意筒身不应倾斜，以免筒内两种药液混合。使用时，将筒身倾斜颠倒，泡沫即从喷嘴喷出，对准火源，即可灭火	每年做一次检查，看其内部的药剂是否有沉淀物，如有沉淀物，说明药剂失效，需要更换新的药剂

二、防雷

雷电是自然界的一种放电现象，常常对电气设备、建筑物、人畜等造成危害，甚至造成爆炸、火灾事故，常用的防雷措施有以下几种。

(一)架设防雷装置

防雷装置是利用其高出被保护物的突出地位，把雷引向自身，然后通过引线和接地装置，把雷电流引入大地。常用的防雷装置有避雷针、避雷器等。避雷针主要用于建筑物的保护，避雷器则是用来防止雷电窜入电力线、信号传输线，从而保证电气设备不被击穿的一种保护装置。防雷器有多种，其外形如图 1－13 所示。

同轴线防雷器

卫星接收防雷器

氧化锌避雷器

阀式避雷器

优化避雷针

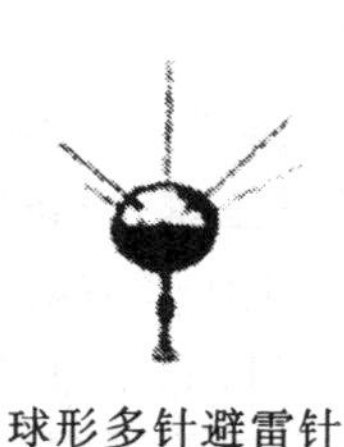
球形多针避雷针

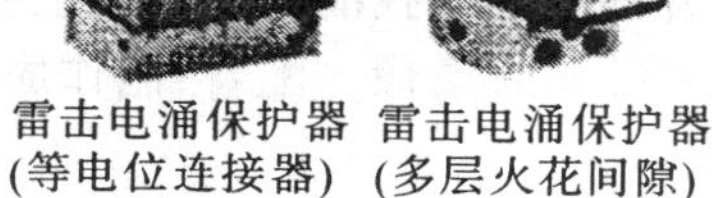
雷击电涌保护器
(等电位连接器)

雷击电涌保护器
(多层火花间隙)

电源防震器

天馈避雷器

双绞线防雷器

图 1－13　常见防雷器外形

(二)电气设备增添过压保护装置

电气设备在电源及其他部位加装过压保护装置来保护电气设备免遭雷击。

(三)日常防雷

在日常生活中要注意以下几点,以防遭受雷击。

(1)雷雨天气应关好门窗,防止球形雷窜入室内造成危害。

(2)雷雨天气暂时不用电器,要拔掉电源插头、电视机天线;不要打电话;不要靠近室内的金属设备,如暖气片、自来水管、下水管等;要离开电源线、电话线、广播线 1.5 m 以外,以防止这些线路和设备对人体的二次放电。另外,不要穿潮湿的衣服,不要靠近潮湿的墙壁。

(3)要远离建筑物的避雷针及其接地引线,防止跨步电压伤人。

(4)雷雨天气最好不要在旷野里行走;尽量远离山顶、海滨、河边、沼泽地、铁丝网、金属晒衣绳等;不要用有金属杆的雨伞,不要把带有金属杆的工具如铁锹、锄头扛在肩上。

(5)躲避雷雨时应选择有屏蔽作用的建筑或物体,如金属箱体、汽车、混凝土房屋等,不要骑自行车和乘坐敞篷车。

(6)人在遭受雷击前,会突然有头发竖起或皮肤颤动的感觉,这时应立刻躺倒在地,或选择低洼处蹲下,双脚并拢,双臂抱膝,头部下俯,尽量缩小暴露面。

实训一　安全知识比赛

【目的】了解电对人的伤害及防范措施,熟悉安全用电与电气消防知识。

【工具、设备和器材】抢答器,计时器。

训练步骤与要点:

(1)布置任务,学生自学教材和参考资料;

(2)组织观看 VCD,进一步了解安全用电与电气消防知识;

(3)以小组为单位,先进行组内比赛,再进行组与组之间的比赛。

实训二　口对口人工呼吸法和胸外心脏压挤法观察

【目的】了解口对口人工呼吸法和胸外心脏压挤法的操作要领。

【工具、设备和器材】棉垫,录像,电脑 VCD 设备。

训练步骤与要点:

(1)制作口对口人工呼吸法录像。以一人模拟停止呼吸的触电者,另一人模拟施救人。使“触电者”仰卧于棉垫上,“施救人”按要求将其置于恰当位置和姿式,然后按正确要领进行吹气和换气。“施救人”必须掌握好吹气、换气的时间和动作要领,制做成录像带。

(2)制作胸外心脏压挤法录像带。以一人模拟心脏停止跳动的触电者,另一人模拟施救人。将“触电者”仰卧于棉垫上,“施救人”按要求摆好“触电者”的姿势,找准胸外挤压位置,然后按正确的手法和时间要求对“触电者”施行胸外心脏压挤。同时录像与配音,制作成录像带。

(3)组织学生观看录像。若有现成录像带,则省去1,2步骤,直接组织学生观看。

第二章 电工基本操作技能

第一节 电工工具的使用与维护

一、电工通用工具

(一)验电器

1.试电笔

又叫低压验电器,是用来检验物体是否带电的一种常用工具,其检验范围为60～500 V。它由导体笔尖、电阻、氖管、弹簧、笔尾金属体组成。测量时,人体、地面及试电笔构成一个回路,如果是相线或电器有电,则氖管发红光,否则不发光。在测量过程中,虽然电流通过人体,但试电笔中电阻的阻值非常大,所以电流很小,人体感受不到电流。

2.低压验电器的使用方法与注意事项

(1)低压验电器(试电笔)使用时,正确的握笔方法如图2－1所示。手指触及其尾部金属体,氖管背光朝向使用者,以便验电时观察氖管辉光情况。当被测带电体与大地之间的电位差超过60 V时,用试电笔测试带电体,试电笔中的氖管就会发光。低压验电器电压测试范围是60～500 V。同时要防止笔尖金属体触及皮肤,以免触电。

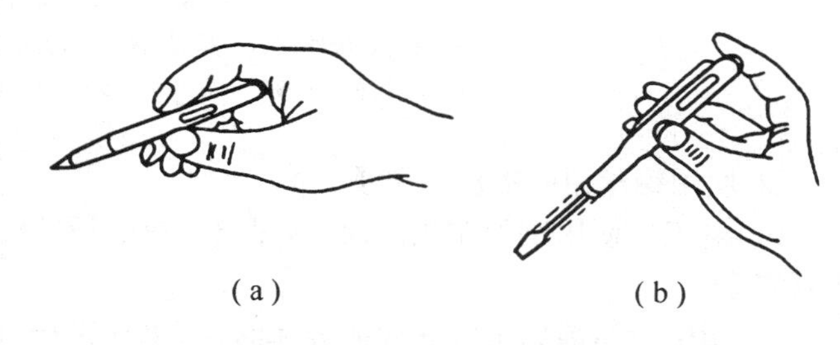

图2－1 低压验电器握法

(a)笔式握法;(b)螺钉旋具式握法

(2)使用前先要在有电的导体上检查电笔能否正常发光。

(3)应避光检查,看清氖管的辉光。

(4)电笔的金属探头虽与螺丝刀相同,但它只能承受很小的扭矩,使用时注意防止损坏。

(5)试电笔不可受潮,不可随意拆装或受到剧烈震动,以保证测试可靠。

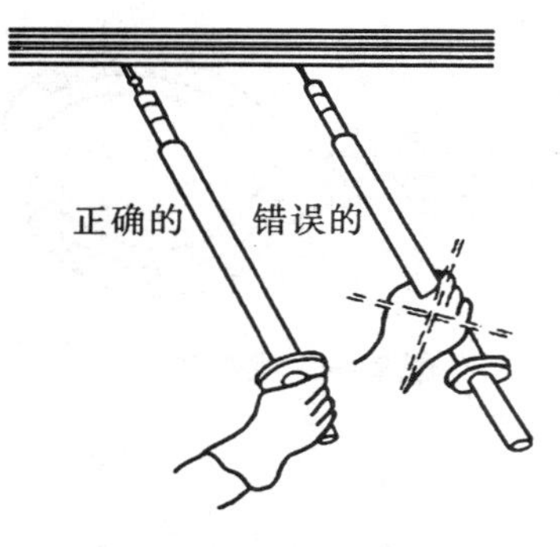

图2－2 高压验电器握法

3.高压验电器的使用方法与注意事项

(1)高压验电器使用时,应特别注意的是,手握部位不得超过护环,还应戴好绝缘手套。高压验电器握法如图2－2所示。

(2)使用高压验电器验电时,应一人测试,一人监护;测试人必须戴好符合耐压等级的绝缘手套;测试时要防止发生相间或对地短路事故;人体与带电体应保持足够的安全距离。

(3)在雪、雨、雾及恶劣天气情况下不宜使用高压验电器,以避免发生危险。

4.试电笔的其他用途

(1)区分相线和中性线　氖管发亮的是相线,不亮的是中性线。

(2)区分交、直流电　交流电通过时两极都发亮,而直流电通过时仅一个极附近亮。

(3)判断高低压　氖管为暗红色、轻微亮,电压较低;氖管为黄红色、很亮,则电压很高。

(二)钢丝钳

1.绝缘钳子

用来剪切导线及剥去导线绝缘外皮。通常剪切导线用刀口,剪切钢丝用侧口,扳螺母用齿口,弯绞导线用钳口。为了防止触电,在钳子的金属手柄部分应用橡皮绝缘管套起来。常用电工绝缘钳子有 150 mm,175 mm 和 200 mm 三种,钢丝钳的使用方法如图 2-3 所示。

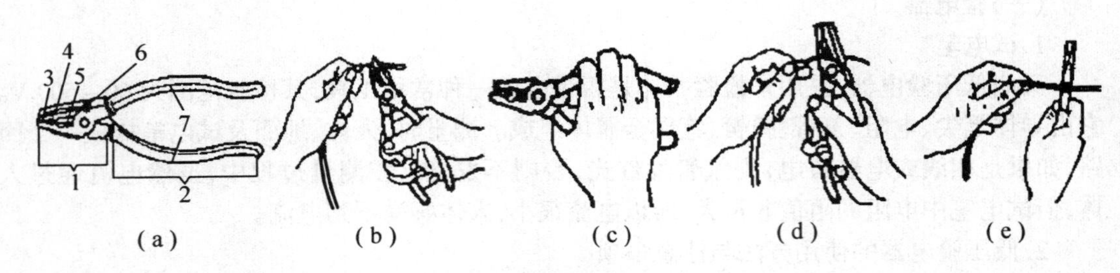

图 2-3　钢丝钳的结构和用途

(a)结构;(b)弯绞导线;(c)紧固螺母;(d)剪切导线;(e)侧切钢线

1—钳头;2—钳柄;3—钳口;4—齿口;5—刀口;6—铡口;7—绝缘套

2.使用钢丝钳时的注意事项

(1)电工在使用钢丝钳之前,必须保证绝缘手柄的绝缘性能良好,以保证带电作业时的人身安全。

(2)用钢丝钳剪切带电导线或导体时,须单根进行,以免造成短路事故。严禁用刀口同时剪切相线和零线,或同时剪切两根相线,以免发生短路事故。

(3)使用时应使钳口朝内侧,便于控制剪切部位。

(4)钳头不可当锤子用,以免变形。钳头的轴、销应经常加机油润滑。

(三)尖嘴钳

尖嘴钳的头部尖细,适用于在狭小的空间操作,其外形如图 2-4 所示。钳头用于夹持较小螺钉、垫圈、导线和把导线端头弯曲成所需形状,小刀口用于剪断细小的导线、金属丝等。尖嘴钳规格通常按其全长分为 130 mm,160 mm,180 mm,200 mm 四种。尖嘴钳手柄套有绝缘耐压 500 V 的绝缘套。使用注意事项同钢丝钳注意事项相同。

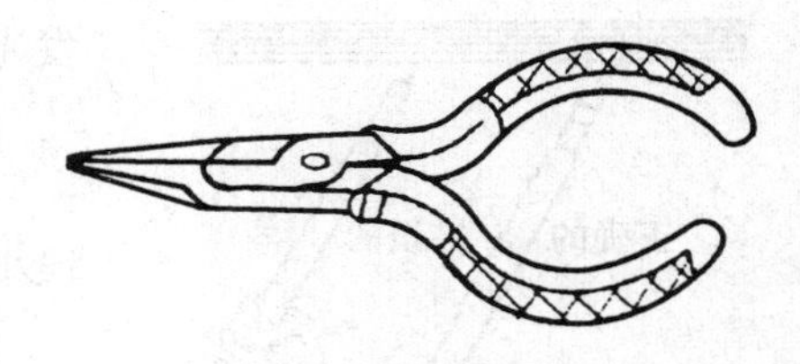

图 2-4　尖嘴钳

(四)剥线钳

剥线钳用来剥削直径 3 mm 及以下绝缘导线的塑料或橡胶绝缘层,其外形如图 2-5 所示,它由钳口和手柄两部分组成。剥线钳钳口分有 0.5~3 mm 的多个直径切口,用于与不同规格芯线相匹配,切口过大难以剥离绝缘层,切口过小会切断芯线。

使用时，将要剥削的导线绝缘层长度确定好，右手握住钳柄，左手将导线放入相应的刃口槽中(比导线芯直径稍大，以免损伤导线)，然后右手将钳柄向内一握，导线的绝缘层即被割破拉开，自动弹出。

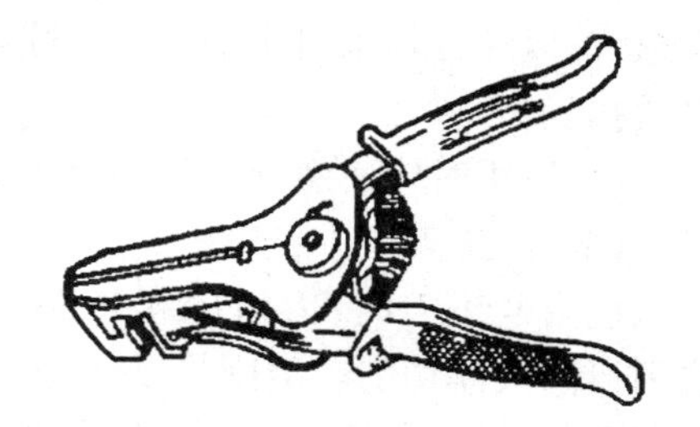

图 2-5 剥线钳

（五）活动扳手

用来取下或拧紧螺母的专用工具。活动扳手有150 mm，200 mm，250 mm，300 mm 等不同规格。

使用方法及注意事项：

(1)旋动涡杆将扳口调到比螺母稍大些，卡住螺母，再旋动涡杆，使扳口紧压螺母；

(2)握住扳手施力，在扳动小螺母时手指可随时旋调涡杆，收紧活动唇，以防打滑；

(3)活动扳手不可反用或用钢管接长柄施力，以免损坏活动扳唇；

(4)活动扳手不可作为撬棒或手锤使用，以防变形损坏。

（六）螺丝刀

1.螺丝刀又称起子或改锥，是用来紧固或拆卸带槽螺钉的常用工具。按头部形状可分为一字形和十字形两种。为了防止触电，手柄部分用绝缘性能良好的塑料或木料制成。规格较多，操作时，根据螺丝帽的大小开口形状选用相应型号的螺丝刀，如图 2-6，2-7 所示。

图 2-6 螺丝刀

(a)一字形；(b)十字形

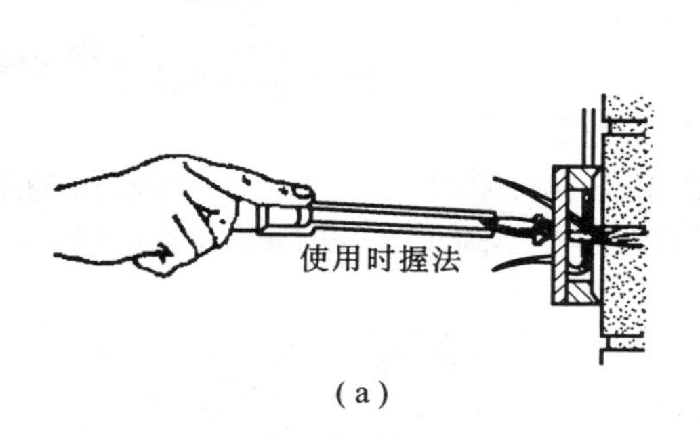

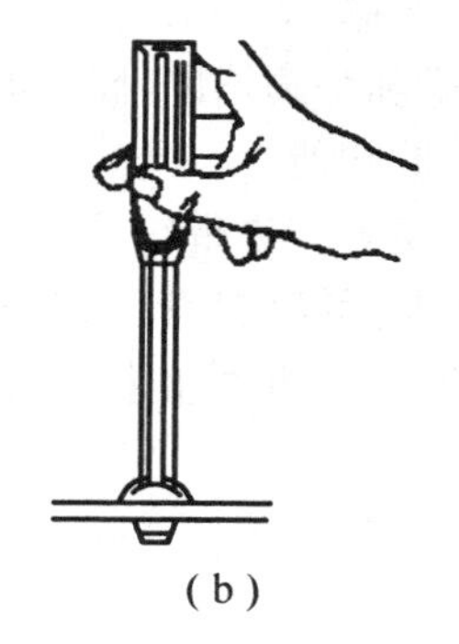

图 2-7 螺丝刀的使用

(a)大螺丝钉螺丝刀的用法；(b)小螺丝钉螺丝刀的用法

2.螺丝刀使用时的注意事项

(1)电工不可使用金属杆直通柄顶的螺丝刀，螺丝刀上的绝缘柄应绝缘良好。用螺丝刀拆卸或紧固带电螺栓时，手不得触及螺丝刀的金属杆，为避免螺丝刀的金属杆触及带电体时手指碰触金属杆，电工用螺丝刀应在螺丝刀金属杆上穿套绝缘管，以免造成触电事故。

(2)螺丝刀头部形状和尺寸应与螺钉尾部槽形状和大小相匹配。不能用小螺丝刀去拧大螺钉,以免拧坏螺钉尾槽或损坏螺丝刀头部;同样也不能用大螺丝刀去拧小螺钉以防小螺钉滑扣。

(3)使用时应使螺丝刀头部顶紧螺钉槽口,防止打滑而损坏槽口。

(七)电工刀

使用电工刀时,刀口应朝外部切削,切忌刀口向人体切削。剖削导线绝缘层时,应使刀面与导线成较小的锐角,以避免割伤线芯。电工刀刀柄无绝缘保护,不能接触或剖削带电导线及器件。新电工刀刀口较钝,应先开刀刃口然后再使用。电工刀使用后应随即将刀身折进刀柄,注意避免伤手,电工刀如图 2-8 所示。

图 2-8 电 工 刀

(八)手动压接钳

用压接钳对导线进行冷压接时,应先将导线表面的绝缘层及油污清除干净,然后将两根需要压接的导线头对准中心,在同一轴上,然后用手扳动压接钳的手柄,压 2~3 次,铝-铜接头应压 3~4 次。国产 LTY 型手动压接钳可以压接直径为 1.3~3.6 mm 的铝-铝导线和铝-铜导线。

(九)扳手

常用的扳手有固定扳手、套筒扳手和活动扳手 3 种,其外形如图 2-9 所示。

(十)钢锯

钢锯常用于锯割各种金属板、电路板、槽板等,其使用方法如图 2-10 所示。

(十一)榔头和电工用凿

榔头又叫手锤,是电工在拆装电气设备时常用的工具。电工用凿主要用来在建筑物上打孔,以便下输线管或安装架线木桩,常用的电工用凿有麻线凿、小扁凿等。榔头、麻线凿和小扁凿的外形如图 2-11 所示。

(十二)拆卸器

拆卸器是拆装皮带轮、联轴器及轴承的专用工具。

用拆卸器拆卸皮带轮(或联轴器)时,应首先将紧固螺栓或销子松脱,并摆正拆卸器,将丝杆对准电机轴的

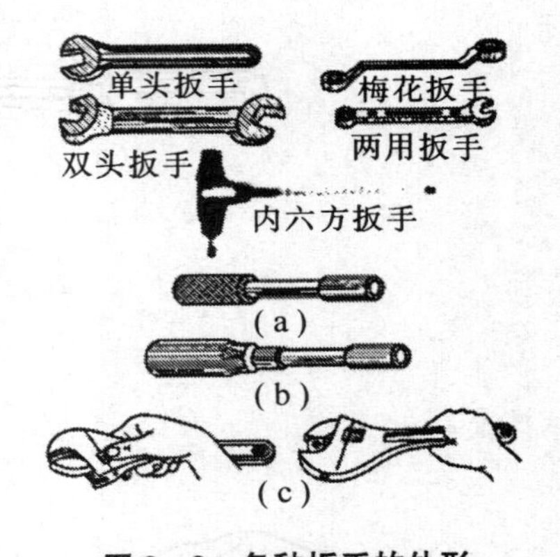

图 2-9 各种扳手的外形
(a)固定扳手;(b)套筒扳手;(c)活动扳手

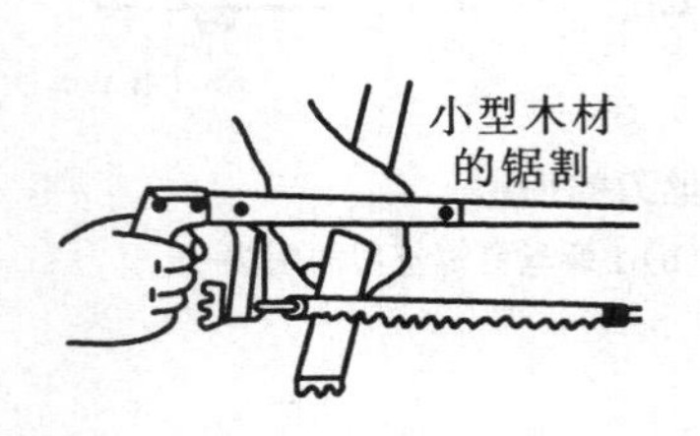

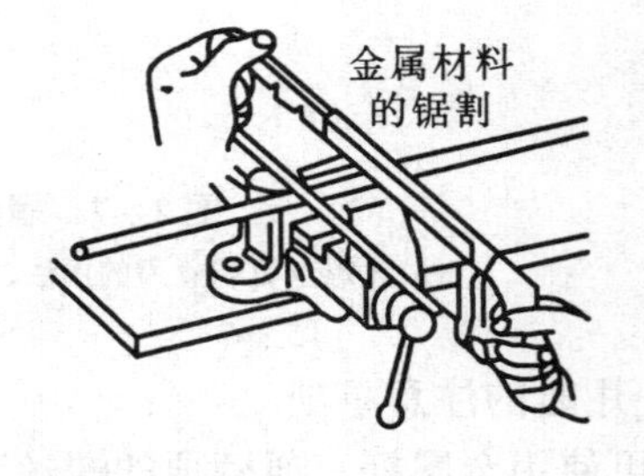

图 2-10 钢锯的使用方法

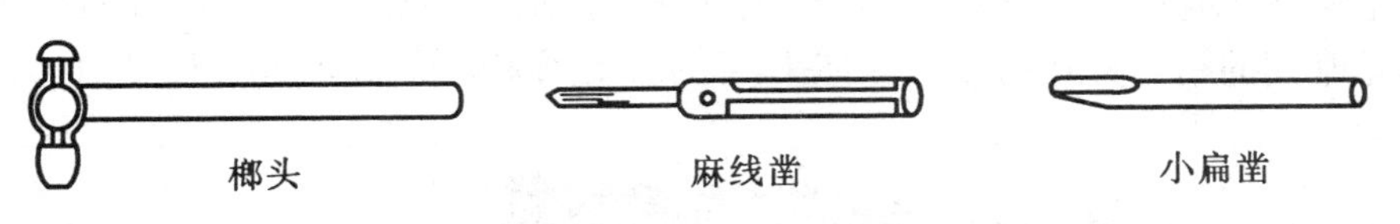

图 2-11 榔头、麻线凿和小扁凿的外形

中心，慢慢拉出皮带轮。若拆卸困难，可用木锤敲击皮带轮外圆和丝杆顶端，也可在支头螺栓孔注入煤油后再拉。如果仍然拉不出来，可对皮带轮外表加热，在皮带轮受热膨胀而轴承尚未热透时，将皮带轮拉出来，切忌硬拉或用铁锤敲打。

加热时可用喷灯或气焊枪，但温度不能过高，时间不能过长，以免造成皮带轮损坏。

二、电动工具

(一)手电钻

手电钻是利用钻头加工小孔的常用电动工具，外形如图 2-12 所示。分手枪式和手提式两种。一般手枪式电钻加工孔径为 3～6.3 mm；手提式电钻加工范围较大，加工孔径为 6～13 mm。

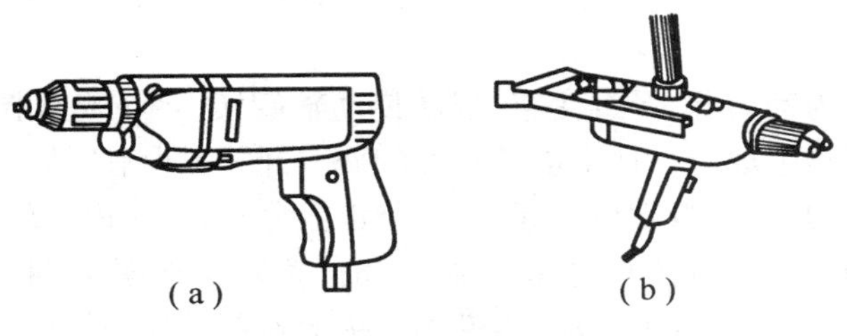

图 2-12 手电钻的外形
(a)手枪式；(b)手提式

手电钻在使用中应注意以下几点：

(1)使用前要检查电线绝缘是否良好，如果电线有破损，可用绝缘胶布包好；

(2)手电钻接入电源后，要用电笔测试外壳是否带电，不带电才能使用，操作中需接触手电钻的金属外壳时，应佩戴绝缘手套、电工绝缘鞋并站在绝缘板上；

(3)在使用手电钻过程中，钻头应垂直于被钻物体，用力要均匀，当钻头卡在被钻物体上时，应停止钻孔，检查钻头是否卡得过松，若松则重新紧固钻头后再使用；

(4)钻头在钻金属孔时，若温度过高，很可能引起钻头退火，因此钻孔时要适量加些润滑油。

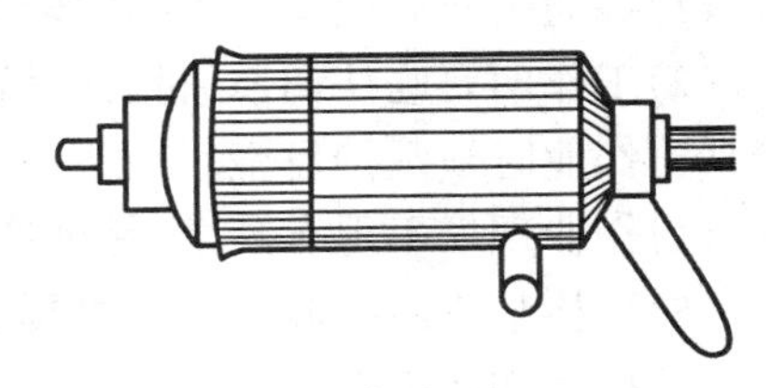

图 2-13 气动手钻

在生产流水线和装配工作中，常会用到气动手钻工具，其形状如图 2-13 所示。

(二)冲击钻

1.结构

它由电机、传动机构、离合器、传动轴、钻夹头、控制开关及手柄等组成，如图 2 – 14 所示。冲击钻常用的钻头是麻花钻头，钻头柄部为方形用来夹持、定心和传递动力。

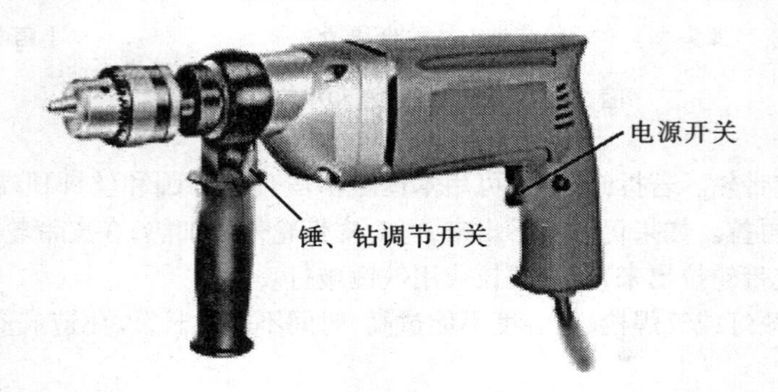

图 2 – 14　冲　击　钻

钻夹头和钻头套是夹持钻头的工具，直柄式钻头用钻夹头夹持。操作时，先将钻头的柄部塞入钻夹头的三卡爪中，塞入长度不得小于 15 mm，然后用钻夹头钥匙旋转外套，以夹紧或放松钻头。锥柄式钻头用钻头套夹持，直接与主轴连接，连接时必须先擦净主轴上的锥孔，并使钻头套矩形舌的方向与主轴上的腰形孔中心线方向一致，利用向上冲力一次装接，拆卸时用斜铁顶出。

冲击钻以电动机为动力源，经过变速，带动传动轴旋转，再与离合器啮合。离合器由一个动齿盘和一个静齿盘组成。在冲击电钻头部的调节开关上设有“钻”和“锤”的标志。把调节钮指针调到“钻”方向，动齿盘就被支起来，与静齿盘分离，这时齿轮就直接带动钻头，作单一旋转运动。当把调节钮的指针调到“锤”的方向时，动齿盘与静齿盘接触，冲击电钻通过离合器凹凸不平的接触面，产生冲击运动，传递到钻头上就形成冲击加旋转。

2.钻孔方法

钻孔时，先按钻孔位置尺寸划好孔位的十字中心线，再将钻头对准中心样冲眼进行试钻，试钻出来的浅坑应保持在中心位置，若有偏移，则要及时校正。当试钻满足孔位要求后，即可压紧工件完成钻孔。钻孔时要经常退钻排屑，孔将要钻穿时，应减小进给力，以防止钻头折断。

3.注意事项

(1)接通电源后应使冲击钻空转 1 分钟，以检查传动部分和冲击部分转动是否灵活。

(2)工作前要确认调节钮指针是否指在与工作内容相符的地方。

(3)作业时须戴护目镜。

(4)作业现场不得有易燃、易爆物品。

(5)严格禁止用电源线拖拉机具。

(6)机具把柄要保持清洁、干燥、无油脂，以便两手能握牢。

(7)只允许单人操作。

(8)遇到坚硬物体，不要施加过大压力，以免烧毁电动机。出现卡钻时，要立即关掉开关，严禁带电硬拉、硬压和用力扳扭，以免发生事故。作业时，应避开混凝土中的钢筋，及时更换位置。

(9)作业时双脚要站稳，身体要平衡，不允许带手套作业。

(10)工作后要卸下钻头,清除灰尘、杂质,转动部分要加注润滑油。

(11)工作时间过长,会使电动机和钻头发热,这时要暂停作业,待其冷却后再使用,禁止用水和油降温。

(三)电锤

电锤是装修工程常使用的一种工具,适用于混凝土、砖石等硬质建筑材料钻孔,可替代手工进行凿孔操作,其外形及结构如图 2-15 所示。

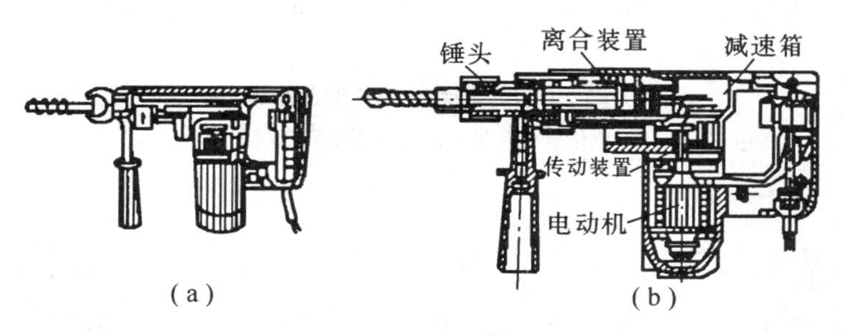

图 2-15 电锤的外形及结构

(a)外形;(b)结构

电锤在使用中应注意以下几点:

(1)使用前先检查电源线有无损伤,用 500 V 兆欧表对电锤电源线进行检测,电锤绝缘电阻应不小于 0.5 MΩ 方能通电运转;

(2)电锤使用前应先通电空转一下,检查转动部分是否灵活,待检查电锤无故障后方能使用;

(3)工作时先将钻头顶在工作面上,然后再启动开关,尽可能避免空打孔,在钻孔中若发现电锤不转应立即松开电源开关,检查出原因方能再次启动;

(4)电锤在使用中若发现声音异常,要立即停止钻孔,如果因连续工作时间过长,电锤发烫,也要让电锤停止工作,使其自然冷却,切勿用水淋浇。

(四)电动螺丝刀

在现代工厂生产中,多采用电动螺丝刀,它主要利用电力作为动力。使用时只要按动开关,螺丝刀即可按预先选定的顺时针或逆时针方向旋动,完成旋紧或松脱螺钉的工作。其外形如图 2-16 所示。

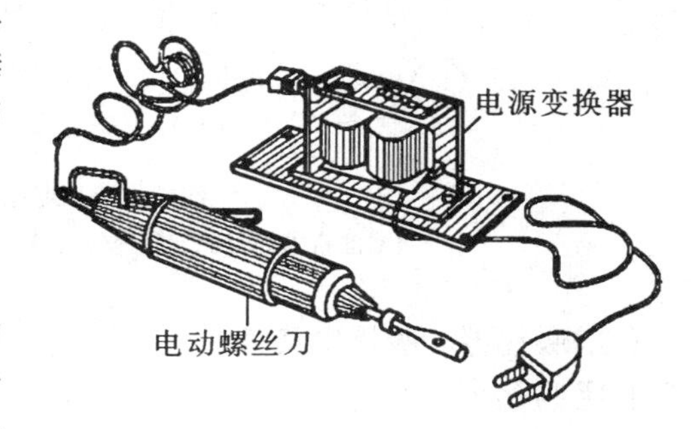

图 2-16 电动旋具

三、加热工具

(一)电烙铁

电烙铁是手工焊接的主要工具,常用的电烙铁一般为直热式。直热式又分为外热式、内热式和恒温式 3 大类。

电烙铁的外形及结构如图 2-17 所示。电烙铁的使用方法和焊锡丝的拿法如图 2-18 所示。

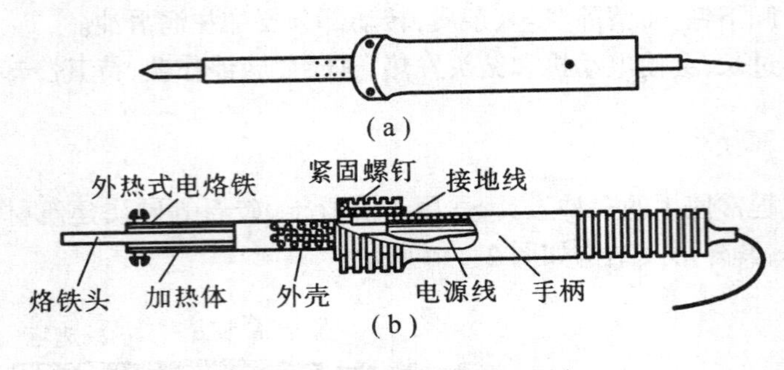

图 2-17 电烙铁的外形及结构

(a)电烙铁的外形;(b)外热式电烙铁的结构

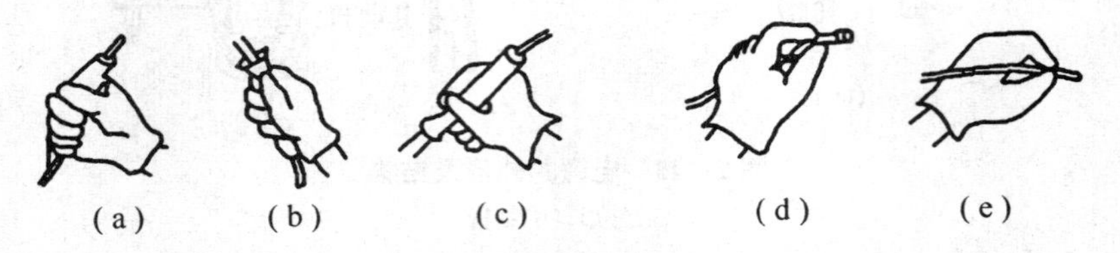

图 2-18 电烙铁的使用及焊锡丝的拿法

(a)反握法;(b)正握法;(c)握笔法;(d)连续焊接时的拿法;(e)断续焊接时的拿法

在手工使用电烙铁焊接时,特别是对初学者来说,一般可采用五步工序法来进行。五步工序分别为:准备施焊→加热焊件→送入焊丝→移开焊丝→移开烙铁。如图 2-19 所示。

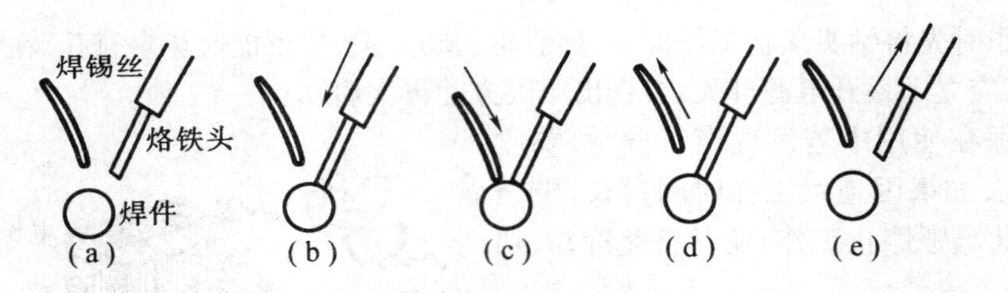

图 2-19 焊接五步工序示意图

(a)准备施焊;(b)加热焊件;(c)送入焊丝;(d)移开焊丝;(e)移开烙铁

(二)吸锡器和吸锡电烙铁

1.吸锡器

吸锡器用来吸出焊点上的存锡,是拆卸元器件时的必备工具,其外形及结构如图 2-20 所示。

图 2-20 吸锡器的外形及结构

2.吸锡电烙铁

吸锡电烙铁具有焊接和吸锡的双重功能，在使用时，只要把烙铁头靠近焊点，待焊点熔化后按下按钮，即可把熔化后的液态焊锡吸入储锡盒子内。其外形和结构如图2-21所示。

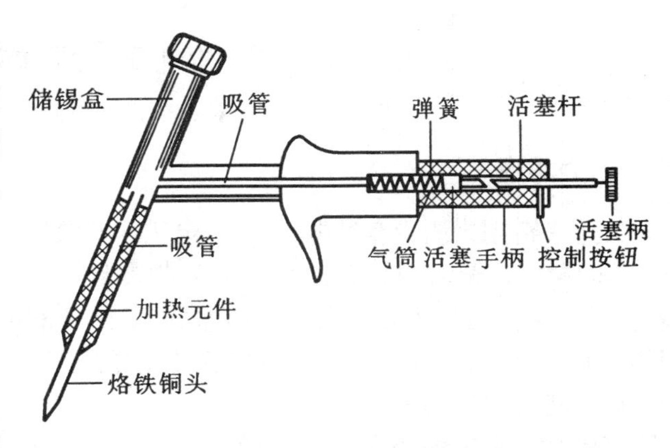

图2-21　吸锡电烙铁的外形及结构

四、常用量具

(一)游标卡尺

1.游标卡尺的使用

使用前应检查游标卡尺是否完好，游标零位刻度线与尺身零位线是否重合。测量外尺寸时，应将两外测量爪张开到稍大于被测件。测量内尺寸时，则应将两内测量爪张开到稍小于被测件，并将固定量爪的测量面贴紧被测件，然后慢慢轻推游标使两测量爪的测量面紧贴被测件，拧紧固定螺钉，读数。

2.读数方法

读数时，首先从游标的零位线所对尺身刻度线上读出整数的毫米值，再从游标上刻度线与尺身刻度线对齐处读出小数部分的毫米值，将两数值相加即为被测件的游标卡尺读数。

游标卡尺使用完毕，应擦拭干净。长时间不用时，应涂上防锈油保管。

(二)千分尺的使用

1.千分尺的使用

测量前应将千分尺的测量面擦试干净，检查固定套筒中心线与活动套筒零线是否重合，活动套筒的轴向位置是否正确，有问题必须进行调整。测量时，将被测件置于固定测砧与测微螺杆之间，一般先转动活动套筒，当千分尺的测量面接触到工件表面时，改用棘轮微调，待棘轮开始空转发出嗒嗒声响时，停止转动棘轮，即可读数。

2.读数方法

读数时要先看清楚固定套筒上露出的刻度线，此刻度可读出毫米或半毫米的读数。然后再读出活动套筒刻度线与固定套筒中心线对齐的刻度值（活动套筒上的刻度每一小格为0.01 mm)，将两读数相加就是被测件的测量值。

3.使用注意事项

使用千分尺时，不得强行转动活动套筒；不得把千分尺固定好后，用力向工件上卡，以免损伤测量面或弄弯螺杆。千分尺用完后应擦拭干净，涂上防锈油存放在干燥的盒子中。为保证测量精度，应定期检查校验。

(三)塞尺的使用

塞尺又称测微片或厚薄规。使用前必须先清除塞尺和工件上的污垢与灰尘。使用时可用一片或数片重叠插入间隙，以稍感拖滞为宜。测量时动作要轻，不允许硬插，也不允许测量温度较高的零件。

第二节 常用电工仪表的使用与维护

一、万用表

万用表可用来测量直流电流、直流电压和交流电压、电阻等,有的万用表还可用来测量电容、电感以及晶体二极管、三极管的某些参数。由于万用表具有功能多、量程宽、灵敏度高、价格低和使用方便等优点,所以它是电工必备的电工工具之一。根据其显示数据的类型,万用表可分为指针式万用表和数字式万用表。

(一)指针式万用表

指针式万用表的型号很多,但使用方法基本相同,现以 MF30 为例介绍它的使用方法及注意事项,图 2-22 为它的面板图。

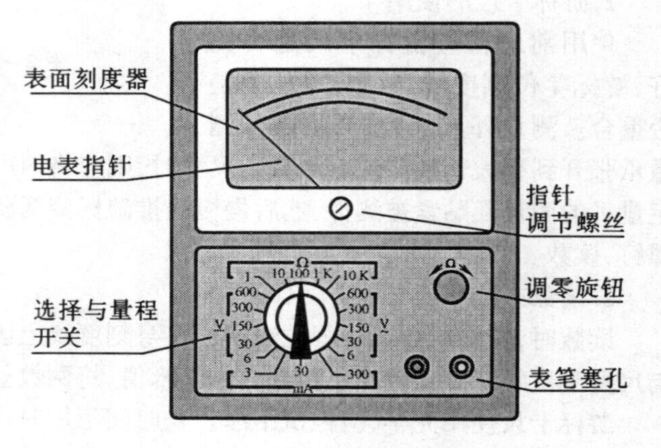

图 2-22 MF30 型万用表面板

MF30 指针式万用表的使用方法及注意事项:

(1)测试棒要完整,绝缘要好。

(2)观察表头指针是否指向电压电流的零位,若不是则调节指针调节螺丝使其指零。

(3)根据被测参数种类和大小选择转换开关位置(如 Ω,V,V,μA,mA)和量程,应尽量使表头偏转到满刻度的 2/3 处。如事先不知道被测量的范围,应从最大量程挡开始逐渐减小到适当的量程挡。如发现指针开始反转,应立即调换表棒,以免损坏指针及表头。

(4)测量电阻时,应先对相应的欧姆挡调零(将两表棒相碰,旋转指针调节螺丝,使指针指示在 0 Ω 处),每换一次欧姆挡都要进行调零。如调整旋钮无法使指针达到零位,则可能是表内电池电压不足,需更换新电池。测量时将被测电阻与电路分开,不能带电操作,也不能带电转动转换开关。

(5)测量直流量时,注意极性和接法。测直流电流时,电流从"+"端流入,从"-"端流出;测量直流电压时,红表棒接高电位,黑表棒接低电位。

(6)测量时不要用手碰触表棒的金属部分,以保证安全和测量的准确性。

(7)万用表不用时,不要旋在电阻挡,因为内有电池,如不小心易使两根表棒相碰短路,不仅耗费电池,严重时甚至会损坏表头。应将转换开关旋至交流电压最高挡,有"OFF"挡的则旋至"OFF"位。

(二)数字式万用表

数字式万用表采用了大规模集成电路和液晶数字显示技术。与指针式万用表相比,数字式万用表具有许多特有的性能和优点,如读数方便、直观、不会产生读数误差,准确度高,体积小,耗电省,功能多等。许多数字式万用表还具有测量电容、频率、温度等功能,因此得到更为广泛的应用。图2-23为DT890D型数字式万用表的外形图。

1. 表盘结构

DT890D型万用表属于中低档普及型万用表。液晶显示屏直接以数字形式显示测量结果，并且还能够自动显示被测数值的单位和符号。由于首位不能显示0～9的所有数字，只能显示称作“半位”的1，所以习惯上叫做3又1/2位数字式万用表。数字式万用表的位数越多，其灵敏度越高。如较高档的4又1/2位数字万用表，其最大显示值为±1999。

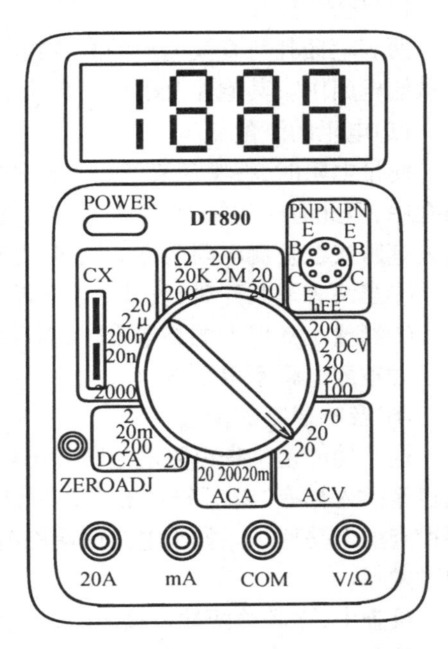

图2－23 DT890D型数字式万用表

标有“POWER”的是电源开关。量程转换开关位于万用表的中间。功能开关周围字母和符号的含义分别为：“DCV”表示直流电压；“ACV”表示交流电压；“DCA”表示直流电流；“ACA”表示交流电流；“Ω”表示电阻；“CX”表示电容；“hFE”是用来测量三极管的电流放大倍数的。由于最大显示数为1 999，不到满刻度2 000，所以量程挡的首位数几乎都是2，如2 A，2 V数字式万用表的量程比指针式万用表多。DT890D型数字式万用表的电阻量程有七挡，从200 Ω至200 MΩ。

数字式万用表的表笔插孔有四个。标有“COM”的插孔为公共插孔，通常插入黑色表笔；标有“V”的插孔应插入红色表笔，用以测量电阻值和交直流电压值。测量交直流电流有两个插孔，分别标有“mA”和“20 A”，用来插入红色表笔，供不同量程挡选用。

2.使用方法

(1)直流电压的测量

将电源开关钮按下，接通电源。用“ZEROADJ”旋钮调零校准，使显示屏显示“000”，将黑色表笔插入标有“COM”的插孔中，红色表笔插入标有“V/Ω”插孔中。将功能转换开关选择转换到“DCV”的适当位置，两表笔接在被测电压的两端，在显示屏上显示出电压读数的同时，还指示红色表笔的极性。

如果只在高位显示“1”，则表明被测量已超挡。测试高电压时，严禁接触高压电路(如阴极射线管的电极等)。

(2)交流电压的测量

测量交流电压时，将黑色表笔插入有“COM”符号的插孔中，红色表笔插入标有“V/Ω”符号的插孔中，并将功能开关旋于“ACV”的适当位置，两表笔跨接在被测负载或电源的两端。测量的注意事项与直流电压的相同。

(3)直流电流的测量

测量直流电流时，当被测最大电流为200 mA时，将黑色表笔插入有“COM”符号的插孔中，红色表笔插入标有“A”符号的插孔中，如果被测最大电流为10 A，则红色表笔插入10 A的孔中；将功能开关旋于“DCA”的适当位置，并且两表笔串入被测电路中。红色表笔的极性将在数字显示的同时指示出来。

标有警告符号的插孔，最大输入电流为200 mA或10 A，200 mA的挡装有保险丝，但10 A挡不设保险丝。

(4)交流电流的测量

两表笔插孔与直流电流的测量相同,功能开关置于"ACA"量程的适当位置,并将表笔串于被测电路中。其他注意事项同直流电流的测量。

(5)电阻的测量

测量电阻时,将黑色表笔插入有"COM"符号的插孔中,红色表笔插入标有"V/Ω"符号的插孔中,但此时应注意,红色表笔的极性应为"+"。将功能开关置于Ω量程的适当位置上,两表笔跨接在被测电阻两端。测量时应注意以下几点:

①当两表笔断开时,表盘上显示超过量程状态的"1"是正常现象;

②测量1 M以上的高电阻时,需经数秒表盘上才显示出稳定读数;

③被测电阻不得带电。

(6)音响通断的检查

这一功能是检查电路的通断状态。检查时,将黑色表笔插入有"COM"符号的插孔中,红色表笔插入标有"V/Ω"符号的插孔中,功能开关置于音响通断检查量程,并将两表笔跨接在要检查的电路两端。如果电路两端的电阻值小于30 Ω,蜂鸣器就发出响声,发光二极管LED同时发亮。

检查中,在表笔两端未接入时,显示屏显示"1"是正常现象,检查前应先切断电源。需要特别注意的是,任何负值信号都会使蜂鸣器发声,从而导致错误判断。

3.使用注意事项

(1)不宜在有噪声干扰源的场所(如正在收听的收音机和收看的电视机附近)使用,噪声干扰会造成测量不准确和显示不稳定。

(2)不宜在阳光直射和有冲击的场所使用。

(3)不宜用来测量数值很大的强电能参数。

(4)长时间不使用应将电池取出,再次使用前,应检查内部电池的情况。

(5)被测元器件的引脚氧化或有锈迹,应先清除氧化层和锈迹再测量,否则无法读取正确的测量值。

(6)每次测量完毕,应将转换开关拨到空挡或交流电压最高挡。

二、钳形电流表

常用的钳形电流表是一种电流互感器,钳形电流表的精确度虽然不高,但由于它具有不需要切断电源即可测量的优点,所以得到广泛应用。例如,用钳形电流表测试三相异步电动机的三相电流是否正常,测量照明线路的电流平衡程度等。钳形电流表按结构原理的不同,可分为交流钳形电流表和交、直流两用钳形电流表。图2-24为钳形电流表结构图。

(一)测量原理及使用方法

钳形电流表主要由一只电流互感器和一只电磁式电流表组成。电流互感器的一次线圈为被测导线,二次线圈与电流表相连接,电流互感器的变比可以通过旋钮来调节,量程从1安到几千安。测量方法如下。

(1)调零　测量前,应检查仪表指针是否在零位,若不在零位,则应调到零位。

(2)选量程　测量前,应对被测电流进行粗略估计,选择适当的量程。如果被测电流无法估计,则应先把钳形表置于最高挡,逐渐下调切换,至指针在刻度的中间段为止。

(3)测量并读数　测量时,按动扳手,打开钳口,将被测载流导线置于钳口中。当被测导线中有交变电流通过时，在电流互感器的铁芯中便有交变磁通通过，互感器的二次线圈中感应出电流。该电流通过电流表的线圈，使指针发生偏转，在表盘标度尺上读出被测电流值。

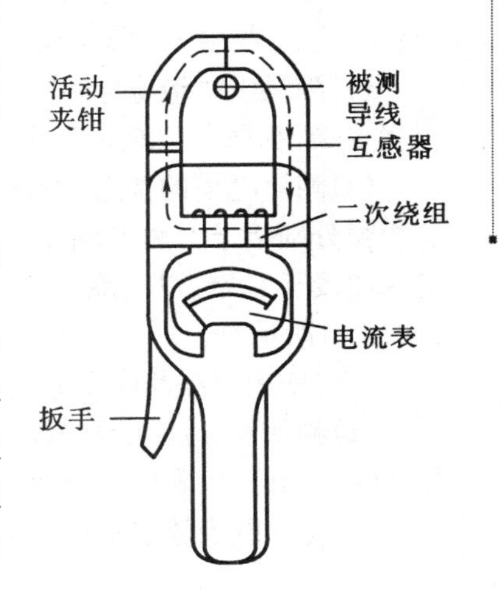

图 2－24　钳形电流表结构图

（二）使用注意事项

（1）测量时，应注意钳形电流表的电压等级，不得将低压表用于测量高压电路的电流。

（2）每次只能测量一根导线的电流，不可将多根载流导线都夹入钳口测量。被测导线应置于钳口中央，否则误差将很大。当导线夹入钳口时，若发现有振动或碰撞声，应将仪表扳手转动几下，或重新开合一次，直至没有噪声才能读取电流值。测量大电流后，如果立即测量小电流，应开合钳口数次，以消除铁芯中的剩磁。

（3）在测量过程中不得切换量程，以免造成二次回路瞬间开路，感应出高电压而击穿绝缘。必须变换量程时，应先将钳口打开。

（4）在读取电流读数困难的场所测量时，可先用制动器锁住指针，然后到读数方便的地点读值。

（5）被测导线为裸导线时，则必须事先将邻近各相用绝缘板隔离，以免钳口张开时出现相间短路。

（6）测量时，如果附近有其他载流导线，所测值会受载流导体的影响而产生误差。此时，应将钳口置于远离其他导线的一侧。

（7）每次测量后，应把调节电流量程的切换开关置于最高挡位，以免下次使用时因未选择量程就进行测量而损坏仪表。

（8）有电压测量挡的钳形表，电流和电压要分开测量，不得同时测量。

（9）测量 5 A 以下电流时，为获得较为准确的读数，若条件许可，可将导线多绕几圈放进钳口测量，此时实际电流值为钳形表的示值除以所绕导线圈数。

（10）测量时应戴绝缘手套，站在绝缘垫上。读数时要注意安全，切勿触及其他带电部分。钳形电流表应保存在干燥的室内，钳口处应保持清洁，使用前应擦拭干净。

三、兆欧表

兆欧表又称摇表，是专门用来测量电气线路和各种电气设备绝缘电阻的便携式仪表。它的计量单位是兆欧（MΩ），所以叫做兆欧表。其外形如图 2－25 所示。

（一）兆欧表的规格及选用

兆欧表的常用规格有 250 V，500 V，1 000 V，2 500 V和5 000 V几种，应根据被测电气设备的额定电压来选择。一般额定电压在 500 V 以下的设备选用 500 V 或1 000 V的兆欧表；额定电压在 500 V 以上的设备选用1 000 V或2 500 V的表；而瓷瓶、母线、刀闸等应选2 500 V或5 000 V的表。

（二）接线方法

兆欧表上有 E（接地），L（线路），G（保护环和屏蔽端子）三个接线端：

(1)测量电路绝缘电阻时,将L端与被测端相连,E端与地相连,如图2-26(a)所示;

(2)测量电机绝缘电阻时,将L端与电机绕组相连,机壳接E端,如图2-26(b)所示;

(3)测量电缆的缆芯对缆壳的绝缘电阻时,除将缆芯和缆壳分别接于L和E端外,还须将电缆壳芯之间的内层绝缘物接于G端,以消除因表面漏电而引起的误差,如图2-26(c)所示。

(三)使用方法和注意事项

(1)测量前,应切断被测设备的电源,并进行充分放电(约2~3 min),以确保人身和设备安全。

(2)将兆欧表放置平稳,并远离带电导体和磁场,以免影响测量的准确度。

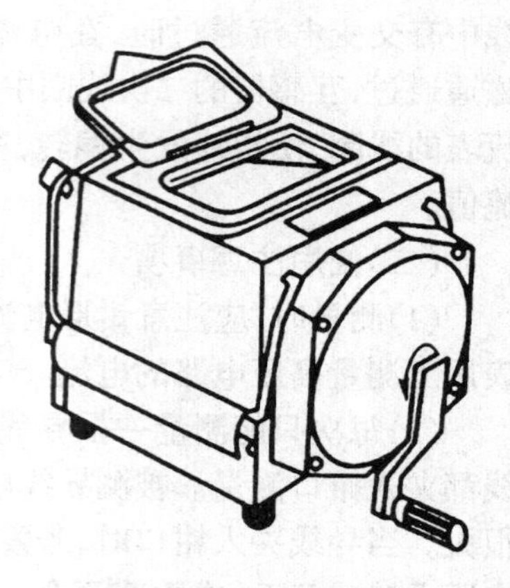

图2-25 兆欧表外形图

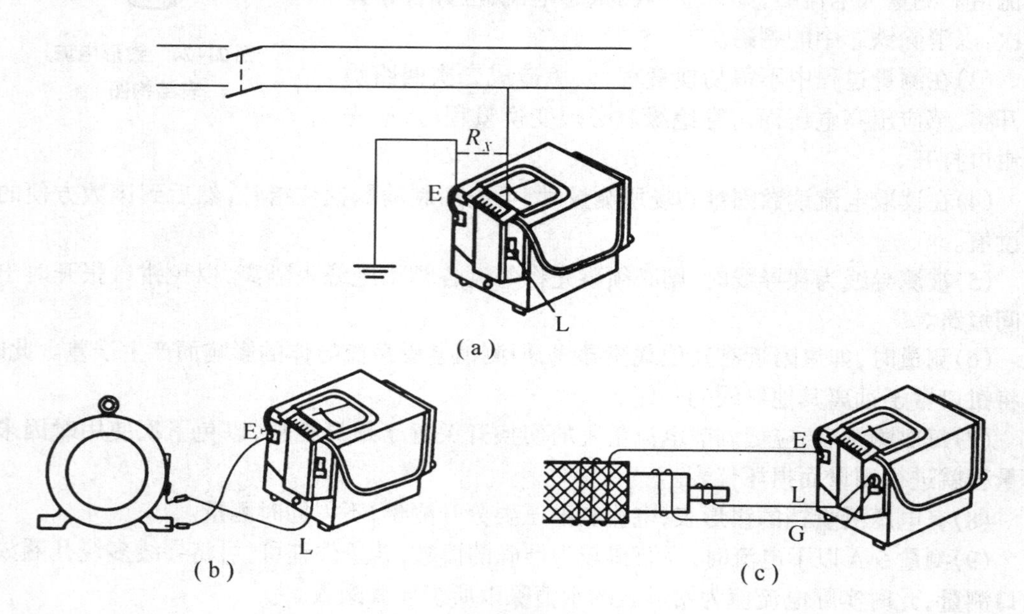

图2-26 兆欧表测绝缘电阻
(a)测电路绝缘电阻;(b)测电机绝缘电阻;(c)测电缆绝缘电阻

(3)测量前,对有可能感应出高电压的设备,应采取必要的措施。

(4)测量前,对兆欧表进行一次开路和短路试验,以检查兆欧表是否良好。试验时,先将兆欧表"线路L"、"接地E"两端钮开路,摇动手柄,指针应指在"∞"位置;再将两端钮短接,缓慢摇动手柄,指针应指在"0"处。否则,表明兆欧表有故障,要进行检修。

(5)同杆架设的双回架空线和双母线,当一路带电时,不得测试另一路的绝缘电阻,以防感应高压危害人身安全和损坏仪表。

(6)测量时,所选用的兆欧表的型号、电压值以及当时的天气、温度、湿度和测得的绝缘电阻值,都应一一记录下来,并据此判断被测设备的绝缘性能是否良好。

(7)测量工作一般由两人完成。测量完毕,只有在兆欧表完全停止转动和被测设备对地充分放电后,才能拆线。被测设备放电的方法是,用导线将测点与地(或设备外壳)短接2~3 min。

四、转速表和功率表

(一)转速表

是用来测量电动机转速和线速度的仪表。使用时应使转速表的测试轴与被测轴中心在同一水平线上,表头与转轴顶住。测量时手要平稳,用力合适,避免滑动丢转产生误差。

转速表在使用时,若对欲测转速心中无数,量程选择应由高到低,逐挡减小,直到合适为止。不允许用低速挡测量高速,以免损坏表头。

测量线速度时,应使用转轮测试头。测量的数值按下面公式计算

$$\omega = Cn \qquad (\mathrm{m/min})$$

式中 ω——线速度;

C——滚轮的周长;

n——每分钟转速。

(二)功率表

又叫瓦特表,是测量电功率的仪表。

1.功率表型式选择

测直流或单相负荷的功率可用单相功率表,测三相负荷的功率可用单相功率表也可直接用三相功率表。

2.功率表量程选择

保证所选的电压和电流量程分别大于被测电路的工作电压和电流。

3.功率表读数

$$功率\ P = C\alpha$$

式中 $C = U_N I_N / \alpha_N$——分格常数;

U_N、I_N——电压和电流量程;

α_N——标尺满刻度格数;

α——实测时指针偏转格数。

4.功率表接线

(1)单相功率表的接线　单相功率表有四个接线柱,其中两个是电流端子,两个是电压端子。在电流和电压端子上各标有一个"*",这是标志电压和电流线圈电源端(也叫发电机端)的符号。

接线时必须注意:

①电流线圈与负载串联,电压线圈与负载并联;

②两线圈的发电机端接在电源的同一极性端上,如图2-27所示。前者称为"前接法",适用于负载电阻远大于功率表电流线圈电阻的场合;后者称为"后接法",适用于负载电阻远小于功率表电压线圈支路电阻的场合。

若接线正确,功率表反偏,表明该电路向外输出功率,这时应将电流端钮换接一下,也有功率表装了电压线圈的"换向开关",则转动换向开关即可。

(2)单相功率表测三相功率的接线　用单相功率表测三相功率有三种方法,如图2-28所示。

①一表法　仅适用于电源和负载都对称的三相电路,即总功率为所测一相功率的三倍,

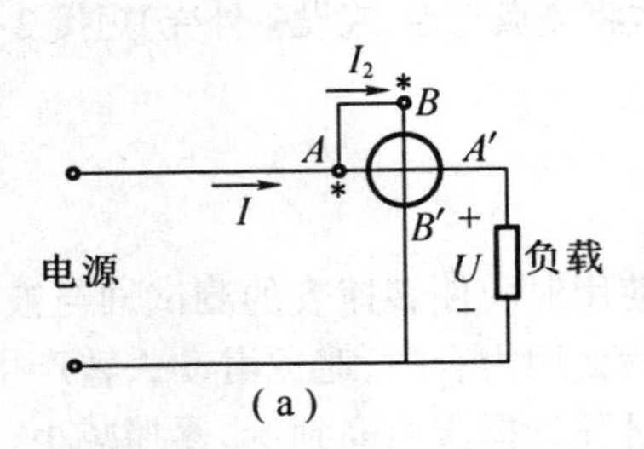

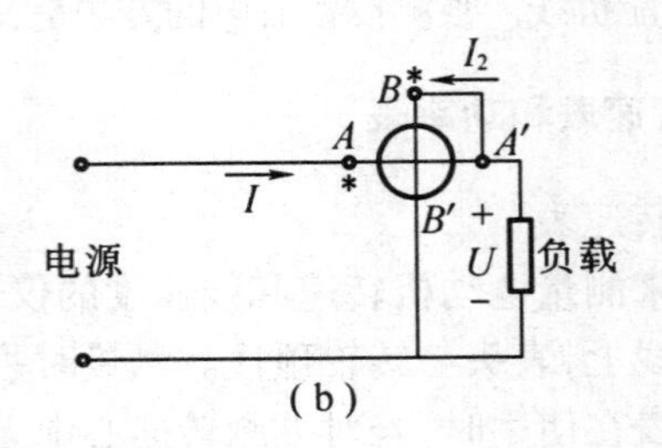

图 2-27　单相功率表接线原理图

(a)前接法；(b)后接法

即 $P=3P_1$。

②二表法　适用于三相三线制电路，三相功率 $P=P_1+P_2$。注意，如功率表反偏，则须将这只功率表的电流线圈反接，并且在计算总功率时应减去这只功率表的读数。

③三表法　适用于不对称的三相四线制电路，即用三只功率表分别测出三相的功率，则三相功率 $P=P_1+P_2+P_3$。

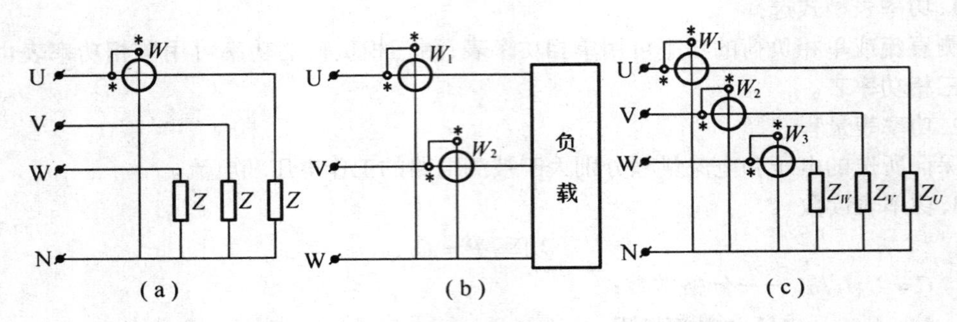

图 2-28　用单相功率表测三相功率的接线原理图

(a)一表法；(b)二表法；(c)三表法

(3)三相功率表测三相功率的接线　三相功率表实际上是根据“二表法”原理制成的，所以工程上三相三线制线路常用三相功率表直接测量，其接线如图 2-29 所示。

在高电压或负荷电流很大的线路上测量功率时，要通过电压互感器和电流互感器，然后再与功率表相接。

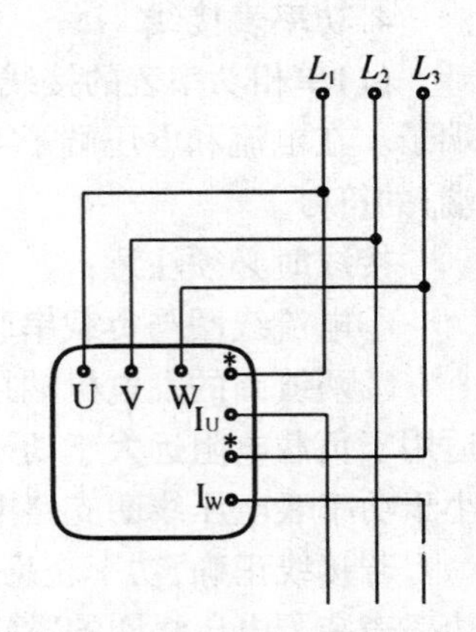

图 2-29　三相功率表的接线图

五、直流单臂电桥和直流双臂电桥

(一)直流单臂电桥

(1)面板结构如图 2-30 所示，电阻测量范围为 $1\sim10^7\ \Omega$。

(2)操作步骤

①开启检流针锁机，并调节其调零装置使指针指示在零位；

②将被测电阻 R_X 接在测量接线标上，再估计一下它的大约数值，选择合适的比率，以保证比较臂上的回组电阻都能用上；

③测量时,应先按电源按钮,再按检流计按钮,然后调节读数盘,使检流计的指示为零,即可读数。

④计算被测电阻的值:R_X = 读数盘数值之和 × 比率盘比率。

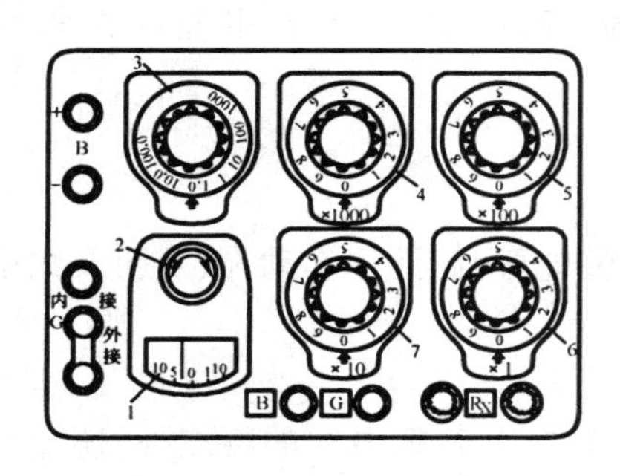

图 2-30　直流单臂电桥

1—检流计;2—调零旋钮;3—比例臂(比率盘);
4,5,6,7—比较臂(读数盘)

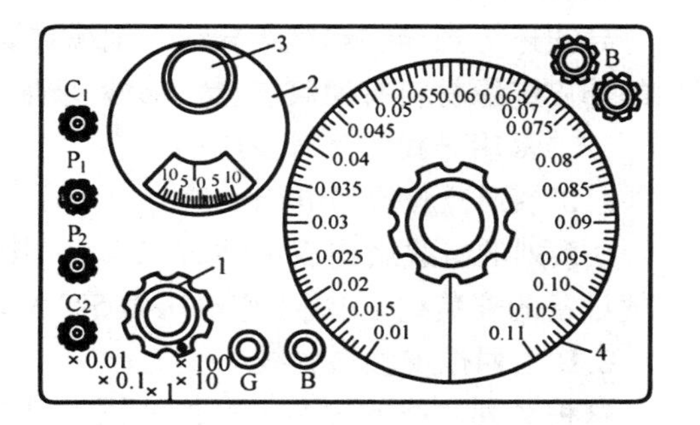

图 2-31　直流双臂电桥

1—比例臂(比率盘);2—检流计;
3—调零旋钮;4—比较臂(读数盘)

(二)直流双臂电桥

(1)面板结构如图 2-31 所示,电阻测量范围为 10^{-6} ~ 11 Ω。

(2)操作步骤

①先将被测电阻的电流接头和电位接头分别与接线极 C_1, C_2 和 P_1, P_2 连接,其连接导线应尽量短而粗,以减小接触电阻。

②根据被测电阻范围,选择适当的比率挡,然后接通电源和检流计。

③调节读数盘,使检流计的指示为零,则电桥处于平衡状态,即可读数。

④计算被测电阻的值:R_X = 读数盘的数值 × 比率盘的比率。

(三)注意事项

直流单臂电桥和直流双臂电桥的使用注意事项基本相同。

(1)电桥内电池电压不足会影响灵敏度,应及时更换,若外接电源须注意极性及电压大小。

(2)不宜测量 0.1 Ω 以下的电阻,即使测量 1 Ω 以下的低阻值电阻也应降低电源电压并缩短测量时间,以免烧坏仪器。

(3)测量带电感的电阻时,先接通电源,再接通检流计按钮;断开时先断开检流计按钮,再断开电桥电源。

(4)测量中不得使电桥比较臂电流超过允许值;电桥不用时,应将检流计锁住,以免搬运时损坏。

第三节　导线的连接及线路的敷设

一、常用导线的分类与应用

(一)导线的种类

常用导线有铜芯线和铝芯线两种。铜导线电阻率小,导电性能好,机械强度大,价格较高；铝导线电阻率比铜导线稍大些，机械强度不如铜导线，但价格低，也广泛被应用。

导线有单股与多股之分，一般截面面积为 6 mm^2 及以下的导线为单股线，截面面积在 10 mm^2 及以上的导线为多股线。多股线是由几股或几十股线芯绞合在一起形成一根的，如有 7 股、19 股、37 股等。

导线还分裸导线和绝缘导线。绝缘导线还可分为电磁线、绝缘电线、电缆等多种，而常见的外皮绝缘材料有橡胶、塑料、棉纱、玻璃丝等。

（二）常用导线的型号及应用

1.B 系列橡胶塑料电线

B 系列的电线结构简单（见表 2－1），电气和机械性能好，广泛用作动力、照明及大中型电气设备的安装线，交流工作电压为 500 V 以下。

2.R 系列橡皮塑料软线

这种系列软线的线芯由多根细铜丝绞合而成，除具有 B 系列电线的特点外，还比较柔软，广泛应用于家用电器、小型电气设备、仪器仪表及照明灯线等。此外还有 Y 系列通用橡套电缆，该系列电缆常用于一般场合下的电气设备、电动工具等的移动电源线。几种常用导线的名称、型号和主要用途如表 2－1 所示。

表 2－1

名称	型号	主 要 用 途
铜芯塑料线	BV	用于交流额定电压 500 V 或直流额定电压 1 000 V 的室内固定敷设线路
铜芯塑料护套线	BVV	用于交流额定电压 500 V 或直流额定电压 1 000 V 的室内固定敷设线路
铜芯塑料软线	BVR	用于交流额定电压 500 V 并要求电线比较柔软的敷设线路
双绞型塑料软线	RVS	用于交流额定电压 250 V，连接小型用电设备的移动或半移动室内敷设线路
橡皮绝缘导线	BX	用于交流额定电压 250 V 或 500 V 线路，供干燥或潮湿的场所固定敷设
铜芯橡皮软线	BXR	用于交流额定电压 500 V 线路，供干燥或潮湿场所连接用电设备的移动部分
铜芯橡皮花线	BXH	用于交流额定电压 250 V 线路，供干燥场所连接用电设备的移动部分

二、常用导线连接的要求和方法

（一）导线线头绝缘层的剖削

可用剥线钳或钢丝钳剥削导线的绝缘层，也可用电工刀剖削塑料硬线的绝缘层，如图2－32(a)所示。用电工刀剖削塑料硬线绝缘层时，电工刀刀口在需要剖削的导线上与导线成45°夹角，如图2－32(b)所示，斜切入绝缘层，然后以 25°角倾斜推削，如图 2－32(c)所示。最后将剖开的绝缘层折叠，齐根剖削如图 2－32(d)所示。剖削绝缘时不要削伤线芯。

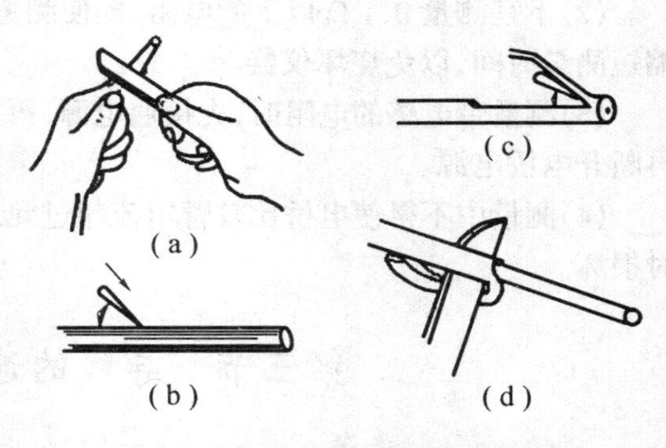

图 2－32　用电工刀剖削塑料硬线绝缘层

(二)单股铜芯导线的直线连接和T形分支连接

1.单股铜芯导线的直线连接

如图2－33(a)所示,先将两线头剖削出一定长度的线芯,清除线芯表面氧化层,将两线芯作X形交叉,并相互绞绕2～3圈,再扳直线头,如2－33(b)所示。将扳直的两线头向两边各紧密绕6圈,切除余下线头并钳平线头末端。

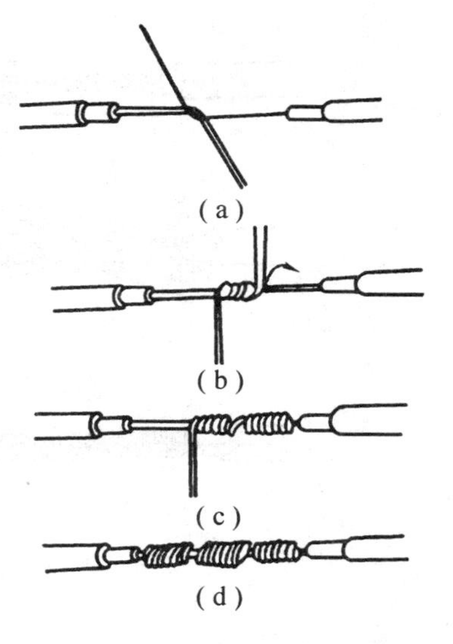

图2－33 单股铜芯导线的直线连接

2.单股铜芯导线的T形分支连接

将剖削好的线芯与干线线芯十字相交,支路线芯根部留出约3～5 mm,然后顺时针方向在干线线芯上密绕6～8圈,用钢丝钳切除余下线芯,钳平线芯末端,如图2－34所示。

3.7股铜芯导线的直线和T形分支连接

(1)7股铜芯导线的直线连接　如图2－35所示。首先将两线线端剖削出约150 mm并将靠近绝缘层约1/3段线芯绞紧,散开拉直线芯。清洁线芯表面氧化层,然后再将线芯整理成伞状,把两伞状线芯隔根对插,如图2－35(a)、(b)所示。理平线芯,把7根线芯分成2,2,3三组,把第一组2根线芯扳成如图2－35(c)所示状态,顺时针方向紧密缠绕2圈后扳平余下线芯,再把第二组的2根线芯扳垂直,如图2－35(d)、(e)所示。

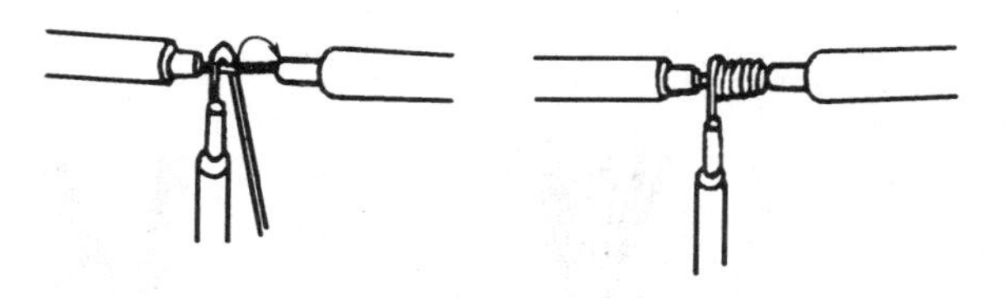
图2－34 单股铜芯导线的T形分支连接

用第二组线芯压住第一组余下的线芯紧密缠绕2圈扳平余下线芯,用第三组的3根线芯压住余下的线芯,如图2－35(f)所示,紧密缠绕3圈,切除余下的线芯,钳平线端,如图2－35(g)所示。用同样的方法完成另一边的缠绕,完成7股导线的直线连接。

(2)7股铜芯导线的T形分支连接　如图2－36所示。剖削干线和支线的绝缘层,绞紧支线靠近绝缘层1/8l处的线芯,散开支线线芯,拉直并清洁表面,如图2－36(a)所示。把支线线芯分成4根和3根两组排齐,将4根组插入干线线芯中间,如2－36(b)所示。把留在外面的3根组线芯,在干线线芯上顺时针方向紧密缠绕4～5圈,切除余下线芯钳平线端。再用4根组线芯在干线线芯的另一侧顺时针方向紧密缠绕3～4圈,切除余下线芯,钳平线端,如图2－36(c)、(d)所示完成T形分支连接。

4.19股铜芯导线的连接

其方法与7股导线相似。因其线芯股数较多,在直线连接时,可钳去线芯中间几根。

导线连接好以后,为增加其机械强度,改善导电性能,还应进行锡焊处理。铜芯导线连接处锡焊处理的方法是:先将焊锡放在化锡锅内高温熔化,将表面处理干净的导线接头置于锡锅上,用勺盛上熔化的锡从接头上面浇下。刚开始,由于接头处温度低,接头不易沾锡,继续浇锡使接头温度升高、沾锡,直到接头处全部焊牢为止。最后清除表面焊渣,使接头表面光滑。

5.铝芯导线的连接

因铝线容易氧化,且氧化膜电阻率高,所以铝芯导线不宜采用铜导线的连接方法。铝芯导线应采用螺栓压接和压接管压接方法。

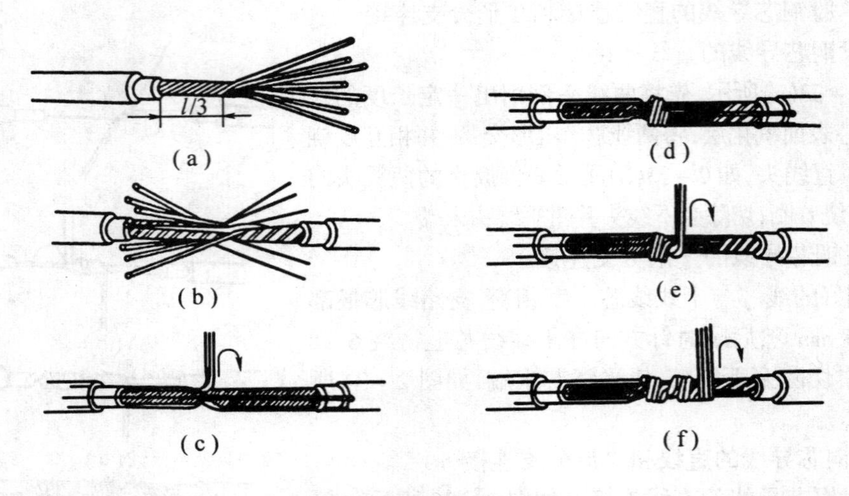

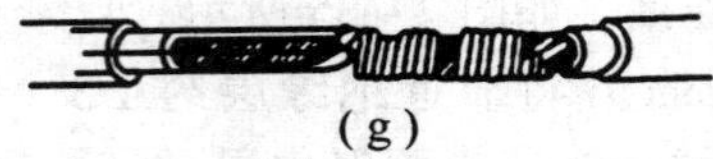

图 2-35　7 股铜芯导线的直线连接

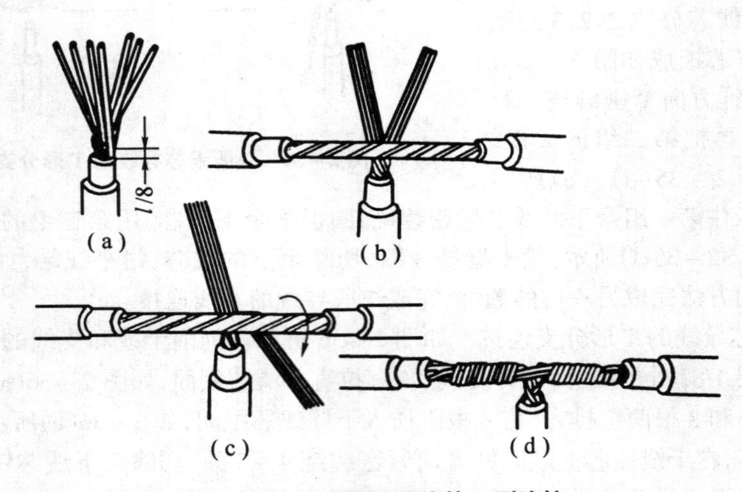

图 2-36　7 股铜芯导线的 T 型连接

(1)螺栓压接法如图 2-37 所示。此法适用于小负荷铝芯线的连接。

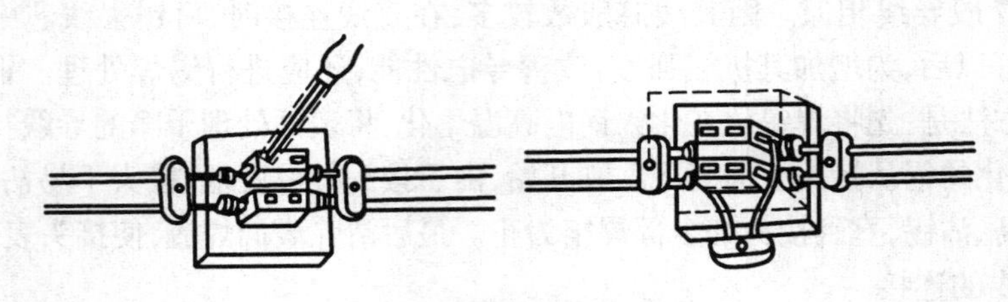

图 2-37　螺栓压接法接线

(2)压接管压接法连接适用较大负荷的多股铝芯导线接法接线的连接（也适用于铜芯导线），如图 2－38 所示。压接时应根据铝芯线的规格选择合适的铝压接管。先清理干净压接处，将两根铝芯线相对穿入压接管，使两线端伸出压接管 30 mm 左右，然后用压接钳压接。压接时，第一道压坑应压在铝芯端部一侧。压接质量应符合技术要求。

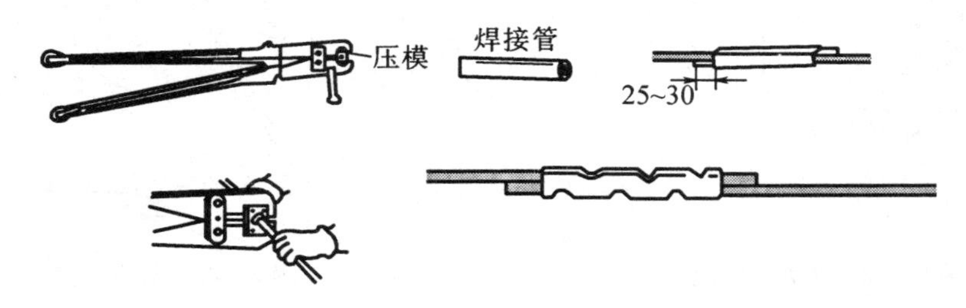

图 2－38　压接管压接法接线

(三)导线绝缘层的恢复

导线的绝缘层因外界因素破损或导线在作连接后为保证安全用电，都必须恢复其绝缘。恢复绝缘后的绝缘强度不应低于原有绝缘层的绝缘强度。通常使用的绝缘材料有黄蜡带、涤纶薄膜带和黑胶带等。绝缘带包缠的方法如图 2－39 所示。做绝缘恢复时，绝缘带的起点应与线芯有两倍绝缘带宽的距离。包缠时黄蜡带与导线应保持一定倾角，即每圈压带宽的 1/2。包缠完第一层黄蜡带后，要用黑胶布带接黄蜡带尾端再反方向包缠一层，其方法与前相同，以保证绝缘层恢复后的绝缘性能。

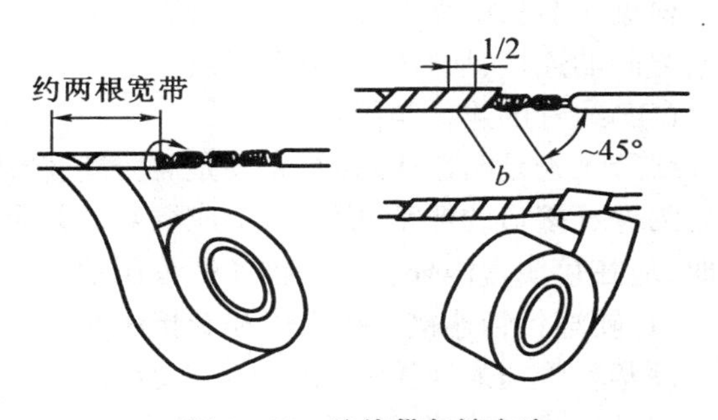

图 2－39　绝缘带包缠方法

三、线管线路的敷设

为防止动力线路或照明线路免遭机械损伤或防潮、防腐的需要，可采用线管配线。线管配线有明敷和暗敷两种，线管配线的方法和要求如下。

(一)选管

线管的直径应根据穿管导线的截面积大小进行选择，一般要求穿管导线的总截面积(包括绝缘层)不应超过线管内截面积的 40%；干燥场所的明、暗敷设一般采用电线管；潮湿和有腐蚀性气体的场所，应选用白铁管，腐蚀性较大的场所则应采用硬塑料管。线管的内壁及管口应光滑。

(二)弯管

线管的敷设应尽量减少弯曲，以方便穿线，管子弯曲角度不应小于 90°。明管敷设时，管子的曲率半径 $R \geqslant 4d$，暗管敷设时，管子的曲率半径 $R \geqslant 6d$，θ 应 $\geqslant 90°$，如图 2－40 所示。常用弯管用具为管弯管器和滑轮弯管器，管弯管器如图 2－41 所示。

薄壁大口径管在弯管时，管内要灌满沙子。需要加热弯曲时，管内则应灌入干沙且管的两端还应塞上木塞。为防止有缝管在弯曲时裂开，弯管时接缝面应放在弯曲面的侧面。

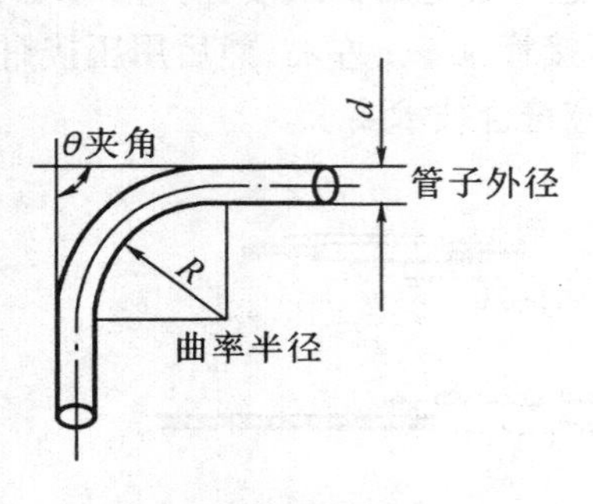

图 2－40　线管的弯度

图 2－41　管弯管器

(三)管头处理

根据所需长度锯下线管后,应将管头毛刺挫去,打磨锋口。为方便线管之间或线管与接线盒之间的连接,线管端部应套螺纹。

(四)线管的连接与固定

线管无论是明敷或暗敷,尤其是需防潮、防爆的环境,线管与线管之间最好采用管箍连接。为保证接口的严密,螺纹口上应缠麻纱并涂上油漆,再用管钳拧紧。线管与接线盒等连接时,应在接线盒内外各用一锁紧螺母压紧。

(1)硬塑料管连接　插入法和套接法两种。

硬塑料管插入连接法如图 2－42 所示。先将阴管倒内口,阳管倒外口,如图 2－42(a)所示。用酒精或汽油擦干净连接段面的污渍,将阴管加热至 140 ℃左右呈柔软状时,迅速插入涂有胶黏剂的阳管,立即用湿布冷却,恢复管子的硬度。

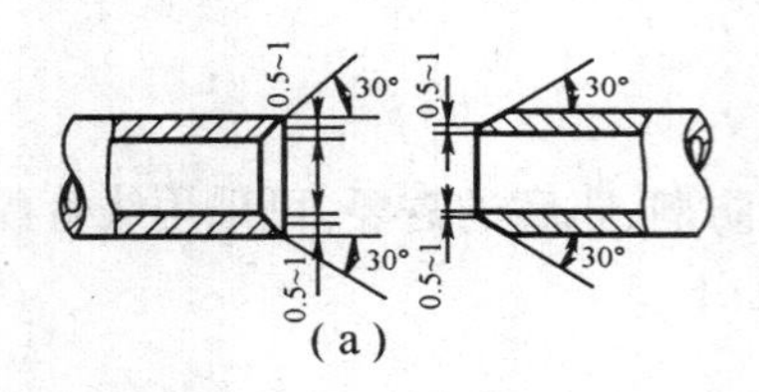

图 2－42　硬塑料料管插入连接法

(a)管口倒角;(b)插入连接

硬塑料管套接法连接,如图 2－43 所示。可用同直径的硬塑料管加热扩大成套管,也可用与其相配的套管。把所需连接的两管端用汽油或酒精擦拭干净,涂上黏合剂迅速插入套管中。

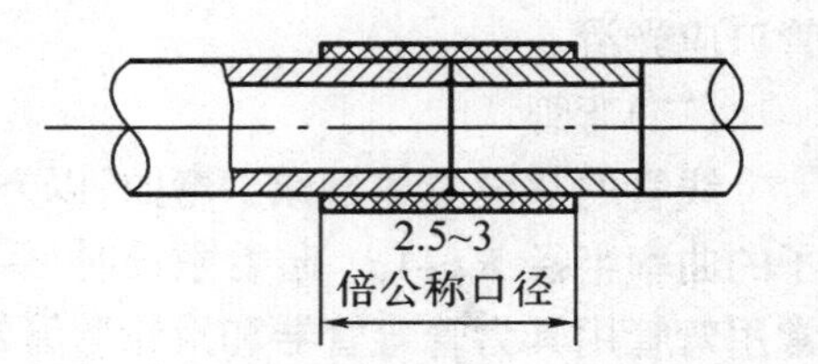

图 2－43　硬塑料管的套管连接

(2)固定线管　明敷线管采用管卡固定。固定位置一般在距接线盒、配电箱及穿墙管 100～300 mm 处和线管弯头的两边。直线上的管卡间距,根据线管的直径和壁厚的不同约为 1～3.5 m,管卡固定如图 2－44 所示。

采用金属线管明敷配线,除必须可靠接地外,在线管与线管的连接处应焊接 ϕ6～10 mm

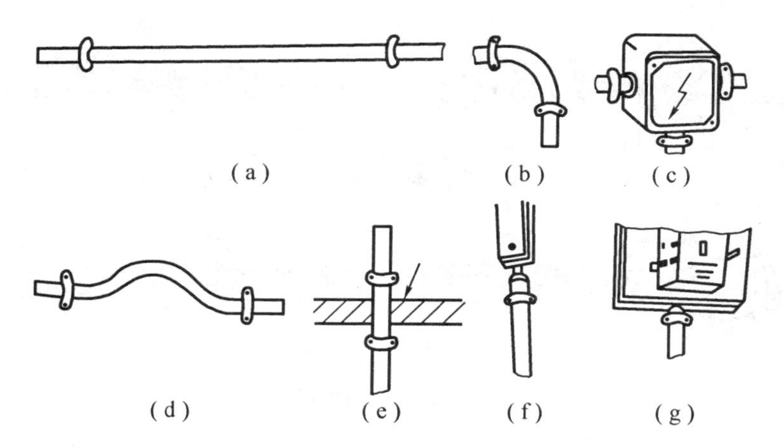

图 2-44　管线线路的敷设方法及管卡的定位

(a)直线部分;(b)转弯部分;(c)进入接线盒;(d)跨越部分;
(e)穿越楼板;(f)与槽板连接;(g)进入木台

的跨接连线,以保证线管的可靠接地,如图2-45所示。

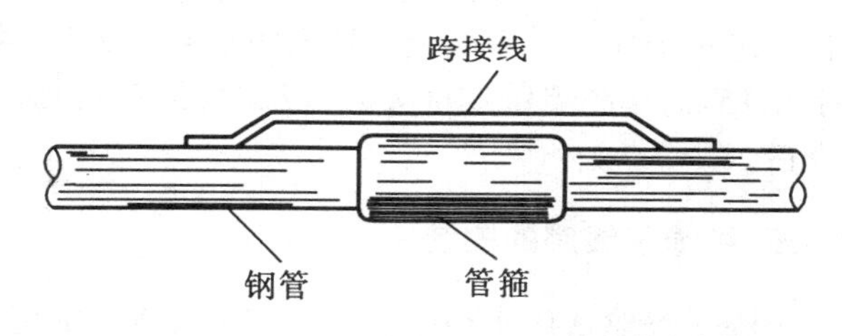

图 2-45　管线接头处的跨接线

(五)清管穿线

穿线前应做好线管内的清扫工作,扫除残留在管内的杂物和水分。选用粗细合适的钢丝作引线,将钢丝引线由一端穿入到另一端有困难时,可采用图2-46所示方法。由两端各穿入一根带钩钢丝,当两引线钩在管中相遇时,转动引线使两钩相挂,由一端拉出完成引线入管。导线穿入线管前,应先在线管口上套上护圈。按线管长度加上两端余量截取导线,剖削导线端绝缘层,按图2-47(a)所示绑扎好引线和导线头。一端慢送导线,一端慢拉引线,如图2-47(b)所示,完成导线穿管。最后用白布带或绝缘带包好管口。

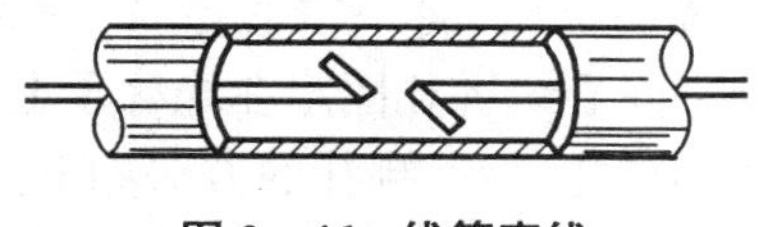

图 2-46　线管穿线

(六)线管配线的注意事项

线管内的导线不得有接头,导线接头应在接线盒内处理;绝缘层损坏或损坏后恢复绝缘的导线不得穿入线管内。穿入线管的导线绝缘性能必须良好;不同电压、不同回路的导线,不应穿在同一线管内;除直流回路和接地线外,不得在线管内穿单根导线;潮湿场所敷设线管时,使用金属管的壁厚应大于2 mm,并应在线管进出口处采取防潮措施;线管明敷应做到横平竖直、排列整齐。

四、塑料护套线线路的安装

护套线是一种具有塑料保护层和绝缘层的双芯或多芯绝缘导线,可在墙壁及建筑物表面直接敷设。用钢筋扎头或塑料钢钉线卡作为导线的支撑物,其安装步骤如下。

(1)定位画线　首先确定线路的走向、各电器元件的安装位置,用弹线袋划线,然后按每隔150~300 mm左右距离画出固定线卡的位置,并在距开关、插座和灯具的木台50 mm处设

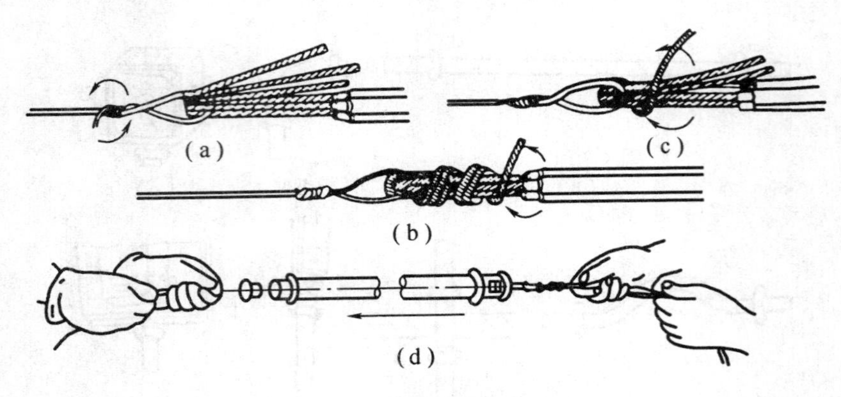

图 2-47　引线绑扎

定线卡固定点。根据线路敷设的墙面或建筑物表面的硬度，确定是否用冲击钻打眼，埋设膨胀螺钉。

(2)导线敷设　先在地面校直护套线。敷设直线部分时，可先固定一端，拉紧护套线使线路平直后固定另一端，最后再固定中间段。护套线在转弯时，圆弧不能过小，转弯的前后应各固定一个线卡。两线交叉处要固定 4 个线卡，敷设护套线线路时，线路离地面距离不应小于 0.15 m，穿越墙壁或楼板时，应加套护线套管保护护套线。塑料钢钉线卡的大小应选择合适。

五、绝缘子线路的安装

绝缘子线路适用于用电量较大且又较潮湿的场合，其线路的机械强度较大。

绝缘子配线采用绝缘子作导线的支撑物进行线路敷设。敷设应根据不同的线径和位置选择不同形状的绝缘子配线。较小线径的线路一般采用鼓形绝缘子配。线路线径较粗且是终端时，可采用蝶形绝缘子。

(1)绝缘子固定　在木结构墙上固定绝缘子时，应选用鼓形绝缘子，用木螺钉直接拧入。在砖墙或混凝土墙上固定绝缘子，可采用预埋木榫或膨胀螺钉的方式来固定鼓形绝缘子，也可采用预埋支架的方式来固定鼓形绝缘子、蝶形绝缘子或针形绝缘子。

(2)导线敷设及绑扎方法　敷设绝缘子线路时，应事先校直导线，将一端的导线绑扎在绝缘子的颈部，然后从导线的另一端收紧绑扎固定，最后把中间导线绑扎固定在绝缘子上。

导线在绝缘子上的绑扎有直线段导线绑扎和终端导线的绑扎两种，绑扎的方法如下。

①直线段导线与绝缘子的绑扎　直线段上的鼓形绝缘子和蝶形绝缘子与导线的绑扎可采用单绑法或双绑法。导线截面积在 6 mm^2 及以下的采用单绑法，如图 2-48(a)所示；导线截面积在 6 mm^2 及以上的采用双绑法，如图 2-48(b)所示。

②终端导线与绝缘子的绑扎　绑扎的圈数与线径及导体材料有关，关系见表 2-2。

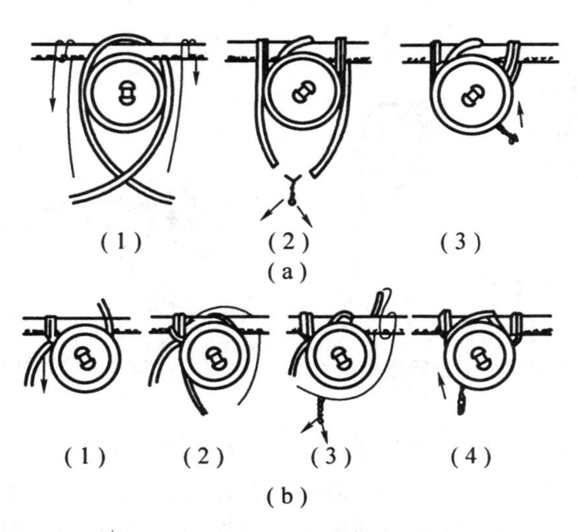

图 2-48　直线段导线的绝缘子绑扎

(a)单绑法;(b)双绑法

表 2-2　导线线径和导体材料与绑扎圈数关系表

导线截面/mm²	绑扎直径/mm			绑扎圈数	
	纱包铁芯线	铜芯线	铝芯线	公圈数	单圈数
1.5~10	0.8	1.0	2.0	10	5
10~35	0.89	1.4	2.0	12	5
50~70	1.2	2.0	2.6	16	5
95~120	1.24	2.6	3.0	20	5

六、导线与设备元件的连接方法

(一)导线与设备元件针孔式接线端子的连接方法

(1)在针孔式接线端子上接线时,如果单股线芯与接线端子插线孔的大小适宜,只要把芯线插入针孔,旋紧螺钉即可。如果单股芯线较细,则要把芯线折成双根,再插入针孔,如图2-49所示。

(2)线芯是由多根细丝组成,截面为0.5~10 mm² 多股导线,先在线端装上线鼻子或针式轧头,并用挤压钳挤压,然后在插入接线端子的针孔进行连接。

(二)与设备元件螺钉平压式接线端子的连接

(1)截面为0.75~10 mm² 单股导线的连接方法

①先把导线线端弯成圆套环再与设备元件的端子连接,如图2-50所示,步骤如下:

第一步,先剖削导线线端的绝缘层,剖削长度为圆套环拉直后的长度加上2 mm;

第二步,用圆头钳将已剥去绝缘层的裸线头弯成直角状,弯曲处距导线绝缘层2 mm;

第三步,用圆头钳夹住弯成直角状的线端头,以顺时针方向弯成一圆环,并对其修正,使圆心在导线中心线的延长线上,其孔的直径要与紧固螺钉相适应。

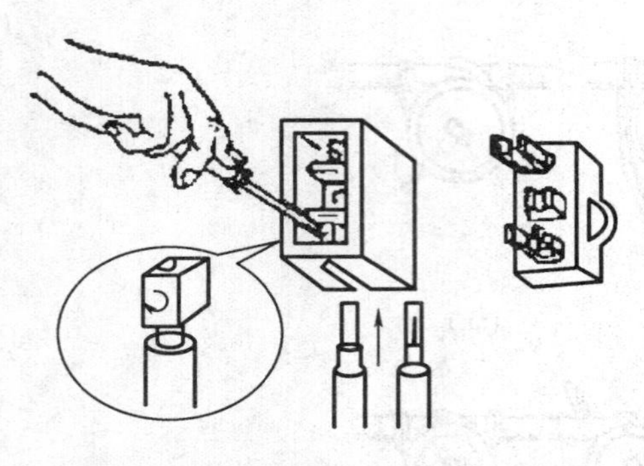
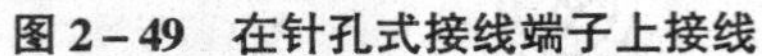
图 2-49　在针孔式接线端子上接线

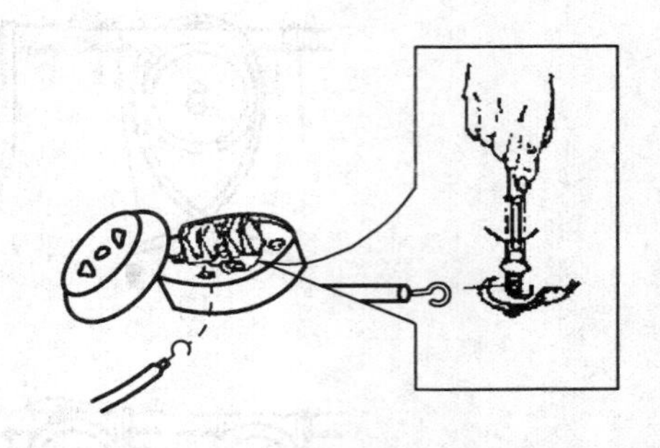
图 2-50　单股导线与设备元件的连接

②圆套环的上、下两面各放一个垫圈,用螺钉穿入与接线桩头连接紧固。要注意,圆套环的开口方向要与螺钉的旋紧方向一致,即右螺旋方向,以使圆环拧紧。如果两根导线在一个接线端子上连接,要在另一根导线的圆套环上增加一个垫圈。连接后,圆套环不能冒出下面的垫圈,导线的绝缘层距垫圈或螺钉帽的外边 1～2 mm。

(2)较大截面的单股芯线、多股芯线的连接方法。截面大于 10 mm^2 的单股导线和截面大于 2.5 mm^2 的多股导线与设备元件连接时,一定要压接相应规格的线鼻子,铜导线使用铜线鼻子,铝导线要使用钢铝过渡材质的线鼻子。按设备端子的不同选择使用不同形状的线鼻子(如图 2-51 所示),同时必须将其与设备元件铜接线端子的接触面一同做镀锡处理。固定线鼻子的螺栓、平垫、弹簧垫、螺母等紧固件应全部为镀锌件,螺母旋紧至压平弹簧为止。

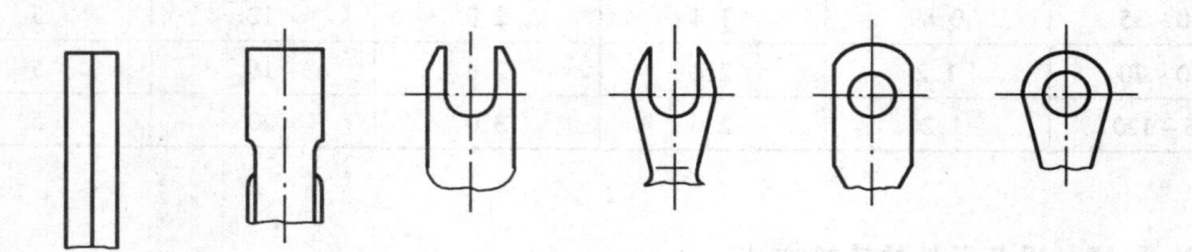
图 2-51　线鼻子示意图

实训一　常用电工工具的识别与使用

【目的】会识别常用电工工具,了解其基本结构和使用方法。

【工具、设备与器材】测电笔、一字形螺丝刀、十字形螺丝刀、钢丝钳、尖嘴钳、电工刀、扳手、镊子、电工凿、冲击钻、管子钳、剥线钳、紧线器、弯管器、钢锯架、割管器、钢管绞板、圆扳牙、登高板、脚扣、拉具、喷灯套筒扳手、滑轮等。

【训练步骤与工艺要点】根据本章教学内容要求,将常用电工工具的识别情况记录于表 2-3 中。

表 2-3 常用电工工具识别情况记录

工具类别	工具名称	型号规格	基本结构	主要用途	用法简述
通用工具					
线路安装工具					
设备维修工具					

训练所用时间:________　　　　参加训练者(签字):________

20____年____月____日

实训二 常用导线的连接

【目的】学会剖削常用导线绝缘层,连接导线线头并恢复其绝缘层。

【设备、工具与器材】电工刀、钢丝钳、护套线、橡皮线、花线、橡套电缆、铅包线、七股铜芯线、ϕ1 mm漆包线、沟线夹。

【训练步骤与工艺要点】

1.剖削导线绝缘层,并将有关数据记入表 2-4 中。

表 2-4　导线绝缘层剖削记录

导线种类	导线规格	剖削长度	剖削工艺要点
塑料硬线			
塑料软线			
塑料护套线			
橡皮线			
花　线			
橡套电缆			
铅包线			
漆包线			

2.导线线头连接训练

将常用导线进行连接,并将连接情况记入表 2-5 中。

表 2-5　常用导线的连接记录

导线种类	导线规格	连接方式	线头长度	绞合圈数	密缠长度	线头连接工艺要点
单股芯线		直连				
单股芯线		T形连				
七股芯线		直连				
七股芯线		T形连				
漆包线		直连				

3.线头绝缘层的恢复

用符合要求的绝缘材料包缠导线绝缘层,并将包缠情况记入表 2-6 中。

表 2-6　线头绝缘层包缠记录

线路工作电压	所用绝缘材料	各自包缠层数	包缠工艺要点
380 V			
220 V			

训练所用时间:________　　　　参加训练者(签字)________

20____年____月____日

实训三　交流电压的测量

【目的】掌握交流电压的测量方法,会用万用表熟练测量交流电压。

【工具、仪表与器材】螺丝刀(一字形和十字形各一把),万用表,调压器,监视输出电压的交流电压表。

【训练步骤和要求】

1.切断实习室电源总闸刀开关，将调压变压器输入端接220 V市电（即闸刀开关进线桩头），输出端接实习室电源（即闸刀开关出线桩头），利用实习桌上配置的插座进行交流电压测量训练。

2.训练时，教师在调压变压器输出端并接万用表监视，多选择几种输出电压，学生测量后将数据填入表2－7中。

表2－7　交流电压的测量训练记录

测量次数 / 量程读数	第一次	第二次	第三次	第四次	第五次
量　程					
读　数					

训练所用的时间________　　　　参加训练者（签字）________

20____年____月____日

实训四　直流电压、直流电流的测量

【目的】学会较熟练地用万用表正确测量直流电压和直流电流。

【工具、仪表和器材】螺丝刀（一字形和十字形各一把），万用表，直流稳压电源，图2－52所示电阻5只。

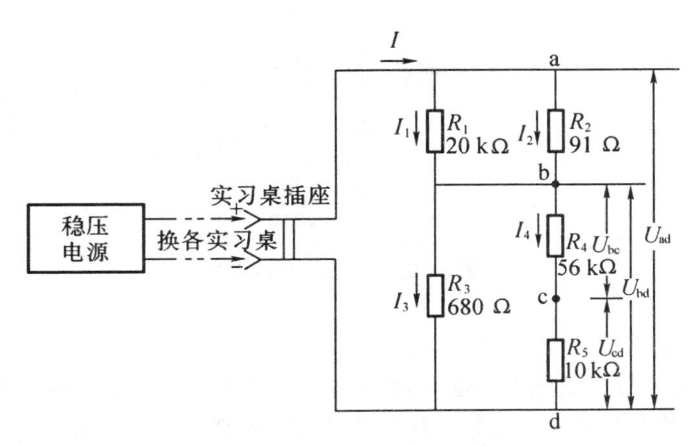

图2－52　直流电压、电流的测量电路

【训练步骤与工艺要点】切断实习室电源总闸刀开关，把一台容量足够大的直流稳压电源输出端接到闸刀开关的出线桩头上，直流稳压电源的电源线接到闸刀开关的进线桩头并分断闸刀。先按图2－52右半部分焊接电路接线，再利用实习桌上配置的插座取得的直流电源进行测量。测量时，调节稳压电源选择 1 到 3 种输出电压，测量后将数据填入表 2 - 8 中。

表 2 - 8　直流电压、直流电流测量记录

测量项目	测试数据 / 测量内容 \ 电路元件参数	$R_1 = 20\ k\Omega$	$R_2 = 91\ \Omega$	$R_3 = 680\ \Omega$	$R_4 = 56\ k\Omega$	$R_5 = 10\ k\Omega$
直流电压/V	测量对象	U_{ad}	U_{ab}	U_{bd}	U_{bc}	U_{cd}
	计算数据					
	万用表量程					
	测量数据					
直流电流/mA	测量对象	I	I_1	I_2	I_3	I_4
	计算数据					
	万用表量程					
	测量数据					

训练所用的时间________　　　　参加训练者(签字)________

20____年____月____日

实训五　电阻的测量

【目的】能较为熟练地应用万用表测量电阻。

【工具、仪表及器材】电烙铁、烙铁架、万用表，图 2 - 53 所示全部电阻及 68 kΩ, 6.8 kΩ 和 68 Ω 电阻各 1 只，焊剂、焊料适量。

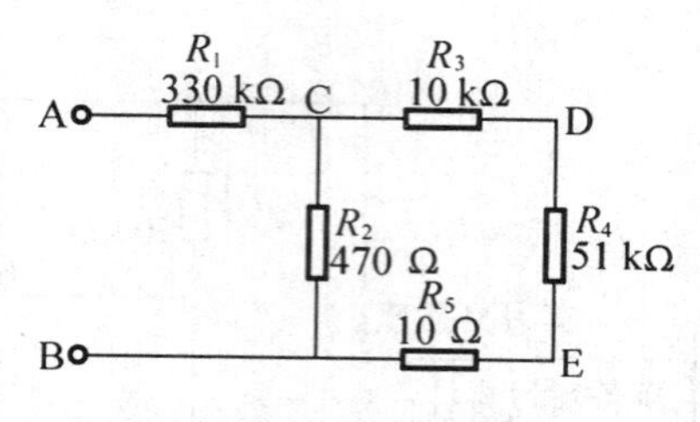

图 2 - 53　电阻的测量电路

【训练步骤与要求】

1. 分别测量将要焊接成图 2 - 53 电路的各个电阻的电阻值，将数据记录在表 2 - 9 中；再按图 2 - 9 所示焊接电路测量，将图中各点间电阻的测量和计算数据记录在表 2 - 10 中，注意带上单位。

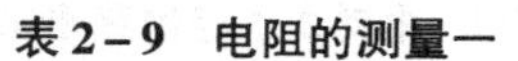

表 2-9 电阻的测量一

测量内容	R_1	R_2	R_3	R_4	R_5
电阻标称值					
万用表量程					
测量数据					

表 2-10 电阻的测量二

测量内容	R_{AB}	R_{AC}	R_{CD}	R_{DE}	R_{EB}	R_{CB}	R_{CE}	R_{DB}	R_{AD}	R_{AE}
计算数据										
万用表量程										
测量数据										

2.分别用正确手法和错误手法(手同时接触电阻两端)测量 68 kΩ,6.8 kΩ,68 Ω 三只电阻器的阻值,将测量数据记录在表 2-11 中。并分析错误手法与测量误差的关系。

表 2-11 电阻的测量三

测量情况 项目 / 被测电阻	万用表量程	正确手法测量数据	错误手法测量数据	误差
68 kΩ				
6.8 kΩ				
68 Ω				

用错误手法造成的误差分析____

____

训练所用的时间________　　　　参加训练者(签字)________

20____年____月____日

实训六　兆欧表、钳形电流表、接地电阻测定仪的使用

【目的】学会用兆欧表检查设备绝缘电阻,用钳形电流表直接测量线路电流,用接地电阻测定仪测量接地装置的接地电阻。

【工具、仪表与器材】钢丝钳、螺丝刀、榔头、兆欧表、钳形电流表、接地电阻测定仪及附绕组 U_1,U_2,V_1,V_2,W_1,W_2,他们之间各自独立。用兆欧表测量三相绕组之间,各相绕组与机座之间的绝缘电阻,将测量结果记入表 2-12 中。

表 2-12　电动机绕组绝缘电阻的测量

电动机额定值				兆欧表		绝　缘　电　阻/MΩ					
功率/kW	电流/A	电压/V	接法	型号	规格	U-V之间	U-W之间	V-W之间	U相对地	V相对地	W相对地

2.按电动机铭牌规定,恢复有关接线桩之间的连接片,使三相绕组按出厂要求连接,并将其接入三相交流电路,令其通电运行,用钳形电流表检测其启动瞬时的启动电流和转速达额定值后的空载电流,并将检测结果记入表 2-13 中。

表 2-13　电动机启动电流和空载电流的测量　(单位 A)

钳形电流表		启动电流		空载电流		导线在钳口绕两匝后的空载电流		缺相运行电流			
型号	规格	量程	读数	量程	读数	量程	读数	量程	读数		
									U	V	W

3.在电动机空载运行时,人为断开一相电源,如取下某一相熔断器,用钳形电流表检测缺相运行电流(检测时间尽量短),测量完毕立即关断电源并将检测结果记入表 2-13 中。

4.用接地电阻测定仪测定实习室或附近某避雷装置或电气设备接地系统的接地电阻,并将有关数据记入表 2-14 中。

表 2-14　接地电阻测量记录

接地装置名称	接地电阻测定仪		探针间距			探针入地深度		接地电阻值/Ω
	型号	所用量程	EP 间	PC 间	EC 间	P	C	

训练所用的时间________　　　　参加训练者(签字)________

20____年____月____日

第三章　船舶照明装置及线路的安装

第一节　照明系统的分类和特点

船舶照明系统中的主要用电设备包括舱室照明灯、舱面工作强光照明灯、探照灯、航行信号灯和低压行灯等。一般还包括电风扇、小容量电动机(0.5 kW以下的电动用具)及电热器(不大于10 A)、船内通信系统的一些报警装置(如冷库报警系统)等,都由照明系统供电。

船舶照明系统可分为正常照明、应急照明、小应急照明、可携照明和航行信号灯。

一、正常照明系统

正常照明系统又称主照明系统,为全船舱室内外供船舶正常运行、人员正常工作和生活的主要照明系统,由主电源供电。照明在不同的场所有不同的最低照度要求,如表3－1所示,其中照度单位为勒克司(lx),5～10勒克司看书就比较困难,在会议室、餐厅等公众场所照度要求较高,而在轴隧、锚链舱等处要求就较低。

表3－1　船舶照明处所的最低照度要求

舱　室　名　称	最低照度/lx
餐厅,文娱室,休息室,医疗室	30～50
船长室,无线电室,广播室,旅客室,船员室及出入口,操纵室,电工工作室,木工室,机炉舱及其出入口,应急发电机室,配膳室,厨房	20～30
海图室,驾驶室,电罗经室,自动电话室,雷达室,病房,盥洗室,浴室,厕所,洗涤室,干燥室	15～20
内外走道,舵机舱,变流机室,推进电机室,通风机室,空调机室,锚机控制室,蓄电池室,起货机控制室,油灯间,油漆室,仓库,粮食库,备件物料储藏室,轴隧	10～15
冷藏舱,煤舱,油舱,行李舱,锚链舱,帆缆舱,测深仪、计程仪围井	7～10

照明供电方式为由主配电板照明汇流排供电给各照明分电箱,再由各分电箱向相应区域及舱室的照明器或插座供电。照明系统工作电流种类为交流或直流,工作电压一般为110 V,220 V,各照明器均有控制开关。

照明系统中每一独立分路的负荷电流一般情况下最大为10～15 A,各支路灯点数有一定限制,如额定电压50 V以下的不超过10灯点,110 V的不超过14点,220 V的不超过24点等。大功率照明器或灯点电流大于16 A应设专用分电箱或支路。

居住舱室的每一分路的灯点,一般分布在相邻的几个居住舱室中。每一居住舱室的照明器一般是由两个分路分别供电,如棚顶灯一路,台灯床头灯等局部照明为另一路。

人行通道、梯道、出入口、机炉舱、轴隧、舵机舱、客船上的大型厨房、公共场所、超过16人的客舱等处的主照明，至少应由两分路供电。

机炉舱内不同相各路灯点交错布置，也有利于消除日光灯的闪烁效应。

每一防火区的照明至少要有两路独立照明馈电线路，其中一路可为应急照明线路。

货舱内固定照明由舱外专用的控制箱控制，每一货舱的照明设独立分路，每一分路都设有电源开关、熔断器和电源接通指示灯。为了安全，开关应设在带锁的控制箱内。

对于有易燃易爆危险或防火要求高的舱室，如运煤船的货舱、燃煤船的煤舱、油灯间、油漆间、蓄电池室、消防设备控制站、行李舱、邮件舱、粮食舱、氨制冷装置室等处所，都应在这些处所外面装设开关对室内照明进行控制，其线路切断开关能被锁在分断位置。

照明线路中的电风扇和插座除个别情况外，应设有独立的馈电线路，不应与照明灯电路混合。不同电压等级的插头插座有不同的结构尺寸，以防使用时插错电源。工作电压超过50 V的插头插座均有保护接地极，超过16 A的插座应有联锁开关，即仅当电源开关在分断位置时插头才能拔出或插入。

在机炉舱、舵机舱、冷藏机室、空调机室、通风机室、电工间、修理间、轴隧、计程仪和测深仪围井、甲板机械控制室、起货机平台、起锚机平台、应急发电机室、总配电板应急配电板等大型配电或控制设备后面，应设置与这些场所防护等级相应的可携照明插座。可携照明器在结构上应有防触电措施，灯泡外应有坚固的防机械碰撞的保护栅。

二、应急照明系统

应急照明系统是当主电源失去供电能力时，由应急电源通过应急电网供电的照明系统。有应急发电机的船舶，应急照明系统是正常照明的一部分，正常时由主电源通过应急配电板供电，当主电源不能供电时由应急发电机供电。

应急照明的特点是安装的灯点数较少，对照度要求不高。但必须保证主要机器设备附近及通向救生甲板的扶梯、通道和船员旅客的公共场所等处的必要照明，灯具与正常照明相同。应急照明灯点具体分布地点：

(1)航行灯及信号灯；

(2)通道、出入口、扶梯、轴隧、应急出口；

(3)登艇甲板及舷外、救生筏、救生浮存放处；

(4)机舱、炉舱、主机操纵台、锅炉水位表及气压表、主配电盘前后、应急发电机室、舵机舱等；

(5)驾驶室、海图室、无线电室、消防设备控制站；

(6)船员和旅客公共舱室、旅客超过16人的居住舱室；

(7)白昼信号探照灯。

应急照明的各条馈线均不装设分散的控制开关。

三、临时应急照明系统

以蓄电池组为应急电源的船舶，一般不再安装临时应急照明。但以应急发电机为应急电源的船舶，应装设临时应急照明，而以蓄电池组为应急电源的船舶则可不再装设。

临时应急照明的特点是每一分路灯点数不超过5～6盏，每盏功率为10～15 W的白炽灯，不允许用气体放电灯作应急照明。除正常照明兼作应急照明的线路外，与应急照明相同，临时应急照明的电源线路及分支线路也不装设开关。临时应急照明灯具上应有永久性明显标志（通常涂一红色标志），或在结构上与一般照明器不同，即采用专门的低压灯具。但舱室内正常照明器内已有低压灯座的可不再设专用低压灯具。

临时应急照明灯点的分布与上述应急照明的相同，但航行信号灯除外。

四、可携照明系统

可携照明系统用于维修时设备内部及舱室暗角处的照明。一般在机炉舱、舵机室、电工间、轴隧、起货机平台、应急发电机室、配电板后面等处所均设置有与该处所防护等级相应的可携照明插座，其电源由正常照明系统经变压器降压后供给，工作电压一般小于 36 V。可携照明器的设计应具有防触电、防机械碰撞的功能。

五、航行信号灯系统

船舶航行灯及信号灯是船舶照明系统中的一个独立部分，是保证船舶安全航行的重要设备之一。这些灯的光源均为白炽灯，有单丝的也有双丝的，其功率依照规定有 60 W，40 W 和 25 W 的不等。

（一）航行灯

不同类别的航行灯，其照明器的数量、安装位置、安装高度、颜色、可见的光弧角度和可见距离等都有一定的要求。

为了保证船舶夜间航行的安全，避免船舶间发生碰撞事故，一切海船，不论其航区及用途如何都必须设置航行信号灯，以便能识别船舶的位置、状态、类型、动态及有无拖船等。按照总吨位（机动船以 40 登记吨，非机动船以 20 登记吨为分界）分为两大类，第一类船舶的航行灯为“甲种灯”，第二类船舶的航行灯为“乙种灯”。目前我国海洋运输船舶均属第一类。这类基本航行灯的名称、安装位置及特征等见示意图 3－1 和表 3－2。表内的角度是指显示不间断灯光的水平弧度。桅灯、舷灯和尾灯通常称为航行灯，是各种用途的大小船舶都必须有的，左右舷灯一般安装在驾驶台的左右两侧。在夜间航行时船舶之间根据观察到对方船舶航行灯的情况，可以判断对方船舶的类别、相对位置和动向等。在必要时按照规则采取避让措施，以免发生碰船事故。船的长度小于 50 m 的只需配置一只桅灯，长度小于 20 m 的可以只用一盏左红右绿的舷灯。此外对于从事拖带的船舶，根据拖带的长度、顶推或旁推的不

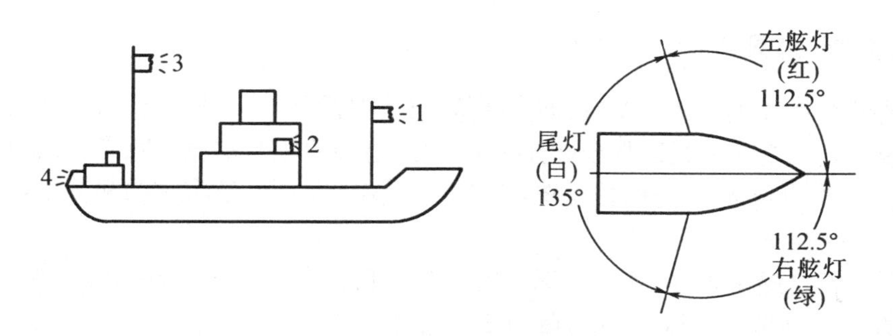

图 3－1　第一类机动船舶航行灯配置示意图

1—前桅灯；2—左、右舷灯（左红、右绿，各 112.5°）；3—后桅灯（白色，225°）；4—尾灯（白色，135°）

同，对桅灯和拖带灯另有规定。

航行灯由专用航行灯控制箱控制，采用主配电板与应急配电板两路馈电，转换开关位于控制箱内。灯具采用两套60 W灯泡，转换开关亦位于控制箱内。

表3-2 第一类船舶航行灯及主要信号灯

名 称	安装位置	数量	标 志	使 用
前/后桅灯	前桅/后桅	1/1	白色(225°)，后桅灯高于前桅灯≥4.6 m	航行
左/右舷灯	左舷/右舷	1/1	红色/绿色，各112.5°	航行
尾灯	船尾或尽可能接近船尾	1	白色，135°	航行
前/后锚灯	船头/船尾	1/1	白色环照灯	停泊
失控灯	前桅或信号桅或雷达桅	2	红色环照灯，垂直上下安装	失去独立操纵能力
闪光灯	信号桅或雷达桅	1	白色环照灯，闪光频率120次/分	过狭水道、转弯

(二)信号灯

信号灯由若干颜色灯泡组成，以显示船舶的特殊状态及进行通信联络，有环照灯和闪光灯。信号灯多设于驾驶台顶上的专用信号桅或雷达桅上，由驾驶室控制，其数目与颜色应符合有关规定。一般也采用两路电方式，与航行灯类似。

例如用环照灯表明锚泊状态、船舶失控或船舶操纵受限不能采取避让措施、载有易燃易爆危险货物等，船舶在航行中或经狭水道时用闪光灯向可见船舶表明要转弯、要后退等动向。远洋船舶的信号灯设置比较复杂，以适应某些国家的港口或狭水通道的特别要求。这些信号灯通常是安装在驾驶台顶上专设的信号桅上或雷达桅上，将十数(8~12)盏红、绿、白等颜色的环照灯分两行或三行安装其上，按照规定使用不同数量不同颜色的信号灯。

第二节 船舶常用灯具与电光源

一、船舶常用灯具的分类和用途

灯具为照明系统中的光照器件，即照明灯具(有时简称灯)，是由电光源、外壳、灯罩及其附件等组成。其主要功能是重新分配光源的光通，避免对眼睛的直接眩光，防止光源受环境的污染和侵害，保护光源不受机械损伤等。有些舱室的照明器还有装饰和美化环境的作用。

(一)灯具按防护结构分类

船用灯具符合船用条件，其外部罩壳的防护结构按国际防护标准(IP)分级。根据使用环境条件的不同，其防护等级大致可分为三种类型。

1.保护型

保护型灯具有透光灯罩可以防尘，以避免直接触及带电部分。多用于比较干燥的居住、办公舱室和内走道等处所。

2.防水型

光源被透光灯罩等密闭起来,灯体与灯罩之间有密封垫圈,这类灯具的防护结构基本相同,但其防护级别不同,有防滴、防溅、防水蒸气、防喷水和防海浪冲击等。用于潮湿和有汽、水侵害的场所。

防水型又分为防溅型和防水型两类。防溅型用于有水飞溅的场所,如船首船尾的露天甲板、主甲板游步甲板的外走廊等处。防水型用于不仅有水飞溅,而且有滴水、凝水的场所,如机舱、炉舱、货舱、冷藏舱、厨房、浴室、厕所、盥洗室、修理间、贮藏室、航行信号灯、露天甲板和外走廊等处。

在容易受到机械损伤处所的防水型照明灯具,不仅有坚固的金属壳体和透明灯罩,而且灯罩外还有坚固的金属护栅,如图 3-2 所示。

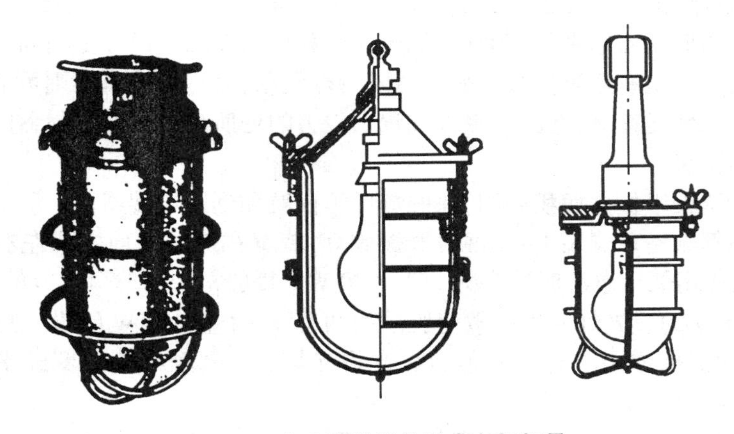

图 3-2　有金属护栅的防水白炽灯具

3.防爆型

常见的船用防爆灯具一种是隔爆型结构,即透明灯罩与灯座间用法兰连接,法兰间有隔爆间隙,气体在灯内发生爆炸时,由间隙外逸的气体经法兰隔爆面的充分冷却,不会引起外部混合气体的爆炸。坚固的壳体和灯罩能承受内部爆炸压力而不致损坏。隔爆型气体放电灯的镇流器安装在防爆接线盒内。另一种是密闭安全型,正常运行时,不产生火花、电弧,灯具外表面温度不会引起爆炸。防爆灯用于在正常条件下可能存在可燃性粉尘或爆炸性气体的场所,如煤舱、油柜舱、蓄电池舱、油灯间、油船的油泵舱及舱面空间等处的照明。

(二)灯具的使用

1.舱室照明灯具

按使用场所的要求和条件可采用棚顶灯、吸顶灯、嵌入式棚顶灯、防爆灯等。

两管或三管荧光棚顶灯,有透明或磨砂的有机玻璃罩,内附 24 V,15 W 应急白炽灯座,一般是钢底壳防水型,用于机舱和外走道照明。

单泡、双泡或三泡乳白玻璃嵌入式棚顶灯,内附 24 V,15 W 应急灯座,用于居住、办公等舱室照明。

1,4 管荧光棚顶灯,有乳白玻璃或磨砂有机玻璃罩,钢外壳嵌入式,内附应急灯座,用于居住、办公等舱室和内走道照明。

竹节方顶灯、月季圆顶灯、菱角方顶灯为钢外壳吸顶灯,乳白玻璃罩,内附应急灯座,用于舱室、内走道、餐厅等处的照明。

2.航行信号灯

依功能可分别采用舷灯、桅灯、尾灯、桅顶灯、三色灯、锚灯、应急灯、艇用灯等。

3.局部照明灯具

有床头灯、壁灯、台灯、海图灯、医疗灯、水位表灯等。

4.挂灯及手提灯

有220 V,110 V,24 V挂灯,24 V手提灯等作临时悬挂照明用。大功率挂灯,是防喷水式、铸铝外壳、乳白玻璃罩、外装保护网,220 V,200 W,用于甲板、码头和机炉舱公用照明。

三泡或五泡货舱灯,钢外壳和金属保护网,220 V,3或5×60 W,货舱内移动照明。手提灯为防喷水式,酚醛塑料外壳、玻璃罩外有金属保护网,24 V,15 W,40 W,供检修等临时场地照明。低压手提行灯由行灯变压器提供36 V以下的安全电压。行灯变压器输出的电压可通过分布在各处的低压插座供行灯使用,低压插座和插头在结构尺寸上与高压插座不同,以免误插入高压插座。也有用可携行灯变压器随行灯使用,而行灯变压器则可插入高压插座。无论是高压插座或低压插座,在露天甲板或汽水侵害的处所都是具有密封盖的水密式插座。

5.投光灯和探照灯

投光灯用于露天甲板大面积照明,探照灯用于夜航和远距离搜索。

远洋船舶在驾驶室顶安装1~2盏信号探照灯,装置在船的中前方或左右舷前方,功率一般为1 000 W。使用低压电源时功率为150~300 W。货船每一货舱口上方的货桅上装两盏或四盏300~500 W的投光灯。每一救生艇吊架两旁1~2盏300 W的投光灯,并能摇向舷外,以便照射水面。舷梯旁上空装一盏300 W投光灯。在驾驶甲板或罗经平台装1~2盏300 W投光灯照射烟囱标志等等。

夜航苏伊士运河所用探照灯称为苏伊士运河灯,安装在船舶的纵中线处,并能水平地和垂直地操作。苏伊士运河灯的性能和结构特点:

(1)能照清1 500 m前方锥形浮标的反射带;

(2)反射镜分成两半瓣,合并起来(零位)产生单束反射光;水平方向分开产生两束光,左右光柱各为5°,中央暗带在0°~10°范围可调;

(3)探照灯内有双灯座,互为备用,通过旋转手柄可使任一灯泡转到反射镜的焦点上;

(4)灯泡或灯管的功率为2 000 W,超过30 000总吨的船舶为3 000 W。

二、电光源

电光源一般分为两类,一类为热辐射光源,一类为气体放电光源。

(一)热辐射光源

热辐射光源的发光原理为利用电能将灯丝加热到白炽程度而产生热辐射光,主要有白炽灯和卤钨灯。

1.白炽灯

其灯丝为钨丝,小于60 W灯泡内为真空以减少散热,大于60 W灯泡内充注氩、氮气以减少灯丝蒸发量,延长使用寿命。

船用白炽灯耐振性好,使用方便,但易黑化,降低光效。航行灯、信号灯、便携灯、小应急照明灯均采用白炽灯。航行灯多为插口灯头,大功率白炽灯多为螺口灯头。

2.卤钨灯

如图3-3所示,卤钨灯尺寸较小、耐压高,内部充注较大压力的氩氮气和微量卤族元素(碘或溴)。通电后,卤素与高温下蒸发的钨原子化合成卤化钨并扩散或对流运动至温度较高的灯丝处,再分解为卤素与钨原子,从而避免了因钨原子沉积于管壁而形成的黑化现象。另外钨丝的蒸发因惰性气体的高压而受到抑制,使寿命延长,光效增加(灯丝温度增加),1 kW卤钨灯的亮度相当于5 kW普通白炽灯。

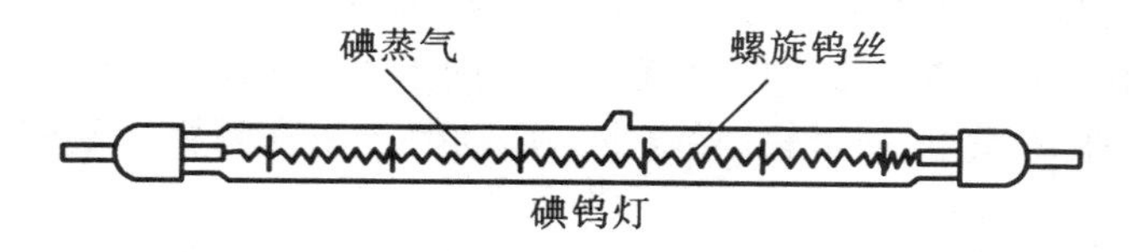

图3-3 碘 钨 灯

卤钨灯多用于甲板、机舱上部等大空间、要求高照度的场所。有些碘钨灯工作时应尽量保持水平设置,倾角不大于5°,以免灯丝拉断和对流不均造成低温区的黑化现象,溴钨灯则无此要求。

热辐射灯可瞬时点燃。

(二)气体放电灯

气体放电灯基本发光原理为:在强电场作用下自由电子加速运动产生撞击电离与热电离而形成自持放电过程。吸收能量跃迁至不稳激发态的离子返回基态时辐射光子而使灯具发光,包括可见光与不可见光,不可见光可用来激发荧光物质发出可见光。为维持一定电流下的稳定持续放电,气体放电灯采用了镇流器和触发器以降低放电电压和限制放电电流。

气体放电灯包括荧光灯、高压汞灯、氙灯等。

1.荧光灯

直管型荧光灯结构如图3-4所示。

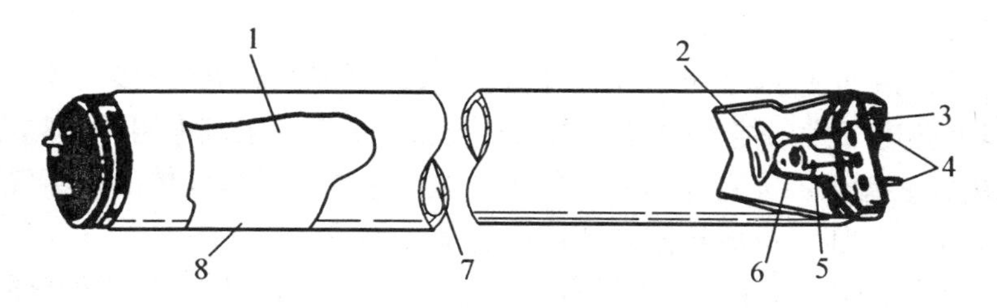

图3-4 荧光灯的结构示意图

1—管内充氩和汞蒸气;2—氧化物电极;3—管底粘接;4—臂脚;
5—排气管;6—芯排;7—管里涂荧光粉;8—汞

荧光灯管内充有氩气与汞蒸气,内壁涂有荧光粉。其中氩气为启动气体,同时可抑制钨丝蒸发,提高寿命;汞蒸气为工作气体,当灯丝预热产生高脉冲电压击穿管内气体后,汞蒸气放电产生电弧,汞原子受激产生紫外线并照射荧光粉而发出可见光,光效很高。

荧光灯管细长,启动电压较高,启动后须用镇流器限流。其启动线路如图3-4所示,当接通电源时,电源电压全部加在启辉器的辉光管两端,使辉光管的倒U型金属片与固定触点放电，其产生的热量使U型金属片伸直，两极接触并使回路接通，灯丝因有电流通过而发热，氧化物发射电子。辉光管的两个电极接通后电极间的电压为零，辉光管停止放电，温度降低使U型金属片恢复原状，两电极脱开，切断回路中的电流。根据电磁感应定律，切断电流瞬间在镇流器的两端产生一个比电源电压高很多的感应电压。该电压与电源电压同时加在灯管的两端，管内的惰性气体在高压下电离而产生弧光放电，管内的温度骤然升高，在高温下水银蒸气游离并猛烈地碰撞惰性气体分子而放电，放电时辐射出不可见的紫外线，激发灯管内壁的荧光粉发出可见光。灯管正常发光时，灯管两端的电压较低，40 W的灯管约110 V，此电压不会使启辉器再次放电，镇流器串于电路中用以限流。

新型电子镇流器体积小、质量轻、耗电少。启动时产生高频脉冲起燃电压，不需要启动器，因而启动快(0.4～1.5 s)。

采用电感式镇流器的日光灯接线如图3－5所示，采用电子式镇流器的日光灯接线如图3－6所示。

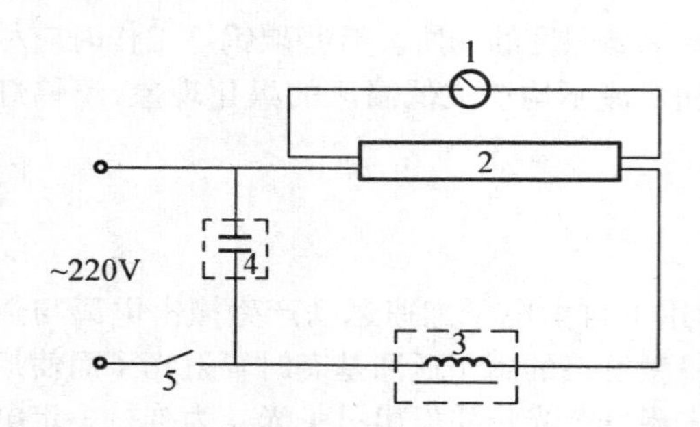

图3－5　电感式镇流器的日光灯接线图

1—起动器；2—日光灯管；3—镇流器；4—电容器；5—开关

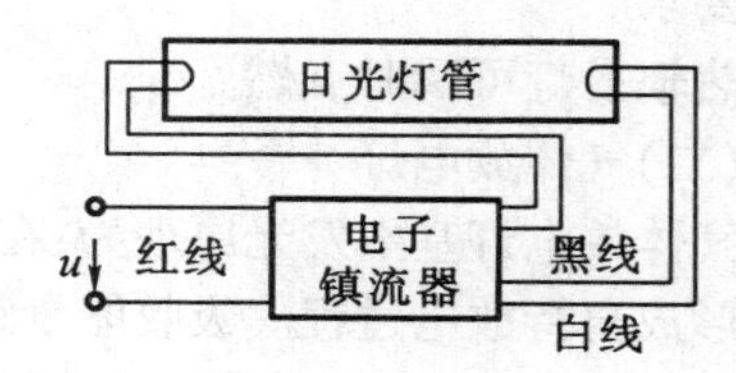

图3－6　采用电子式镇流器的日光灯接线图

在某些场所需装设二管或三管日光灯，采用三相供电且各灯管接于不同相线上以消除闪烁现象。

2.高压汞灯

高压汞灯的构造如图3－7所示，耐高温石英玻璃制成的放电管封装于灯泡内。管内装有两个具有良好热电子发射能力的自热式主电极和一个串有限流电阻用于热启动的辅助电极(亦称启动电极)，管内亦充有作为启动气体的氩气和作为工作气体的汞蒸气，工作时管内压力可达2～6个大气压。有的灯泡内壁还涂有荧光物质。

如图3－7(b)所示为高压汞灯的热启动工作线路图。通电后，主、辅电极间的氩气产生辉光放电，随着管内温度、压力的上升，汞蒸气成为放电的主要因素而产生强可见光以及紫外线，若灯泡内壁涂有荧光物质，则紫外线又进一步转化为可见光，增大了光强，改善了光的颜色。启动至稳定工作约需4～8 min。

高压汞灯光效高、寿命长、耐振动，适用于主甲板、货舱口等露天场所的照明。因其电压波动较大时会自行熄灭且复燃时间较长(5～10 min)，故不适于频繁开关的场所。

3.汞氙灯

氙灯为惰性气体弧光放电灯，启动快，光色好但光效低、寿命短。氙灯放电管内若充入汞，即成汞氙灯，其原理、线路同氙灯，且光效增强，寿命延长，多用作海船露天甲板及货舱口处照明。汞氙灯应保持清洁以免沾染的油渍受紫外线照射而使灯泡玻璃失去透明性。

4.金属卤化物灯

金属卤化物灯的结构、原理、热启动线路与汞灯类似，不同之处是于放电管内增加了金属卤化物。常用的金属卤化物灯有钠灯、铊灯、铟灯、镝灯等，其中工作气体为金属卤化物气体，而汞蒸气则为辅助气体，用途同汞灯。

5.高压钠灯

高压钠灯结构如图3-8所示，放电管为一耐高温陶瓷管，管内充有氙气作为启动气体，充有汞蒸气以提高电弧电压(放电电抗增加)，管内的钠气为主要工作气体。

高压钠灯光色近于日光，光效不高，用途同高压汞灯。高压钠灯的启动有冷启动和热启动两种方式。

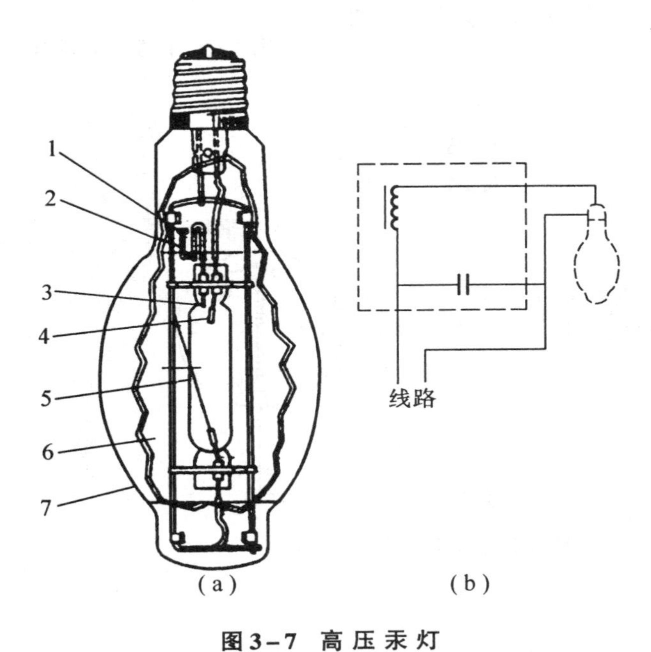

图3-7 高压汞灯

(a)构造；(b)线路

1—支架及引线；2—启动电阻；3—启动电极；4—工作电极；5—放电管；6—内部荧光质涂层；7—灯泡

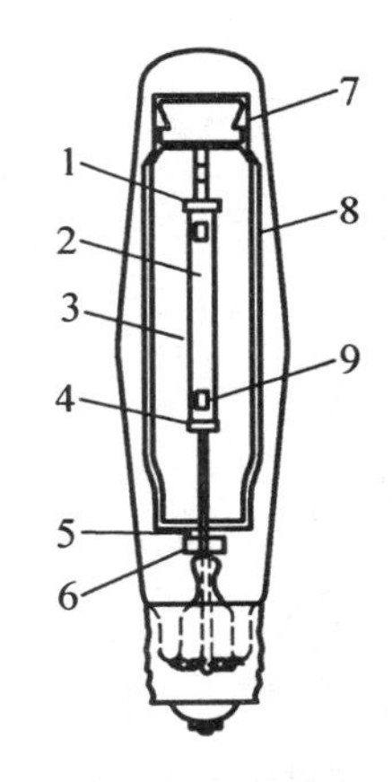

图3-8 高压钠灯

1—钙氧化铝+二氧化硅；2—钠+汞；3—多晶氧化硅；4—铌；5—镍；6—钡+铝；7—不锈钢；8—铁-镍金属板；9—工作电极

第三节 照明控制

一、正常照明的控制

正常照明线路是由电源开关和灯的控制开关控制。电源开关设在照明分配电板或分电箱内，一般是作为非经常操作的照明供电和安全隔离开关，有的专用照明独立分路的电源开关也是灯的控制开关。一般照明只有干线电源开关，各分支线路没有电源开关。但每一分路中的每一灯点或若干灯点设有开灯、关灯的控制开关，如图3-9所示。

控制开关有单联开关和双联开关。单联开关即最常用的开关，只用一个开关控制一盏或一组灯。但有的场所需要在两个地点控制一盏或一组灯的开或关，如有的灯可在机舱的上部入口处控制也可在下部梯口控制。这需要用两个双联开关分别安装在这两个地点，其接线原理如图3－10所示。这种旋钮双联开关内部有四个接线点，其中两个点连接为公共点，因此构成三个静触点，中间可转动的动导体触点随手钮转动，可使公共点与其余两个静触点转换联通。双联开关接线的关键是两个开关的公共点接线不能接错，必须按图3－10所示接法，即一个开关的公共点接电源，另一个开关的公共点接灯。特别是检修或更换开关重新接线时应注意，如果其中任一个公共点接错就会出现开关在一个位置可以控制通断，换一个位置就失去控制。对于三相四线制系统，控制开关先接火线再接灯（起安全隔离作用），灯的另一端接零线或地线。

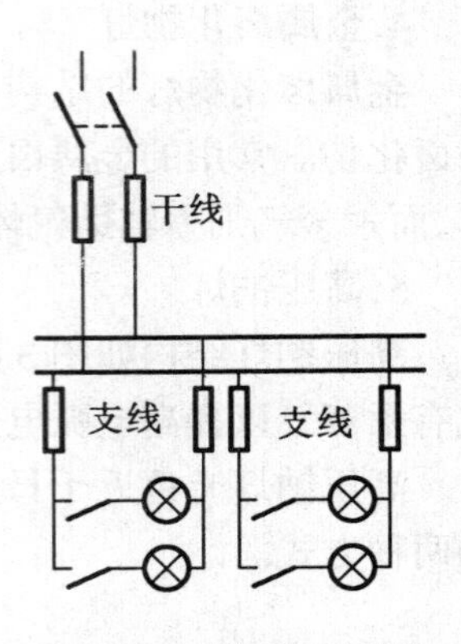

图3－9　照明控制线路

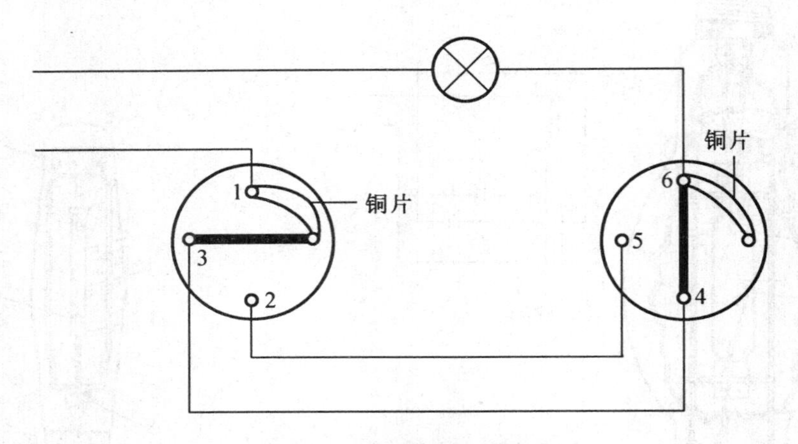

图3－10　双联开关两地控制线路

（一）灯具安装的基本要求

（1）220 V照明灯头离地高度应满足下列要求：

①在潮湿、危险场所及户外应不低于2.5 m；

②在不属于潮湿、危险场所的生产车间、办公室、商店及住房等处应不低于2 m；

③如因需要，必须将电灯适当放低时，灯头离地的最低垂直距离不应低于1 m，并应采用安全灯头；若是日光灯，则日光灯架上应加装盖板；

④灯头高度低于上述规定而又无安全措施的车间、行灯和机床局部照明，应采用36 V及以下的电压。

（2）照明开关应装在火（相）线上。开关应用拉线开关或平开关，不得采用床头开关或灯头开关（采用安全电压的行灯和装置可靠的台灯除外）。开关距地面的安装高度应符合两点要求：拉线开关不低于1.8 m；墙壁开关（平开关）不低于1.3 m。

（3）明装插座的离地高度一般不低于1.3 m；暗装插座的离地高度不应低于0.15 m；居民住宅和儿童活动场所的插座均不得低于1.3 m。

（4）为保证安装平稳、绝缘良好，拉线开关和吊线盒等均应用圆木台或方木台固定。木台若固定在砖墙或混泥土结构上，则要安装木榫，在木榫上用木螺钉固定。

（5）普通吊线灯、灯具的质量不超过1 kg时，可用灯引线自身作灯的吊线；灯具质量超过回 1 kg 时,应采用吊链或钢管吊装,且导线不应承受拉力。

(6)灯架或吊灯管内的导线不许有接头。

(7)用灯引线作吊灯线时,灯头和吊灯盒与吊灯线的连接处,均应打一背扣,以免接头受力而导致接触不良、断路或坠落。

(8)采用螺口灯座时,应将火(相)线接顶芯极,零线接螺纹极。

(二)灯具的一般安装方法

1.吊线盒的安装

软线吊线盒的安装。装木台时,要先钻好木台的出线孔,并锯好进线槽,然后将电源线从木台出线孔穿出。将木台固定好后,再在木台上装好吊线盒,从吊线盒的接线螺钉上引出软线,软线在吊线盒内打个背扣。

2.暗开关和暗插座的安装

暗开关和暗插座的安装方法,如图 3-11 所示。先将开关盒按图纸要求的位置预埋在墙内,埋设时可用水泥砂浆填充,但要填平整、不能偏斜。开关盒口面应与墙的粉刷层平面一致。待穿完导线后,即可将开关或插座用螺钉固定在开关盒内,接好导线,装上开关或插座板。

3.明开关和明插座的安装

明开关和明插座的安装方法是先将木台固定在墙上,然后在木台上安装开关或插座(带有开关或插座安装盒的可直接固定在墙上),拉线开关的安装如图 3-12 所示。

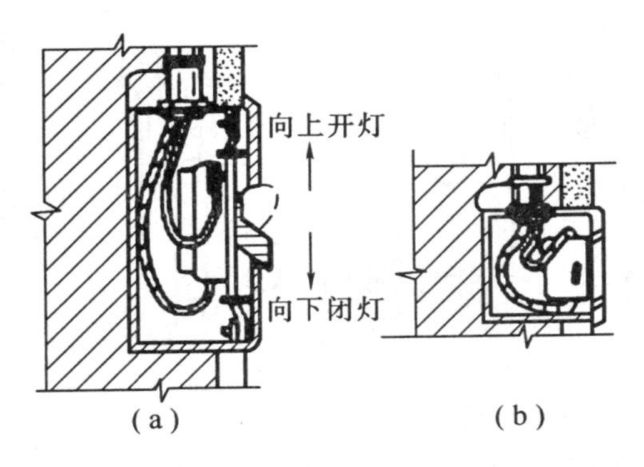

图 3-11 暗开关的暗插座安装方法示意图

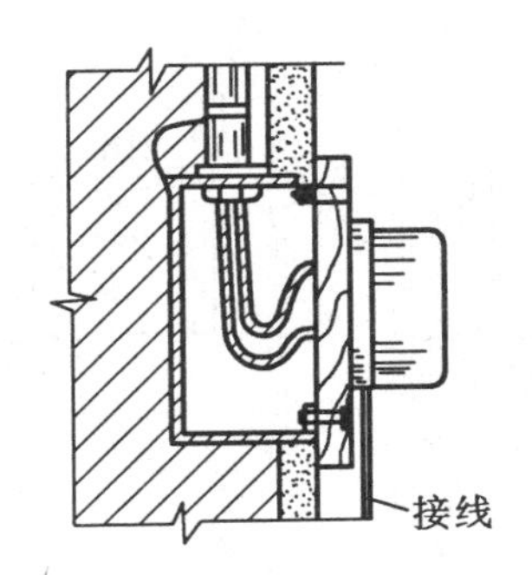

图 3-12 接线开关安装示意图

在实装扳把开关时,无论是明开关还是暗开关,装好后应该是往上扳电路接通,往下扳电路切断。

在安装插座时,插座接线孔要按一定顺序排列。单相双孔插座双孔垂直排列时,相线孔在上方,零线孔在下方;单相双孔插座水平排列时,相线在右孔,零线在左孔;单相三孔插座,保护接地在上孔、相线在右孔、零线在左孔,如图 3-13 所示。

二、航行灯的控制

为了保证航行灯在工作期间能不间断地发出灯光,在供电和控制上有一些特殊要求。

(1)航行灯控制箱应有两路独立馈电线路供电,一路应来自主配电板或应急配电板,另一路可由附近的照明分配电板供电。两路馈电线路的转换开关多设在驾驶室内的控制箱

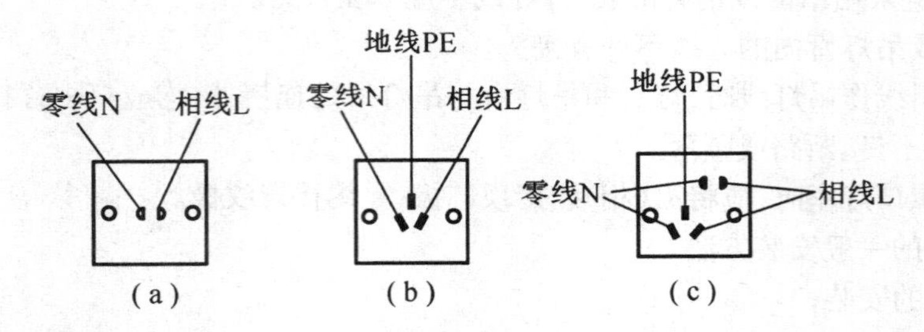

图 3-13　插座孔排列顺序示意图

(a)普通型单相二孔插座;(b)普通型单相三孔插座;(c)单相二、三孔插座

上。每只航行灯应由航行灯控制箱引出的独立分路供电,并在箱内设熔断器及控制开关。

(2)每一航行灯都与声光报警和故障指示器相连,能及时准确的给以声光信号。图 3-14 是控制箱每一盏航行灯的保护和控制线路。音响报警蜂鸣器 HK 是所有航行灯共用的,各灯电流继电器的常闭触头 FA 并联,用来控制共用的蜂鸣器。每一个航行灯有的是两个单丝灯泡,也有的是一个双丝灯泡。控制箱中每一路只有三个接点外接双丝灯,均由手动开关 SA 进行灯丝的转换控制。一旦灯丝烧断,发出音响报警。并有号牌指示器 ZP 如图 3-14(a)或故障指示灯 HL 如图 3-14(b)指出故障灯路。值班人员用转换开关接通另一灯丝,使航行灯恢复发光。

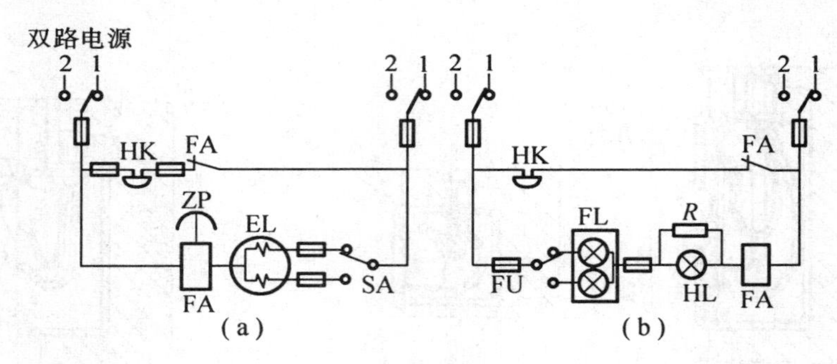

图 3-14　航行灯控制

(a)交流;(b)直流

三、照明线路故障

照明线路时常发生短路和断路故障,如露天甲板及其他易受水、汽或高温侵害处所的插座、开关和照明器等经常发生短路或绝缘损坏故障;居住舱室由于在插座中接入有故障的或超容量的电器或操作错误等也是造成照明线路故障的原因。这些故障往往导致支路熔断器烧断,使插座无电或开灯不亮。

一个分电箱中,有很多支路的熔断器,当对故障支路的熔断器不熟悉时,在不断电的情况下,可用"试灯"或万用表相应的电压挡使用"交叉法"进行逐个支路查找,如图 3-15 所示。熔丝已断的熔断器使"试灯"或电

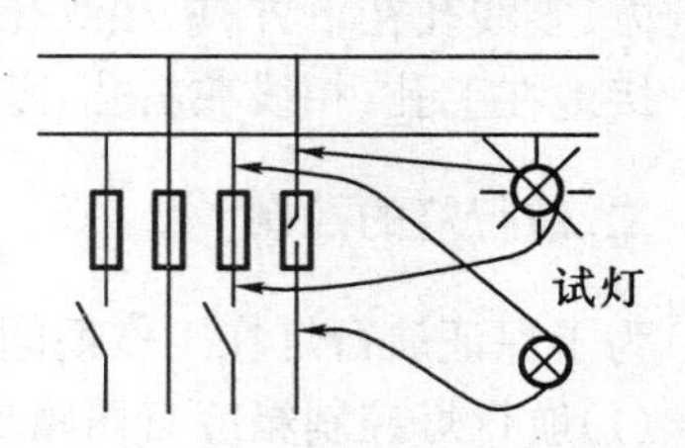

图 3-15　交叉法查断丝熔断器

压表与电源构不成回路，故试灯不亮或电压表读数为零。如果经查看还判断不出短路点发生在哪一个灯点，则只能用逐个排除法，即将该支路所有灯点开关断开，更换熔断器，然后再将控制开关逐个闭合，若某灯开关闭合后仍不亮，且熔断器又断，则该灯电路仍有短路。

实训一　常用灯具安装

【目的】学会较熟练地安装白炽灯和高压汞灯。

【工具、仪表与器材】以实习小组为单位，通用电工工具(钢丝钳，尖嘴钳、电工刀、扳手、螺丝刀、测电笔、钢锯、头)，万用表，装白炽灯用的灯座、灯头、挂线、开关、圆木，装日光灯用的灯管、灯架、镇流器、启辉器、启辉器底座、装高压汞灯用的灯泡、瓷质灯头、镇流器、开关，1.5～2.5 mm 皮线、软吊线、木螺丝、绝缘胶布适量。

【训练步骤与工艺要点】

1.在工作板上安装成套白炽灯一盏(两个开关在两个地方控制一盏灯)，并将有关数据记入表 3－3 中。

表 3－3　两个开关在两个地方控制一盏白炽灯的有关数据

<table>
<tr><td rowspan="3">器材型号规格</td><td colspan="2">挂线盒</td><td colspan="2">导线</td><td colspan="2">开关</td><td colspan="3">安装高度/m</td><td colspan="2">灯泡</td></tr>
<tr><td>陶瓷/只</td><td>电木/只</td><td>主线/m</td><td>软吊线/m</td><td>拉线/只</td><td>板把/只</td><td>灯头</td><td>开关</td><td>挂线盒</td><td>功率/W</td><td>工作电压/V</td></tr>
<tr><td></td><td></td><td></td><td></td><td></td><td></td><td></td><td></td><td></td><td></td><td></td></tr>
<tr><td>安装步骤</td><td colspan="7"></td><td>实际安装接线图</td><td colspan="3"></td></tr>
</table>

2.在工作台上安装高压汞灯一盏，将有关资料记入表 3－4 中。

表 3－4　高压汞灯安装记录

<table>
<tr><td rowspan="3">材料规格</td><td colspan="2">灯泡</td><td colspan="3">镇流器</td><td rowspan="3">安装步骤</td><td rowspan="3"></td></tr>
<tr><td>功率/W</td><td>工作电压/V</td><td>配用功率/W</td><td>线圈电阻/Ω</td><td>工作电压/V</td></tr>
<tr><td></td><td></td><td></td><td></td><td></td></tr>
</table>

3.在实习室安装成套日光灯一盏，将有关资料记入表 3－5 中。

表 3-5　日光灯安装记录

材料规格			安装步骤
灯管	功率/W		
	长度/m		
	直径/mm		
	灯丝电阻/Ω		
镇流器	配用功率/W		
	工作电压/V		
	线圈电阻/Ω		
灯架	长度/cm		实际安装接线图
	宽度/cm		
	厚度/cm		
安装记录	镇流器		
	启辉器		
	灯座间距/cm		
	灯具高度/m		

训练所用的时间________　　　　参加训练者(签字)________

20____年____月____日

实训二　配电板安装

【目的】学会家用配电板和动力用配电板的安装。

【工具、仪表与器材】实训一所列全套电工工具、单相电度表、三相四线制 5 A 电度表二极空开、三极空开、电流互感器、插入式熔断器、100 W 灯泡和灯头、导线、木螺丝、12～20 mm 厚木板适量,木工锯,木工刨。

【训练步骤与工艺要点】

1.自制木质配电板,并将最后尺寸记入表 3-6 中。

表 3-6　配电板尺寸

木料类别	面板			棱子	
	长/cm	宽/cm	厚/cm	宽/cm	厚/cm

2.将电度表、闸刀、熔断器、互感器等器材装在电板上,并将有关资料记入表 3-7 中。

表3-7 配电板安装有关资料记录表

单相电度表	额定电流/A		安装步骤
	转数/kWh		
三相电度表	型号		
	比率		
电流互感器	额定电流/A		
	转数/kWh		
照明熔断器	型号		
	额定电流/A		
二极闸刀	型号		实际安装接线图
	额定电流/A		
三极闸刀	型号		
	额定电流/A		
动力熔器	型号		
	数量		
	额定电流/A		

训练所用的时间________　　　　参加训练者(签字)________

20____年____月____日

第四章 常见变压器的检修与重绕

第一节 概述与说明

一、变压器的分类和用途

变压器一般按用途分类,变压器的用途十分广泛,常见的有下列几类。

(1)电力变压器 供输配电系统中升压或降压用,是变压器的主要品种。

(2)特殊用途变压器 如电炉变压器、电焊变压器、整流变压器、矿用变压器、船用变压器等。

(3)仪用互感器 如电压互感器、电流互感器。

(4)试验变压器 如供电气设备作耐压试验的高压变压器。

(5)控制变压器 用于自动控制系统中的小功率变压器。

变压器的主要用途是改变交变电压,改变交变电流,变换阻抗及改变相位等。

二、单相及三相变压器

(一)变压器的基本构造

变压器主要是由铁芯和绕组两大部分组成,此外还有其他附件。铁芯构成变压器的磁路,用硅钢片叠成以减小磁阻和铁损。绕组构成变压器的电路,用绝缘导线绕制而成,其中接电源的一侧叫一次绕组,接负载的一侧叫二次绕组。对于油浸式电力变压器,其他附件主要有油箱、油枕、安全气道、气体继电器、分接开关、绝缘套管等,其作用是共同保证变压器安全、可靠地运行。油箱中的变压器用来绝缘、防潮和散热;油枕用来隔绝空气、避免潮气浸入;安全气道用来保护油箱防止爆裂;气体继电器是变压器的主要保护装置,当变压器内部发生故障时,轻则发出报警信号,重则自动跳闸,避免事故扩大。

(二)变压器的基本工作原理

变压器的基本原理是电磁感应原理。单相变压器空载运行时,一次绕组中通过空载励磁电流 I_0 在铁芯中激起交变主磁通 Φ,在一次、二次绕组中产生感应电动势 E_1,E_2。单相变压器负载运行时,只要一次电压 U_1 一定,则铁芯中主磁通最大值 Φ_M 就基本一定。当二次电流增大 I_2 时,一次电流 I_1 也随之增大,以维持 Φ_M 的基本不变,并维持变压器的功率平衡。变压器一次、二次侧的电压与匝数成正比,而电流与匝数成反比,则

$$K_U=\frac{U_1}{U_2}=\frac{N_1}{N_2}=\frac{I_2}{I_1}$$

(三)变压器的铭牌数据

(1)型号 表示变压器的相数、冷却方式、循环方式、绕组数、导线材质、调压方式、设计序号、额定容量、高压绕组额定电压等级、防护代号等。

(2)额定电压 一次电压 U_{N1} 是根据绝缘强度和允许发热条件而规定的正常工作电压

值，二次电压 U_{N2} 是当一次电压为 U_{N1} 时二次侧的空载电压值。对于三相变压器，额定电压指线电压。

(3)额定电流　是根据变压器的允许发热条件而规定的满载电流值。对于三相变压器，额定电流指线电流。

(4)额定容量　是变压器额定运行时允许传递的最大功率。对于单相变压器，$S_N = U_{N2} I_{N2}$；对于三相变压器 $S_N = U_{N2} I_N \sqrt{3}$。

(5)阻抗电压　是短路电压占一次侧额定电压的百分数，又称短路电压标称值，即

$$U_K^* = \frac{U_K}{U_{N1}} \times 100\%$$

式中短路电压 U_K 是当变压器二次侧短路时，使变压器一次二次侧刚好达到额定电流时在一次侧施加的电压值。

(6)温升　是变压器在额定运行时允许超过周围环境温度的数值，它取决于变压器的绝缘等级，设计一般规定环境温度为 40 ℃。

三、电焊变压器

电焊变压器又称交流弧焊机。根据弧焊工艺的要求，电焊变压器空载时要有足够的引弧电压(65～75 V)；负载时应具陡降的外特性；额定负载时电压约为 30 V；短路电流不大；焊接电流随时可调。常见的电焊变压器有以下两种。

(1)磁分路中铁式电焊变压器　这种变压器有三个铁芯柱，一个主铁芯柱上绕有一次、二次绕组，另一主铁芯柱上绕有电抗绕组，中间为可动铁芯柱，用来改变漏抗。改变二次绕组和电抗绕组的匝数，可以改变空载电压，这是粗调，空载电压升高则焊接电流增大。改变动铁芯位置，这是细调。动铁芯移入，漏抗增大，外特性变陡，焊接电流减小。

(2)动圈式电焊变压器　这种变压器的一次绕组分为两部分，固定在铁芯柱的底部；二次绕组也分为两部分，可沿铁芯柱上下移动。改变一次、二次绕组的连接方式，可以改变空载电压，这是粗调。改变二次绕组的位置，这是细调。一次、二次绕组间距离增大，则漏抗增大，焊接电流减小。

四、互感器

(一)电压互感器

电压互感器将高电压变为低电压以便于进行测量，其特点是：

(1)一次绕组匝数多，线径小，使用时并联在被测线路上；二次绕组匝数少，二次电压规定为 100 V，使用时接高内阻电压表或其他仪表的电压线圈，相当于空载状态；

(2)铁芯采用优质硅钢片叠成，工作时空载电流很小；

(3)使用时二次侧绝对不允许短路，否则将烧坏互感器；

(4)铁芯及二次绕组一端应可靠接地，以防止二次侧出现高压，危及设备及人员安全。

(二)电流互感器

电流互感器将大电流变为小电流以便于测量，其特点是：

(1)一次绕组匝数少、线径大，使用时串联在被测电路上；二次绕组匝数多、线径小，二次电流规定为 5 A，使用时接电流表或是其他仪表的电流线圈，相当于短路状态；

(2)电流互感器一次电流由被测电路决定,与互感器二次电路无关;

(3)使用时二次侧绝对不允许开路,否则将造成铁芯过热、二次侧产生高压危及人身及设备安全;

(4)铁芯及二次绕组一端必须可靠接地,以防止二次侧出现高压危及人身及设备安全。

五、变压器连接组的含意

变压器的连接组是指变压器高、低压绕组的连接方式及以时钟时序数表示的相对相位移的通用标号,通常表示为 A , B C 。

其中A项表示高压绕组的连接方式:D表示△形连接,Y表示Y形连接,YN表示带中线YN形连接。B项表示低压绕组的连接:d表示△形连接,y表示Y形连接,yn表示带中线YN形连接。C项表示低压绕组的电压滞后于高压绕组对应电压的相位角为300°角的倍数值,即将高压绕组某一线电压相量视为时钟的长针,始终指向12点位置,则低压绕组对应线电压视为时钟的短针,指到钟面上的时数,用0~11表示12种连接组别。国家标准规定三相变压器的五种标准连接组是Y,yn0、Y,d11、YN,d11、YN,y0、Y,y0,其中前三种最常用。

六、变压器的并联

(1)变压器并联运行的优越性　变压器并联运行有利于逐步增加、合理分配用电负荷,从而降低损耗、提高运行效率,延长运行寿命;可改善电压调整率,提高电能的质量;有利于变压器的检修,提高供电的可靠性。

(2)变压器并联运行的条件　相互并联的变压器,其额定电压和变比应相等,连接组别必须相同,阻抗电压应相等。

第二节　小型变压器故障的检测

一、绕组开路的检测

当接通变压器一次绕组电源后,二次绕组无电压输出的检测方法如下。

(1)断开电源,将变压器的一、二次绕组接线端从电路中断开。

(2)使用万用表的"Ω"挡分别测量变压器的一次绕组及二次绕组,如果电阻无穷大,则说明该绕组开路。测量方法如图4-1所示。

(3)仔细检查开路点的位置,如果开路点在引出线上,可以更换引出线;如果开路点在绕组上,应修理或重绕绕组。

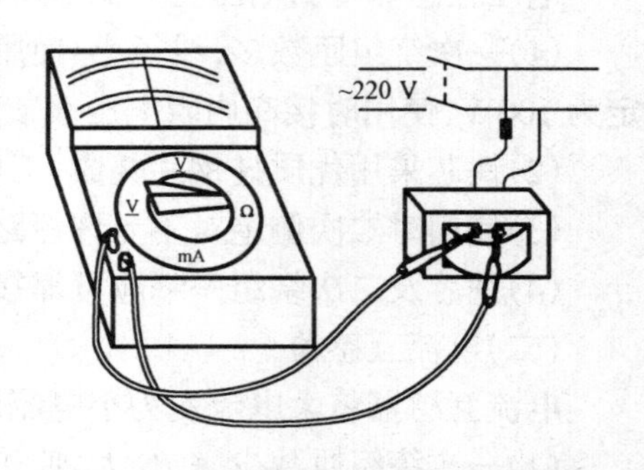

图4-1　变压器绕组开路的检测方法

二、绕组短路的检测

将变压器二次侧的负载断开后,接通额定电源电压,这时如果一次绕组电流剧增,变压器发热,甚至冒烟,则说明变压器绕组存在短路现象。可按下列方法检测故障。

(一)使用电桥测量变压器一、二次绕组匝间短路

(1)断开电源,将变压器的一、二次绕组从电路中断开。

(2)将绕组的两端用导线与电桥的两个外接端钮"R"和"G"相连。连接导线的截面积应尽量选得大一些,一般不小于 4 mm^2,长度应尽量短一些,导线的连接处应尽量处理干净。

(3)根据所测绕组电阻值的大小,转动比率臂的转换开关,选择合适的比率值,比率值一般有 7 挡,×0.001,×0.01,×0.1,×1,×10,×100 和×1 000。电桥的外形如图 4-2 所示。

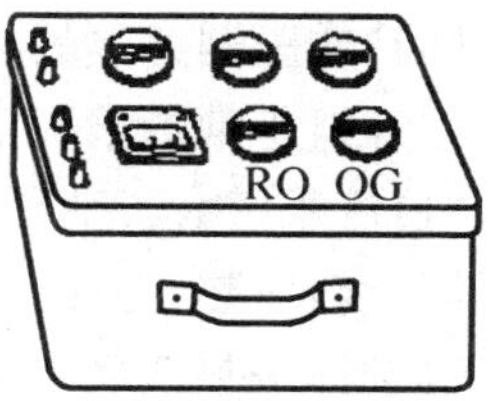

图 4-2　电桥的外形

(4)将检流计的短路锁扣开关打开,调节调零旋钮,使指针置于零位,然后使短路锁扣开关复位。

(5)按压电源按钮。

(6)接通检流计按钮。

(7)观察检流计指针,如指针偏离零位,依次拨动比率臂的四个读数盘,直至指针指向零位。

(8)松开检流计按钮。

(9)松开电源按钮。

(10)将比率值与读数盘之值相乘即为被测绕组的实际值。例如,四个读数盘的值分别为 5(×1 Ω),6(×10 Ω),2(×100 Ω),0(×1 000 Ω),比率值为 0.001,则实际所测电阻值为 265×0.001 Ω=0.265 Ω。

(11)所测绕组(圆铜单线)正常电阻值(R)的计算方法为

$$R=\rho l/S=\rho T\times L/S$$

式中　T——匝数;

L——每匝长度,m;

ρ——铜的电阻率(0.0181 $\Omega\cdot mm^2/m$);

l——绕组总长度,m;

S——导线截面积,mm^2。

(12)若所测绕组电阻小于绕组电阻正常值,则绕组有短路现象。

(二)变压器绕组短路故障的简易检测

(1)断开电源,将变压器二次绕组从电路中断开。

(2)根据电源电压及所测变压器容量,选择一只合适的灯泡,并将此灯泡串接到一次绕组中,如图 4-3 所示。例如当变压器为 BK-50 时,可以串接一只 220 V 40 W 的白炽灯泡。

(3)接通电源,若灯泡微红或不亮,则说明绕组没有短路;若灯泡较亮,则说明绕组已短路。

(4)如绕组已短路,应将绕组拆下重绕。

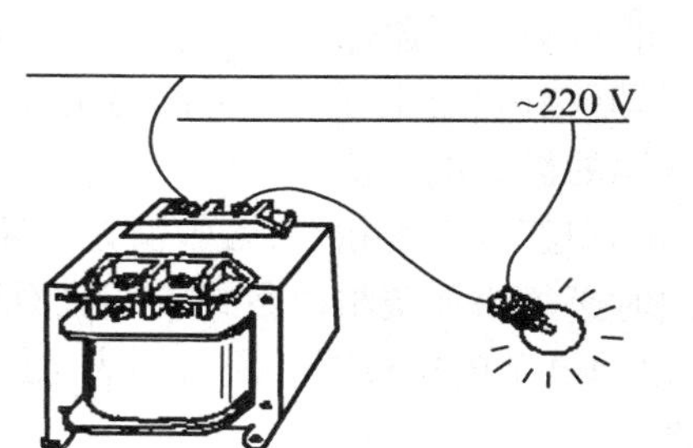

图 4-3　变压器短路的简易测法

(三)变压器绕组间击穿的检测

变压器的这种故障是由于各绕组之间的绝缘层损坏造成的。在这种情况下,变压器的二次侧将会出现一次侧的电源电压。此时应用下述方法对变压器进行检测。

(1)断开电源,并将变压器的各绕组端头从电路中断开。

(2)将绝缘电阻表的两接线端分别与两绕组的各一端相接。

(3)摇动绝缘电阻表的手柄并观察指针。如果指针指示低于0.5 MΩ,则绕组间有击穿现象,测量方法如图4-4所示。

(4)如变压器绕组间已击穿,应将外层绕组拆开,换上绕组间的绝缘,然后再将外层绕组重新绕上。

(四)变压器过热的检测

在绕组正常的情况下,变压器运行时过热,可按如下步骤进行检测。

(1)负载过大。变压器通常运行在额定功率下,如果负载过大,超过变压器的额定功率,变压器就会发热,检测方法如下。

①选择一只2倍于负载额定电流的交流电流表。

②断开电源,将电流表逐次串接于二次侧各绕组的负载之中。

③接通电源,观察各绕组中电流是否超过额定值,其接线方法如图4-5所示。

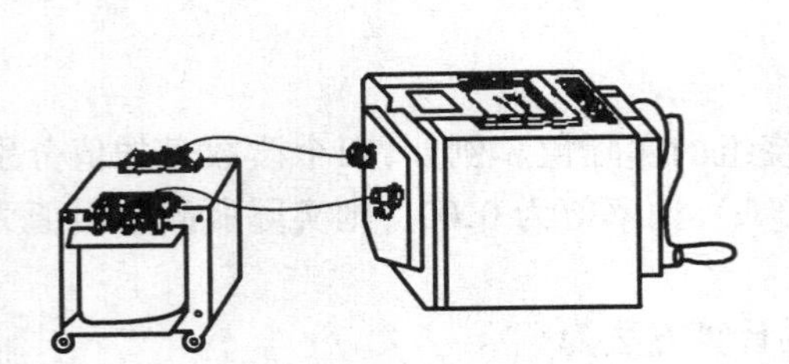

图4-4 变压器绕组间击穿的检测方法

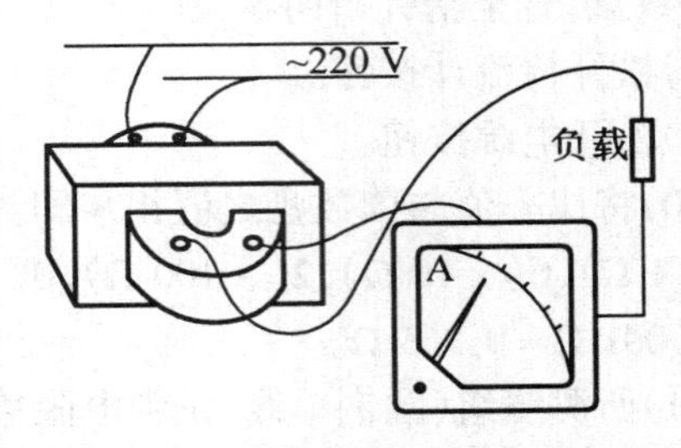

图4-5 变压器负载过大的检测方法

④在这种情况下,应减小负载,或更换容量大一些的变压器。

(2)空载电流偏大。一般小型变压器的空载电流为额定电流的10%~15%。若空载电流偏大,变压器损耗将增大,温升也随之增高。其测试方法如图4-6所示。

①将待测变压器和电流表串接于调压器的输出电路中。

②将电压表并联在变压器一次绕组的两个端头上。

③待测变压器保持空载。

④调节调压器手柄,使输出电压达到待测变压器的额定电压值。

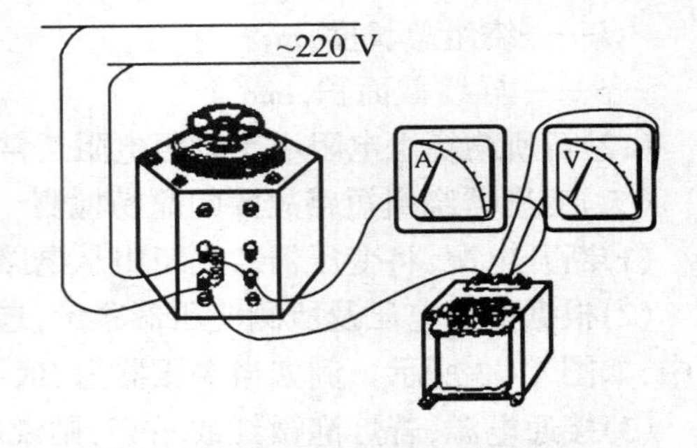

图4-6 变压器空载电流的检测方法

⑤观察电流表指针,若数值大于满载电流的10%~15%,则是引起变压器过热的原因。重绕时必须增加绕组匝数或铁芯截面积。

(3)电源电压过高。用万用表电压挡测量电源电压,如确实是电压过高,应设法将电压降低。

第三节　小型变压器绕组的重绕

一、准备绕制变压器绕组的主要工具

(1)绕线机　用来绕制线圈,一般有人工排线和自动排线两种。
(2)裁纸刀　用来裁剪骨架纸板和绝缘纸。
(3)橡皮锤　用于线圈整形,也可用木锤代替,要求锤打面光滑、整洁。
(4)烘箱　用于干燥变压器绕组。
(5)浸漆容器　用于对变压器绕组浸漆,要求不渗漆,并要有加温、保温以及防漆干燥等功能。

二、准备绕制变压器所需材料

(1)导线　一般采用 QZ 聚酯漆包圆铜线。
(2)电话纸　用于层间绝缘。
(3)玻璃漆布　用于绕组间绝缘。
(4)绝缘纸　用于绕组外层绝缘。
(5)弹性纸　用于制作绕线骨架。

三、拆除变压器铁芯

(1)用螺钉旋具和活扳手卸掉螺栓和紧固夹板。
(2)用螺钉旋具撬出条形插片。
(3)"山"字形铁片的拆卸方法如图 4－7 和图 4－8 所示。

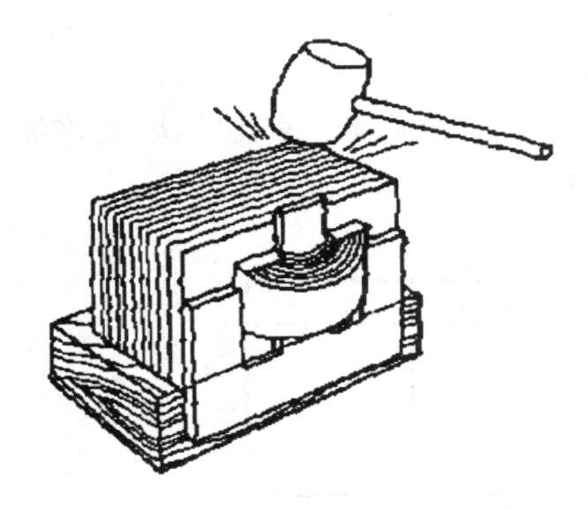

图 4－7　变压器铁芯的拆卸方法之一

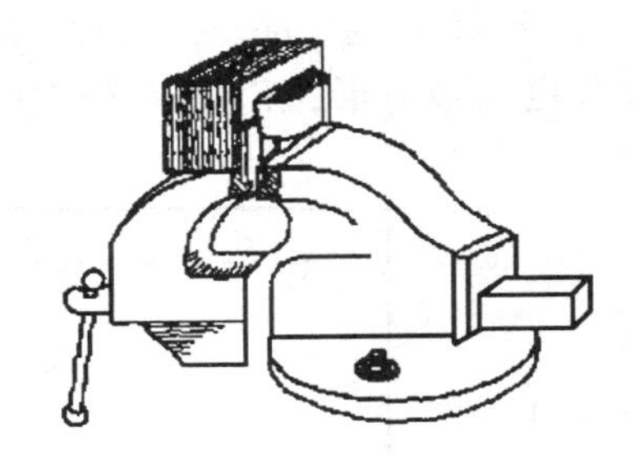

图 4－8　变压器铁芯的拆卸方法之二

四、拆除绕组

(1)用杨木或杉木做一只绕组骨架木芯,木芯的截面尺寸要求和原变压器绕组骨架内孔截面尺寸一样,长度和骨架长度一样,在木芯截面部位钻一个 ϕ10 mm 的中心孔,如图 4－9 所示。
(2)将木芯放入线包骨架,再将木芯孔穿入绕线机轴并紧固。

(3)把绕线机的手柄卸下。

(4)找出绕组的线头,并将绕线机计数器置于零位。

(5)用手轻拉线头,绕线机旋转,将导线依次退完,同时记下计数器所记录的圈数,具体方法如图 4-10 所示。

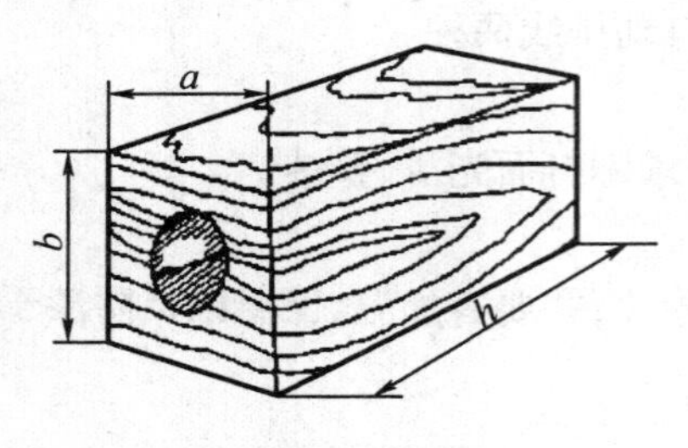

图 4-9 制作木芯

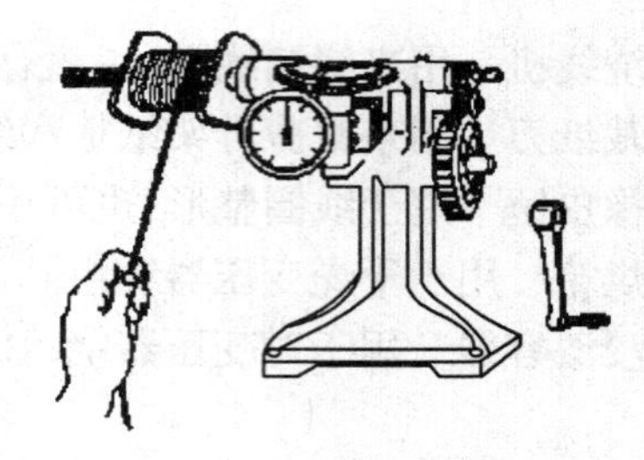

图 4-10 退出绕线

(6)用千分尺测量旧线完好部分的直径,并记录。应注意,测量一定要准确,否则重绕时线径大了,绕组的尺寸必然增大,组装时,铁芯窗口将放不进绕组;线径小了,会影响变压器的电气性能,发热、负载能力变小等。

五、制作绕线骨架

骨架除对绕组起支撑作用外,还在铁芯和绕组之间起着绝缘作用,所以应具有一定的机械强度与绝缘强度,制作步骤如下。

(1)一般选用绝缘纸板制作无框纸质骨架,纸板厚度 τ 则根据变压器的容量选取,一般为 0.5~1.5 mm。

(2)绝缘纸板的高度 h',按照图 4-9 所示的木芯高度 h 选取;长度 L 按木芯截面的长度 a 和宽度 b 计算,即

$$L = 3a' + 2b' + 4\tau$$

如图 4-11 所示($a = a'$, $b = b'$),按照图 4-11 中虚线所示,用电工刀划出浅沟,沿沟痕把纸板按图 4-12 折成方形,第⑤面与第①面重叠,用胶水粘合。

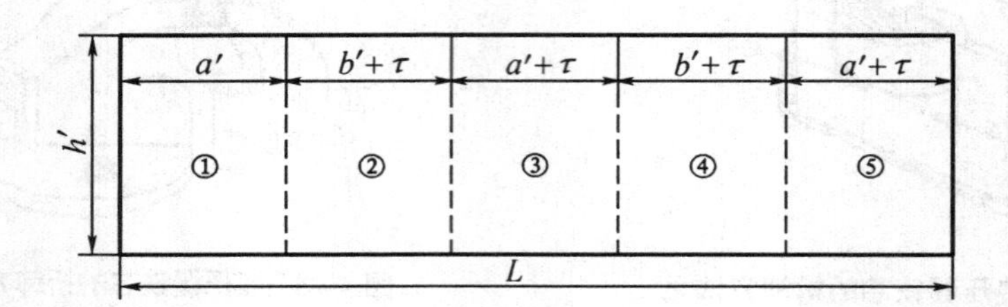

图 4-11 骨架材料的下料

六、裁剪绝缘纸

绝缘纸宽度要比骨架宽约 2 mm,长度要比所要垫衬的那一层线圈的周长长出约 5~10 mm。

七、绕线

(1)起绕。先将木芯套入骨架,然后把木芯中心孔穿入绕线机轴并紧固,计数器指针对零。

(2)在骨架上垫上一层绝缘纸。

(3)紧固绕组的线头。如图 4-13(a)所示,起绕时在导线引出头压入一条绝缘带的折条,绕过 7~8 圈后,抽紧折条,这样往后绕时,前面已绕的线就不会松散。

(4)紧固绕组的线尾。如图 4-13(b)所示,离绕组绕制结束还差 7~8 圈时,放上一条绝缘折条,压住折条继续绕至结束 ,将线尾插入折条折缝中,抽紧绝缘折条,线尾就固定住了。

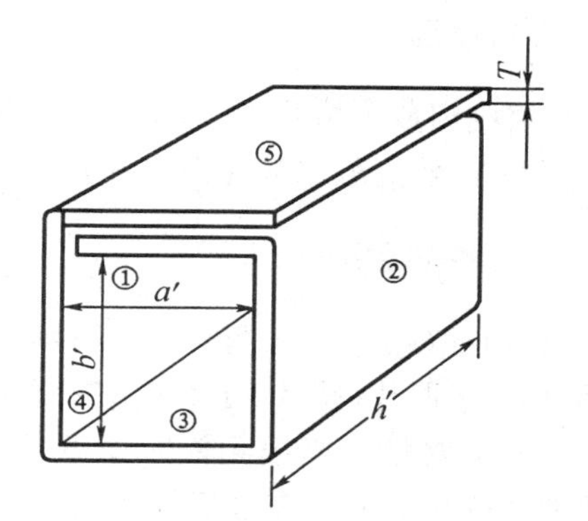

图 4-12　制成后的骨架

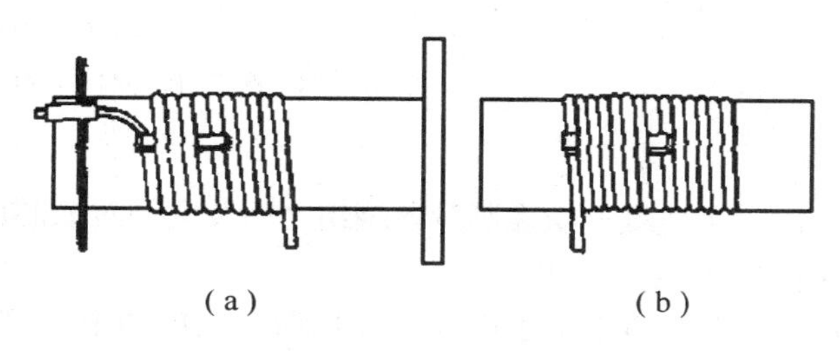

图 4-13　绕组线头的紧固

(a)线头的紧固;(b)线尾的紧固

(5)绕线方法是在绕线时,导线的起点不可过于靠近绕线芯子的边缘,以免导线滑出;左手将导线拉向绕线前进的相反方向约 5°左右;右手顺时针匀速摇动绕线机手柄,拉线的手顺绕线前进方向缓缓移动,以始终保持 5°左右的角度,这样导线就容易排列整齐。每一层绕制结束都要求排列紧密、整齐、不重叠,然后垫上层间绝缘。

(6)绕组的绕制顺序。首先绕一次绕组,然后依次是静电屏蔽层,再绕二次各电压等级绕组,各绕组间都要垫衬绝缘,绕组间的绝缘强度要求高于层间绝缘,一般必须用一层绝缘纸再另加上一层绝缘布。

(7)静电屏蔽层可用 0.1 mm 的铜箔或其他金属箔制作。它的宽度应比骨架的长度短 1~3 mm,其长度要求包裹一次绕组后两边不得相接,即金属箔不允许自行短路。金属箔上焊接一根多股软线作为引出接地线,静电屏蔽层与一、二次绕组都应有良好的绝缘,不允许与各绕组相碰。静电屏蔽层的形状如图 4-14 所示。

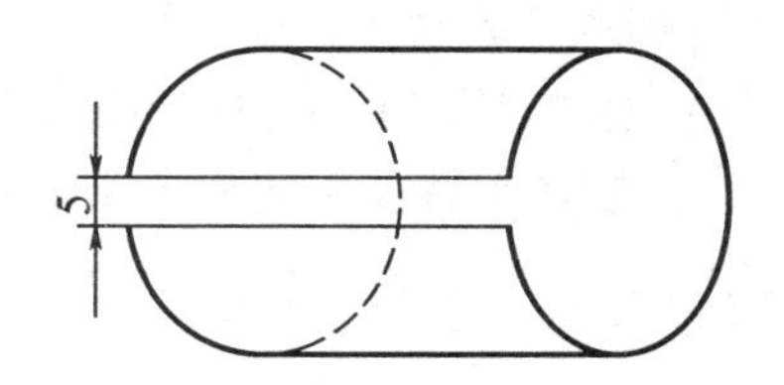

图 4-14　静电屏蔽层的形状

(8)引出线一般用多股软线焊接后引出,焊接处用绝缘套管封闭。

(9)绕组绕制好后,外层绝缘用 2920 电工纸箔包裹两层,并用胶水粘牢,以起绝缘及保护作用。

八、浸漆

将绕组放置烘箱中，加温至 70 ℃～80 ℃，预热 12 h 左右，取出后立即浸入绝缘清漆中约 20 min，然后取出放在通风处滴干，再放入烘箱中加热至 80 ℃左右，烘 24 h 后取出即可。

九、铁芯组装

(1)插(镶)片，如图 4－15 所示。插片应先插“山” 字形片(图 4－15(b))，在绕组两侧一片一片交叉对插。当插到铁芯厚度的中部时，则要两片两片对插。在最后插片时用螺钉旋具撬开缝隙，插入片头(条形片)，用木锤轻轻敲入。一般插完“山”形片再插条形片。

(2)镶片完毕后，把变压器放在平板上，用木锤将硅钢片敲打整齐，然后用夹板和螺栓紧固铁芯。

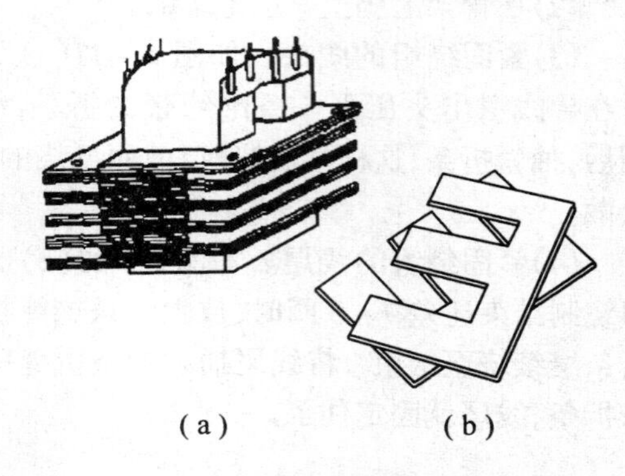

图 4－15　插(镶)片

(a)铁芯与插(镶)片；(b)“山”字形插(镶)片

十、测试

(1)先测量绝缘电阻。用地缘电阻表测量各绕组之间及它们对铁芯的绝缘电阻。500 V 以下的变压器，绝缘电阻应不低于 1 MΩ。

(2)再测量空载电流。将交流电流表串接于变压器一次电路中，二次绕组开路，给一次绕组加额定电压值。此时的空载电流不应大于额定电流的 10%，如超过该值，则变压器损耗将增大。当超过 20%时，它的温升将超过允许值，此变压器就不能再使用。

(3)测试空载电压。变压器一次绕组加额定电压，二次绕组空载，用万用表交流电压挡分别测量各绕组电压，通常应在额定电压的 5%～10%范围内。

(4)要求空载测试时应无异常噪声。

实训一　小型变压器线包骨架的制作

【目的】学会制作小型变压器的线包骨架(积木式骨架)。

【工具、设备与材料】钳子、钢锯、锉刀、手电钻、三角板，0.8～1.0 mm 厚的酚醛板适量。

【训练步骤与工艺要点】

1. 要求制作 50 VA 左右的控制变压器线包骨架，硅钢片可用 GE1B－22 型，铁芯叠厚 41 mm。

2. 制作步骤及工艺要求见表 4－1 所示，试将制作过程所用数据及有关情况一并记入表中。

表 4-1　变压器骨架制作步骤及工艺记录

步骤	内　容	工 艺 要 求	成 品 草 图
1	制作上下挡板	1.下料尺寸:长____×宽____ mm^2 2.中间挖孔:长____×宽____ mm^2 3.引出线钻孔:上挡板____个,下挡板____个,孔径 ϕ____ mm	
2	制作立柱部分舌宽面侧板	1.下料尺寸:宽____×高____ mm^2 2.榫:宽____×高____ mm^2 3.上下高出挡板尺寸:宽____×高____ mm^2	
3	制作立柱部分叠厚面侧板	1.下料尺寸:宽____×高____ mm^2 2.榫:宽____×高____ mm^2	
4	积木式骨架的装合与粘接	1.组装要点____ 2.使用黏合剂牌号____	
5	检验	1.舌宽是否合适____ 2.叠片厚面是否合适____ 3.端部引出线孔位置是否恰当____ 4.机械强度是否足够____	

训练所用的时间________　　　　参加训练者(签字)________

20____年____月____日

实训二　小型变压器的制作

【目的】学会小型变压器的制作工艺,并能按规范要求操作。

【工具、仪表与器材】绕线机、万用表、兆欧表、放线架、游标尺、线包骨架、钳子、剪刀、锉刀、榔头、台虎钳、电烙铁、烙铁架(带松香、焊锡)、漆包线、引线用焊片、铜箔、绝缘纸等。

【训练步骤与工艺要求】

按本章讲授工艺要求绕制线包、装配铁芯并进行初步测试,将操作要点记入表 4-2 中。

表 4-2　小型变压器制作记录

步骤	内　容	工　艺　要　点
1	操作前材料准备记录	1.引出线:原绕组____根,规格____;副绕组____根,规格____…… 2.电磁线线径:原绕组 ϕ ____ mm,副绕组Ⅰϕ ____ mm,副绕组Ⅱϕ ____ mm… 3.层间绝缘材料:材料种类____,厚度____ mm;下料尺寸,长____×宽____ mm^2 4.静电屏蔽层:材料种类____,厚度____ mm;下料尺寸,长____×宽____ mm^2 5.硅钢片:规格型号____厚度____ mm,大体片数____
2	线包绕制	1.绕制方法________________ 2.原边绕组绕制数据:每层平均____匝,绕制层数____层,总匝数____匝 3.副边绕组绕制数据:Ⅰ.每层平均____匝,层数____层,总匝数____匝;Ⅱ.每层平均____匝,层数____层,总匝数____匝……
3	铁芯装配	1.插片方法:________________ 2.共用片数:________________
4	初步检测	1.直流电阻:原边____ Ω,副边Ⅰ____ Ω,副边Ⅱ____ Ω 2.绝缘电阻:原边与副边Ⅰ间____ MΩ,原边与副边Ⅱ间____ MΩ……原边与地间____ MΩ,副边Ⅰ与地间____ MΩ,副边Ⅱ与地间____ MΩ…… 3.空载损耗功率 Δp = ____ VA 4.空载电流____ A;额定输出电压 U_{21}____,空载电压 U_2N ____ V…… 5.电压调整率 ΔU ____ 6.耐压____ kV 7.温计 ΔT ____℃

训练所用时间________　　　　　　　　　　参加训练者(签字)________

20____年____月____日

实训三　小型变压器故障检查与排除

【目的】学会对小型变压器常见故障的分析与排除方法。

【工具、仪表与器材】万用表、兆欧表、电桥、电烙铁、烙铁架(带松香、焊锡)、锥子、电工刀、绝缘导线、电磁线、硅钢片适量。

【训练步骤与工艺要点】

按本章有关内容,先由教师在变压器预设故障,也可组织学生互相交叉设置,然后布置各组或个人在规定时间完成,并将检修情况记录于表 4-3 中。

表 4－3　小型变压器检修训练记录

步骤	故障现象	预设故障点	排除故障程序	检修结论
1	接通电源，变压器无电压输出	1. 原边绕组焊片脱落 2. 副边绕组焊片脱落 3. 电源线断 4. 电源线与插座接触不良		
2	变压器过热	1. 加重变压器负载 2. 减少铁芯叠厚 3. 原边绕组与副边绕组短路		
3	空载电流偏大	1. 减少铁芯叠厚 2. 减少原边绕组匝数		
4	运行中有响声	1. 调松铁芯插片 2. 用调压器调高电源电压 3. 加重变压器负载		
5	铁芯底板带电	1. 使引出线头碰触铁芯或底板 2. 使绕组局部对铁芯短路		

训练所用的时间________　　　　　　　　　　参加训练者(签字)________

20____年____月____日

第五章　三相异步电动机操作技能

第一节　三相异步电动机的选用与安装

一、三相异步电动机的结构

三相异步电动机是利用电磁感应原理,将电能转换为机械能并拖动生产机械工作的动力机。按照它们的使用电源相数的不同分为三相电动机和单相电动机。在三相电动机中,由于异步电动机的结构简单,运行可靠,使用和维修方便,能适应各种不同使用条件的需要。因此被广泛地应用于工农业生产中。

三相异步电动机由两个基本部分组成,固定不动的部分叫定子,转动的部分叫转子。三相异步电动机的结构,如图 5-1 所示。将电能转变为机械能并拖动生产机械工作的动力设备,它具有结构简单、成本低廉、维护方便等一系列优点,在生产机械中得到广泛应用。

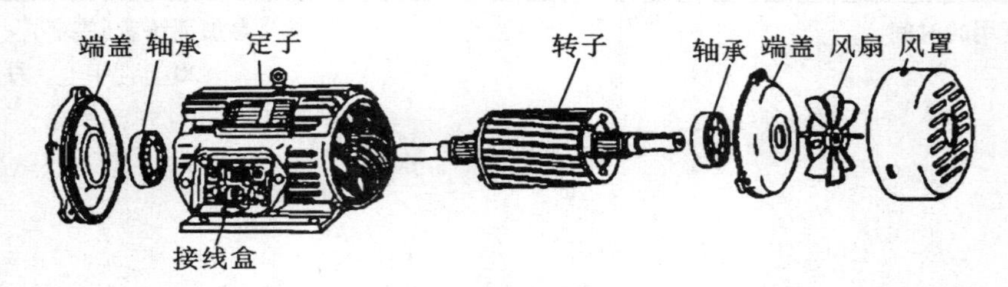

图 5-1　三相异步电动机的结构

(1)定子。电动机的定子主要由定子铁芯、定子绕组、机壳和端盖组成,其作用是通入三相交流电源时产生旋转磁场。

(2)转子。电动机的转子主要由转子铁芯、转子绕组和转轴组成,其作用是在定子旋转磁场感应下产生电磁转矩,沿着旋转磁场方向转动,并输出动力带动生产机械运转。

二、三相异步电动机的铭牌

每台电动机的机壳上都有一块铭牌,上面标有型号、规格和有关技术数据。如图 5-2

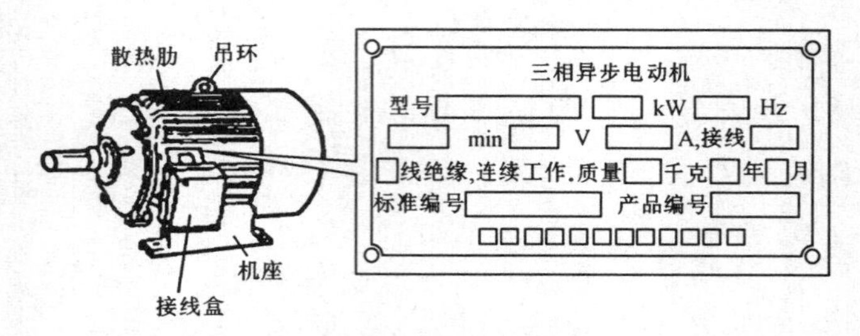

图 5-2　三相异步电动机的铭牌

所示。

(1)型号。电动机的型号是表示电动机品种形式的代号,由产品代号、规格代号和特殊环境代号组成,其具体编制方法如下。

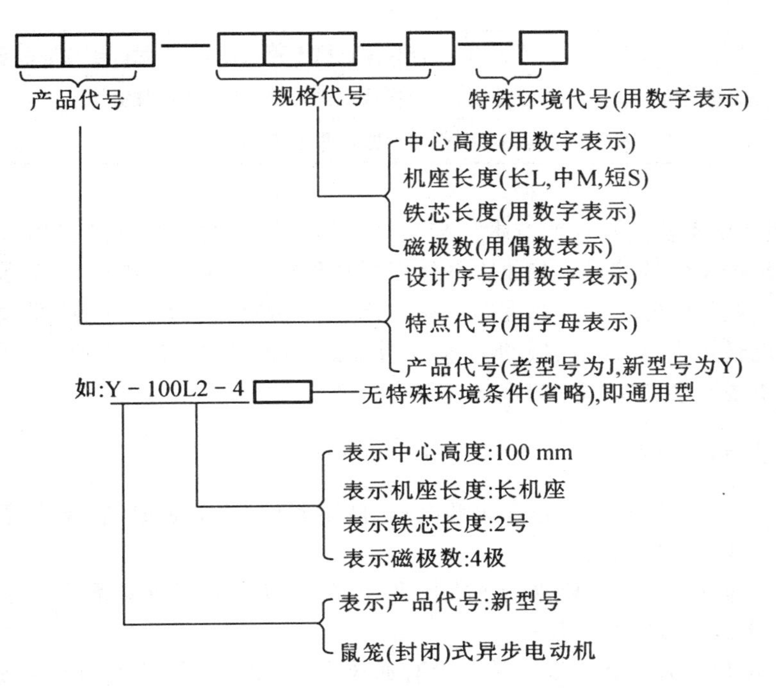

(2)额定值。三相异步电动机铭牌上标注的主要额定值,如表5-1所示。

表5-1　电动机铭牌的主要额定值

额定值	说　　明
额定功率(P_e)	指电动机在额定工作状态下运行时转轴输出的机械功率,单位是kW或W
额定频率(f)	指电动机的交流电源频率,单位是Hz
额定转速(n_e)	指电动机在额定电压、额定频率和额定负载下工作时的转速,r/min
额定电压(U_e)	指在额定负载情况下,定子绕组的线电压。通常铭牌上标有两种电压,如220 V/380 V,与定子绕组的不同接法一一对应
额定电流(I_e)	指电动机在额定电压、额定频率和额定负载下定子绕组的线电流。对应的接法不同,额定电流也有两种额定值
绝缘等级	指电动机绕组所用绝缘材料按其允许耐热程度规定的等级,这些级别为:A级为105 ℃;E级为120 ℃;B级为130 ℃;F级为155 ℃
功率因数($\cos\theta$)	指电动机从电网所吸收的有功功率与视在功率的比值。在视在功率一定时,功率因数越大,电动机对电能的利用率也越大

(3)工作方式。电动机的工作方式有3种，如表5-2所示。

表5-2　电动机的工作方式

工作方式	说　　明
连续	指电动机在额定负载范围内，允许长期连续不停使用，但不允许多次断续重复使用
短时	指电动机不能连续不停使用，只能在规定的负载下作短时间的使用
断续	指电动机在规定的负载下，可作多次断续重复使用

(4)编号，表示电动机所执行的技术标准编号。其中“GB”为国家标准，“JB”为机械部标准，后面数字是标准文件的编号。如JO2系列三相异步电动机执行JB742-66标准，Y系列三相异步电动机执行JB3074-82标准等。而Y系列三相异步电动机性能比旧系列电动机更先进，具有启动转矩大、噪声低、振动小、防护性能好、安全可靠、维护方便和外形美观等优点，符合国际电工委员会(IEC)标准。

三、三相异步电动机的选用

在选用三相异步电动机时，应根据电源电压、使用条件、拖动对象、安装位置、安装环境等，并结合工矿企业的具体情况。

(1)防护形式的选用。电动机带动的机械多种多样，其安装场所的条件也各不相同，因此对电动机防护形式的要求也有所区别。

①开启式电动机。开启式电动机的机壳有通风孔，内部空气可以与外界相流通。与封闭式电动机相比，其冷却效果良好，电动机形状较小。因此，在周围环境条件允许时应尽量采用开启式电动机。

②封闭式电动机。封闭式电动机有封闭的机壳，电动机内部空气与外界不流通。与开启电动机相比，其冷却效果较差，电动机外形较大且价格高。但是，封闭式电动机适用性较强，具有一定的防爆、防腐蚀和防尘埃等作用，被广泛地应用于工农业生产。

(2)功率的选用。各种机械对电动机的功率要求不同，如果电动机功率过小，有可能带不动负载，即使能启动也会因电流超过额定值而使电动机过热，影响其使用寿命甚至烧毁电动机。如果电动机的功率过大，就不能充分发挥作用，电动机的效率和功率因数都会降低，从而造成电力和资金的浪费。根据经验，一般应使电动机的额定功率比其带动机械的功率大10%左右，以补偿传动过程中的机械损耗，防止意外的过载情况。

(3)转速的选择。三相异步电动机的同步转速，2极为3 000 r/min(转/分)，4极为1 500 r/min，6极为1 000 r/min等，电动机(转子)的转速比同步转速要低2%~5%，一般2极为2 900 r/min左右，4极为1 450 r/min左右，6极为960 r/min左右等。在功率相同的条件下，电动机转速越低，体积越大，价格也越高，而且功率因数与效率较低。由此看来，选用2 900 r/min左右的电动机较好。但转速高，启动转矩就小，启动电流大，电动机的轴承也容易磨损。因此在工农业生产上选用1 450 r/min左右的电动机较多，其转速较高，适用性强，功率因数与效率也较高。

四、三相异步电动机的安装

(一)安装地点的选择

电动机的安装正确与否，不仅影响电动机能否正确工作，而且关系到安全运行问题。因此应安装在干燥、通风、灰尘较少和不致遭受水淹的地方，其安装场地周围应留有一定的空间，以便于电动机的运行、维护、检修、拆卸和运输方便。对于安装在室外的三相异步电动机，要采取防止雨淋日晒的措施，以便于电动机的正常运行和安全工作。

(二)安装基础确定

电动机的基础有永久性、流动性和临时性等形式。

(1)永久性基础。永久性的电动机基础，一般在生产、修配、产品加工或电力排灌站等电动机机组的基础上采用。这种基础可用混凝土、砖、石条或石板等做成。基础的面积应根据机组底座确定，每边一般比机组大 100 ~ 150 mm 左右；基础顶部应高出地面约 100 ~ 150 mm 左右；基础的质量应大于机组的质量，一般不小于机组质量的 1.5 ~ 2.5 倍。

图 5 - 3(a)所示，为混凝土构成的电动机基础，浇注基础前，应先挖好基坑，并夯实坑底以防止基础下沉，然后再把模板放在坑里，并埋进底脚螺栓；在浇注混凝土时，要保证底脚螺栓与机组底脚螺栓距离相符合并保持上下垂直，浇注速度不能太快，并要用钢钎捣固；混凝土浇注后，必须保持养护。养护的方法，一般是用草或草袋盖在基础上，防止太阳直晒，并要经常浇水。

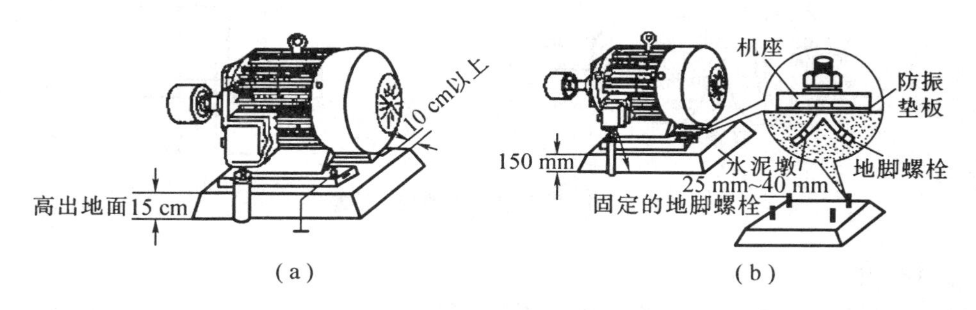

图 5 - 3 三相异步电动机的基础

为防止在拧紧电动机底脚螺栓时，底脚螺栓跟着转动，电动机的底脚螺栓下端应做成人字形，如图 5 - 3(b)所示。另外，穿电动机引线用的铁管，要在浇注混凝土前埋好。

(2)流动性和临时性基础。临时的抗旱排涝或建筑工地等流动性或临时性机组，宜采用这种简单的基础制作，可以把机组固定在坚固的木架上，木架一般用 100 mm × 200 mm 的方木制成。为了可靠起见，可把方木底部埋在地下，并打木桩固定。

(三)电动机机组的校正

校正电动机机组时，可用水平仪对电动机作横向和纵向两个方向的校正，它包括基础的校正和传动装置的校正。

(1)校正基础水平。电动机安装基础不平时，应用铺铁皮把机组底座垫平，然后拧紧底脚螺母。图 5 - 4 所示，是用水平仪对电动机基础的水平校正。

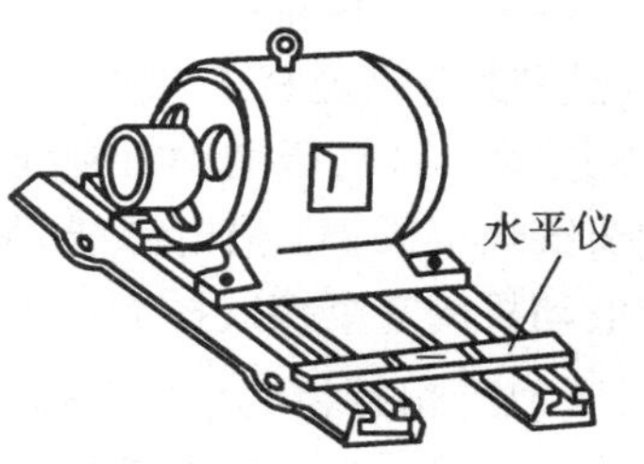

图 5 - 4 用水平仪对电动机的校正

(2)校正传动装置。对皮带传动,必须使两皮带轮的轴互相平行,并且使两皮带轮宽度的中心线在同一直线上。如果两皮带轮宽度一样时,可出皮带轮的侧面校正轴的平行,校正方法如图5-5(a)所示。拉直一根细绳,两个轴平行且皮带轮宽度的中心线在一条直线上,那么两个皮带轮的端面必定在同一平面上,这根细绳应同时碰到两个皮带轮侧面的1,2,3,4各点。如果两个皮带轮的宽度不同,应按照图5-5(b)所示,先准确地画出两个皮带轮的中心线,然后拉直一根细绳,一端对准1-2这条中心线,平行的两个轴,细绳的另一端就和3-4中心线重合,如果不重合,就说明两轴不平行,应以大轮为准,调整小轮,直到重合为止。

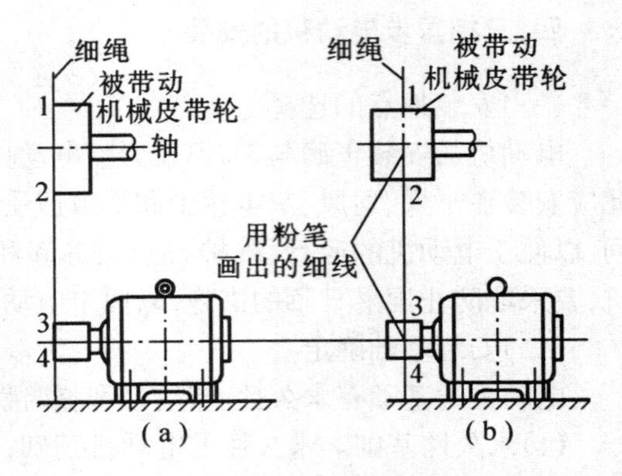

图5-5 皮带轮轴平行校正示意图
(a)相同宽度的皮带轮;(b)不相同宽度的皮带轮

对交叉皮带传动,也可以参照上述方法进行校正。对联轴器传动,必须使电动机与工作机联轴器的两个侧面平行,而且两轴心要对准,并用螺丝拧紧,如图5-6所示。

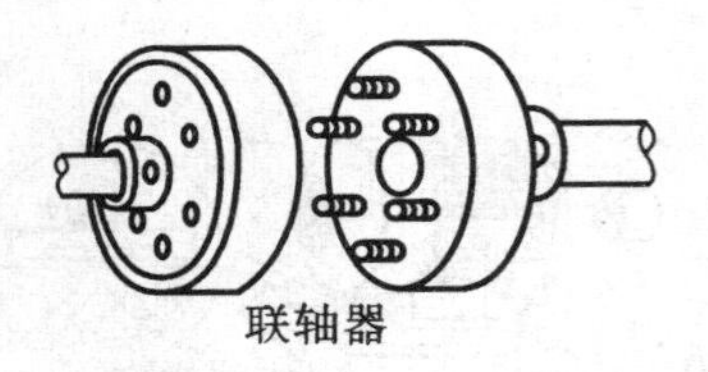

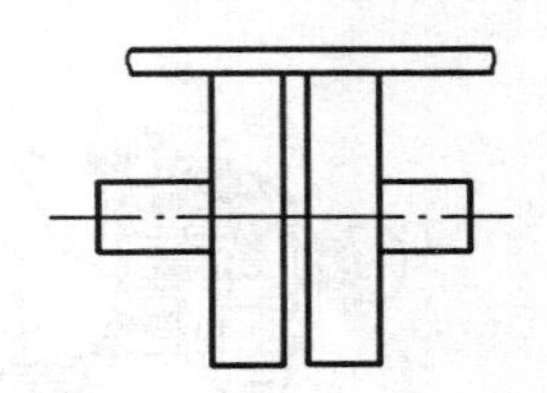

图5-6 联轴器传动的校正示意图

(四)三相异步电动机的连线

(1)三相异步电动机的电源引接线。三相异步电动机的电源引接线应采用绝缘软导线,电源线的截面应按电动机的额定电流选择。从电源到电动机的控制开关段的电源应加装铁管、硬塑料管或金属软管穿套,如图5-7所示。

接至电动机接线柱的导线端头上还应装接相应规格的接线头(如图5-8所示),以利于电动机接线盒内的接线安全牢固。3根电源线要分别接在电动机的3个接线柱上。

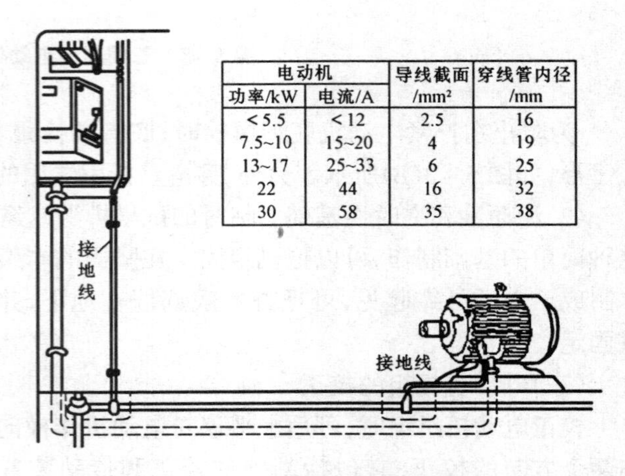

电动机		导线截面/mm²	穿线管内径/mm
功率/kW	电流/A		
<5.5	<12	2.5	16
7.5~10	15~20	4	19
13~17	25~33	6	25
22	44	16	32
30	58	35	38

图5-7 电动机的引线安装

(2)三相异步电动机接线端子。三相异步电动机的定子绕组引出线端,一般都接在接线盒的接线端子上。它们的连接有星形(Y)和三角形(△)两种方法,如图5-9所示。

定子绕组的连接方法应与电源电压相对应,如电动机铭牌上标注的220 V/380 V、△/Y

字样。当电源线电压为220 V时定子绕组为△形连接,当电源线电压为380 V时定子绕组为Y形连接。接线时不能搞错,否则会损坏电动机。

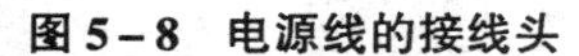

图5-8 电源线的接线头

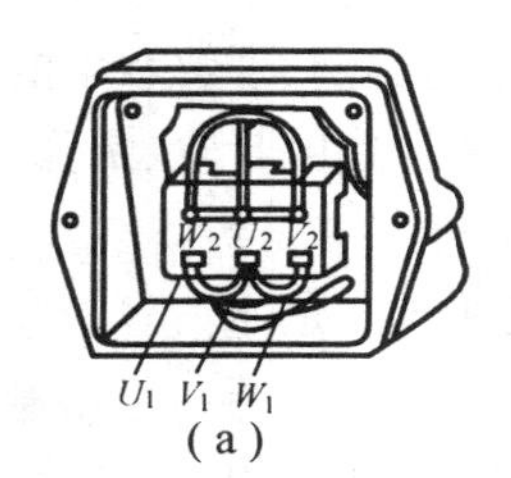

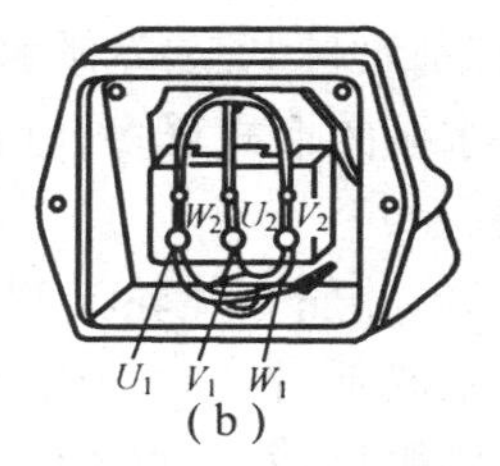

图5-9 三相异步电动机的星形和三角形接法

(a)星形接法;(b)三角形接法

(3)要改变三相异步电动机的旋转方向时,只要将三相电源引接线中任意两相互换一下位置即可。

(五)三相异步电动机的接地装置

三相异步电动机的保护接地装置是由接地体和接地线构成的,如图5-10所示。

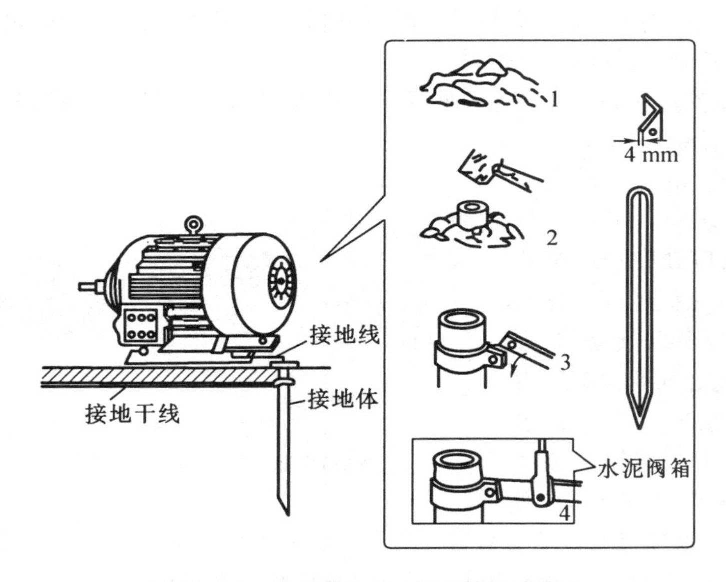

图5-10 三相异步电动机保护接地装置

(1)接地体。电动机的接地体可用圆钢、角钢、扁钢或钢管做成,头部做成尖形,以便垂直打入地中。接地体长度一般不小于2 m。

(2)接地线。电动机的接地线一般采用多股铜芯软导线,其截面积不小于4 mm^2,并要加以保护防止碰断,其长度不小于0.5 m;接地线的接地电阻不应大于10 Ω。在日常维护时要经常检查电动机的接地装置是否良好,如果发现问题要及时处理,以免引发安全事故。

五、水泵

(一)水泵的组成

水泵是一种提水的装置,它在农村的应用尤为广泛。按照工作原理分为离心水泵、轴流水泵和混流水泵3种。离心水泵的流量一般不大,但扬程较高,适用于高原地区;轴流水泵的出水量较大,但扬程较底适用于地势平坦、河网纵横的平原地区;混流水泵的流量和扬程介于离心水泵和轴流水泵之间,适用于中等扬程和中等流量的排灌地区。因此,作为一名电工(特别农村电工)熟悉水泵的类型、了解水泵的组成和掌握水泵的使用都十分必要。

水泵的形式繁多,但它们都是由叶轮、泵壳、轴、轴承、减漏环以及填料函等基本部件组成的。

(1)叶轮。叶轮又叫工作轮,是水泵的主要部件之一。普通的叶轮由铸铁或铸钢制成。叶轮由轮毂和叶片组成。轮毂穿在轴上,叶片固定在轮毂上,组成水泵的转子,如图5-11所示。

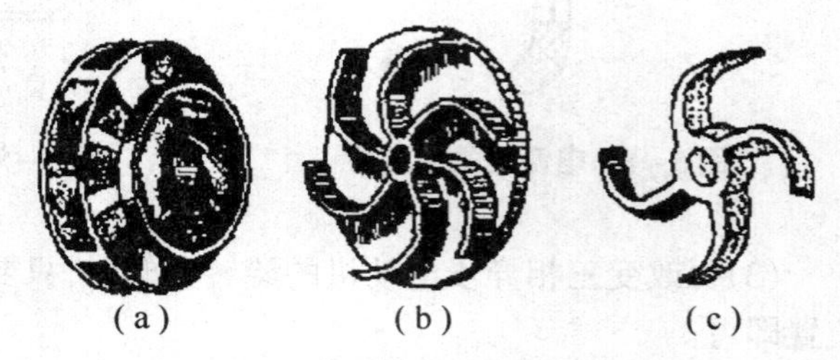

图5-11 离心水泵叶轮的形成

(a)封闭式;(b)半开式;(c)全开式

(2)泵壳。泵壳即水泵的外壳。泵壳把水泵所有固定部件连成一体,组成水泵的定子。

(3)轴和轴承。轴一般由中碳钢制成,在它的上面主要装有叶轮和联轴器,叶轮在轴上固定时,除用键卡住叶轮以外,还装有反向螺母,当水泵转动时,螺母不会松脱。

轴承是用来支承轴的。常用的轴承有滚动轴承、滑动轴承和橡胶轴承3种。离心水泵和混流水泵多用滚动轴承。

(4)减漏环。由于叶轮出口处的水压较高,进口处的水压较低,因此叶轮出口处的高压水要经过叶轮和泵壳之间的间隙漏回进水口,而叶轮必须是转动的,因而在叶轮和泵壳之间要留有适当的间隙。为了减少漏水井的磨损,需要在两旁的泵壳周围和叶轮边上装置减漏环,如图5-12所示。

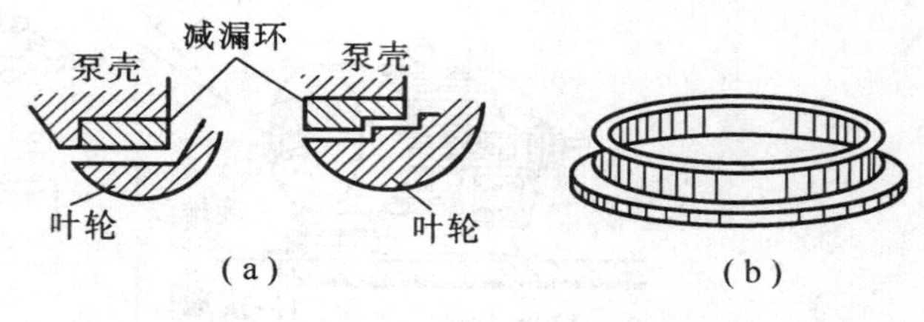

图5-12 减 漏 环

(a)减漏环的装设位置;(b)减漏环的外形

(5)填料函。填料函起着填加密封轴和泵壳之间间隙的作用,以防水泵漏水或空气进入水泵。如图5-13所示,填料函由填料、填料压盖及水封管等组成。

填料一般用石棉编成,并用石蜡浸透,然后再压成正方形,表面涂上铅粉。填料函的装配应符合要求,填料要一圈一圈地放进去,必须放得平整服贴,填料压盖的松紧要合适,一般在压紧后,以每秒向外漏一滴水为宜。

水封管的一端和出水管的小孔连通,另一端和填料函中的水封环连通。水泵启动后,高压水通过水封管流入填料箱,一方面可以冷却填料,另一方面也可以起水封作用。

(二)水泵的使用

各种形式的水泵中,以电动离心水泵的使用最为广泛。

(1)水泵启动前的检查。启动水泵前,应检查电动机的旋转方向是否与水泵要求相符;机组(电动机与水泵)转动是否灵活;填料函压盖松紧是否合适;进水池内有无杂物;吸水管口是否堵塞等。

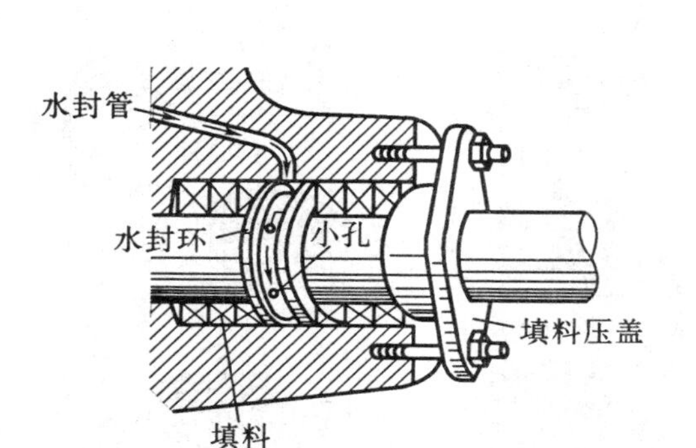

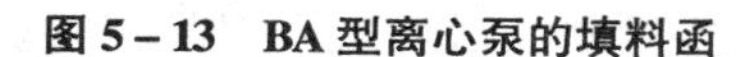
图 5－13　BA 型离心泵的填料函

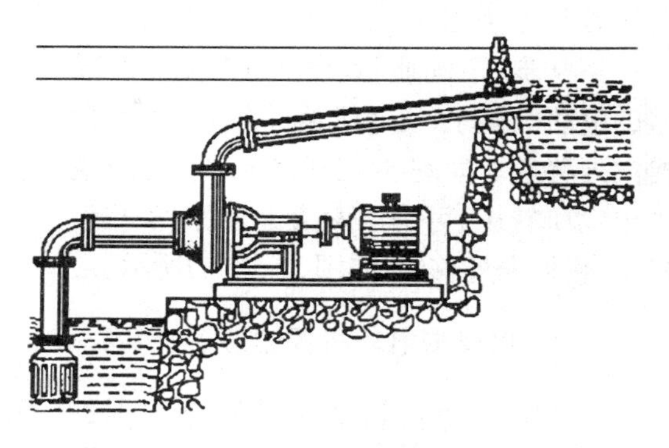
图 5－14　水泵抽装置示意图

(2)对水泵的充水。水泵启动前，必须先对水泵进行充水。充水的方法除了人工充水外，还有储水充水和自吸充水等。图 5－15 所示，水泵抽装置示意图。

(3)水泵的启动。对水泵的充水结束后，应关闭充水装置和抽气装置的阀门，接着启动电动机，待电动机转速稳定后，打开水泵压力表和真空表的阀门，观察表上的指针位置是否正常，如无异常现象，就可慢慢打开出水管道的阀门向外送水。

(4)水泵运行中的监视。水泵运行中应注意监视机组的声音、电动机温升、仪表读数及进、出水口的情况。如果在运行中发现出水量降低，应检查是否进水口水位过低，是否有漏气现象或杂物堵塞等。

(5)水泵的“停泵”。离心水泵停泵(停止工作)时应先关闭压力表，再慢慢关闭出水管路阀门，然后关闭真空表，最后停机、停泵，如需要隔几天再用，应放掉水泵内余水。

第二节　三相异步电动机的拆装与维护

一、三相异步电动机的拆卸

三相异步电动机的拆卸操作步骤如下。

第 1 步，安装拉模。安装拉模时应注意拉模丝杆轴与电动机轴中心线一致，如图 5－15(a)所示。

第 2 步，拆卸皮带轮或联轴器。拆卸皮带轮或联轴器时，不准采用铁锤敲击的方法拆卸皮带轮或联轴器，一定要使用拉模，如图 5－15(b)所示。

第 3 步，拆卸风罩。先拧下电动机风罩的 4 只固定螺丝，再拆风罩，如图 5－15(c)所示。

第 4 步，拆卸风扇。先拧下风扇固定螺丝，再取下风罩，如图 5－15(d)所示。

第 5 步，拆卸前轴承外盖。轴承外盖上一般有 3 只固定螺丝。应先用螺丝刀拧出固定螺丝后，再取下轴承外盖，并做好标记，如图 5－15(e)所示。

第 6 步，拆卸前端盖。先用螺丝刀拧出 4 只固定螺丝后，再取下前端盖，并做好标记，如图 5－15(f)所示。

第 7 步，拆卸后轴承外盖。拆卸后轴承外盖的方法与第 5 步方法相同，如图 5－15(g)所示。

第8步，拆卸后端盖，拆卸后端盖方法与第6步方法相同，如图5-15(h)所示。

第9步，不同质量转子的提取。对较轻的电动机转子，可1人用手托住转子，慢慢向外移取。如图5-15(i)所示。对较重的电动机转子，可采用两人配合，用手抬着转子，慢慢向外移取，如图5-15(j)所示。

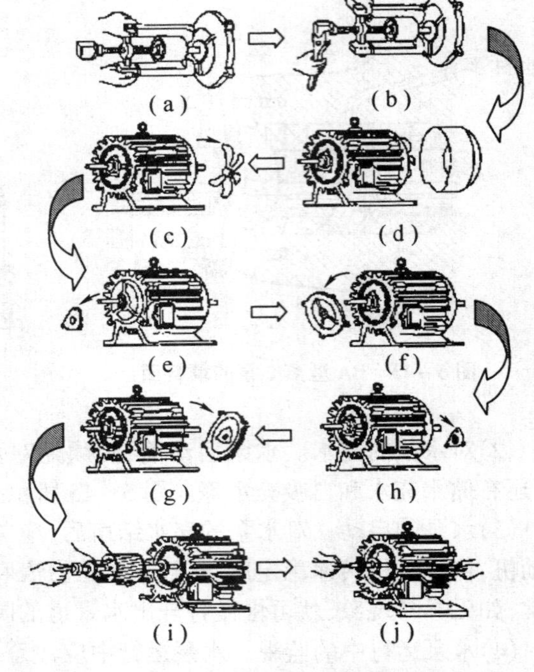

图5-15　电动机的拆卸操作示意图

二、三相异步电动机的组装

三相异步电动机的组装顺序与拆卸相反。在组装前应清洗电动机内部的灰尘，清洗轴承并加足润滑油，然后按以下顺序操作。

(1)在转轴上装上轴承盖和轴承。

(2)将转子慢慢移入定子中。

(3)安装端盖和轴承外盖。安装端盖时，注意对准标记，固定螺栓要按对角线一前一后旋紧，不能松紧不一，以免损坏端盖或卡死转子。安装轴承外盖时，先把它装在端盖中，然后插入一颗螺栓用一只手顶住，另一只手转动转轴，使轴承内盖与它一起转动。当内、外盖螺栓孔一致时，再将螺栓顶入，并均匀旋紧，如图5-16所示。

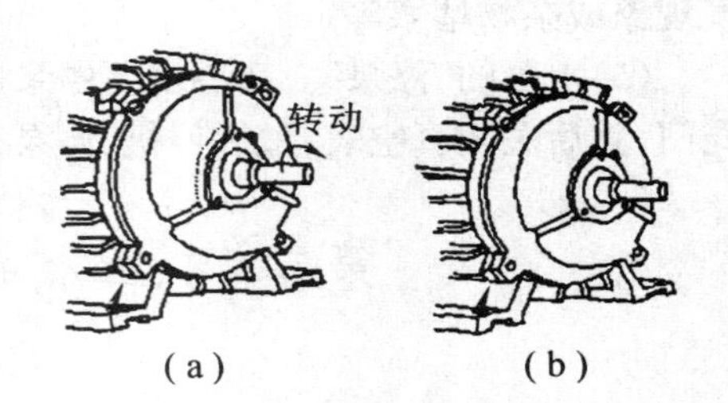

图5-16　组装轴承外盖
(a)转动转轴；(b)均匀旋紧螺栓

(4)安装风扇和风罩。

(5)安装皮带轮或联轴器。

三、三相异步电动机的维护

三相异步电动机的一般故障有电动机不能启动、电动机运转时声音不正常、电动机温升超过允许值、电动机轴承发烫、电动机发生噪声、电动机振动过大和电动机在运行中冒烟等。

(1)电动机不能启动。电动机不能启动的原因及处理方法，如表5-3所示。

表5-3　电动机不能启动的原因及处理方法

原　因	处 理 方 法
电源未接通	检查断线点或接头松动点，重新装接
被带动的机械(负载)卡住	检查机器，排除障碍物
定子绕组断路	用万用表检查断路点，修复后再使用
轴承损坏，被卡	检查轴承，更换新件
控制设备接线错误	详细核对控制设备接线图，加以纠正

(2)电动机运转时声音不正常。电动机运转声音不正常的原因及处理方法,如表5-4所示。

表5-4　电动机运转声音不正常的原因及处理方法

原　　因	说　　明
电动机缺相运行	检查断线处或接头松脱点,重新装接
电动机的脚螺丝松动	检查电动机地脚螺丝,重新调整,填平后再拧紧螺丝
电动机转子、定子摩擦,气隙不均匀	拆开电动机,清除杂物
风扇、风罩或端盖间有杂物	检查紧固件,拧紧松动的紧固件(螺丝、螺栓)
电动机上部分坚固件松脱	检查轴承,更换新件
皮带松弛或损坏	调节皮带松弛度,更换损坏的皮带

(3)电动机温升超过允许值。电动机温升超过允许值的原因及处理方法如表5-5所示。

表5-5　电动机温升超过允许值的原因及处理方法

原　　因	说　　明
过载	减轻负载
被带动的机械(负载)卡住或皮带太紧	停电检查,排除障碍物,调整皮带松紧度
定子绕组短路	检修定子绕组或更换新的电动机

(4)电动机轴承发烫。电动机轴承发烫的原因及处理方法,如表5-6所示。

表5-6　电动机轴承发烫的原因及处理方法

原　　因	处　理　方　法
皮带太紧	调整皮带松紧度
轴承腔内缺润滑油	拆下轴承盖,加润滑油至2/3轴承腔
轴承中有杂物	清洗轴承,更换新润滑油
轴承装配过紧(轴承腔小,转轴大)	更换新件或重新加工轴承腔

(5)电动机发生噪音。电动机发生噪音的原因及处理办法,如表5-7所示。

表5-7　电动机发生噪声的原因及处理方法

原　　因	处　理　方　法
保险丝一相熔断	找出保险丝熔断的原因,换上新的同等容量保险丝
转子与定子摩擦	矫正转子中心,必要时调整轴承
定子绕组短路、断线	检修绕组

(6)电动机振动过大。电动机振动过大的原因及处理方法,如表5-8所示。

表5-8　电动机振动过大的原因及处理方法

原　因	处理方法
基础不牢	重新加固基础,拧紧松动的地脚螺丝
所带的机具中心不一致	重新调整机具的位置
电动机的线圈短路或转子断条	拆下电动机,进行修理

(7)电动机运行中发生冒烟。电动机运行中发生冒烟的原因及处理方法,如表5-9所示。

表5-9　电动机在运行中发生冒烟的原因及处理方法

原　因	处理方法
定子绕线短路	检修定子线圈
传动带太紧	减轻传动带过度张力

四、三相异步电动机常见故障的处理

三相异步电动机常见故障有绕组短路、绕组断路、绕组接地和轴承损坏等。处理时,应"由外到里、先机械后电气",通过看、听、闻、摸等途径去检查,进行有针对性的修理。

(一)绕组短路故障的检修

(1)绕组短路故障的检查方法　外部检查法、电阻检查法(即利用万用表或电桥法进行检查的方法)、电流平衡检查法、感应电压检查法和短路侦察器检查法等,其中外部检查法、电阻检查法是常用的两种方法。

外部检查法:使电动机空载运行20~25 min停下来,马上拆卸两边端盖,用手摸线圈的端部,如果某一个或某一组比其他的热,这部分线圈很可能短路。也可以观察线圈有无焦脆现象,若有该线圈可能短路。电阻检查法:若在空转过程中,发现有异常情况,应立即切断电源,采用电阻检查法进一步进行检查。

(2)绕组短路故障的修理　绕组容易发生短路的地方是线圈的槽口部位以及双层绕组的上下线圈之间。如果短路点在槽外,可将绕组加热软化,用划线板将短路处分开,再垫上绝缘纸或套上绝缘套管。如果短路点在槽内,将绕组加热软化后翻出短路绕组的匝间线。在短路处包上新绝缘套管,重新嵌入槽内并浸渍绝缘漆。

(二)绕组断路故障的检修

(1)绕组断路故障的检查　单路绕组电动机断路时,可采用万用表检查。如果绕组为星形接法,可分别测量每相绕组,断路绕组表不通,如图5-17(a)所示。若绕组为三角形接法,需将三相绕组的接头拆开再分别测量,如图5-17(b)所示。

(2)绕组断路故障的修理　找出断路处后,将其连接重新焊牢,包扎绝缘,再浸渍绝缘漆即可。

对于功率较大的电动机,其绕组大多采用多根导线并绕或多路并联,有时只有一根导线

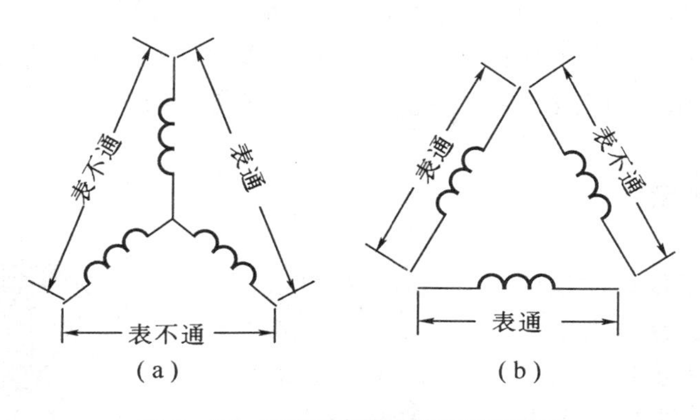

图 5-17 用万用表检查绕组断路情况

或一条支路断路，这时应采用三相电流平衡法或双臂电桥。如采用三相电流平衡法检查，对于星形接法的电动机，可将三相绕组并联后通入低电压的交流电，如果三相电流相差 5%以上，则电流小的一相即为断路相，如图 5-18(a)所示。对于三角形接法的电动机，先将绕组的一个接点拆开，再逐相通入低压交流电并测量其电流，其中电流小的一相即为断路相，如图 5-18(b)所示。然后，将断路相的并联支路拆开，逐路检查，找出断路支路。

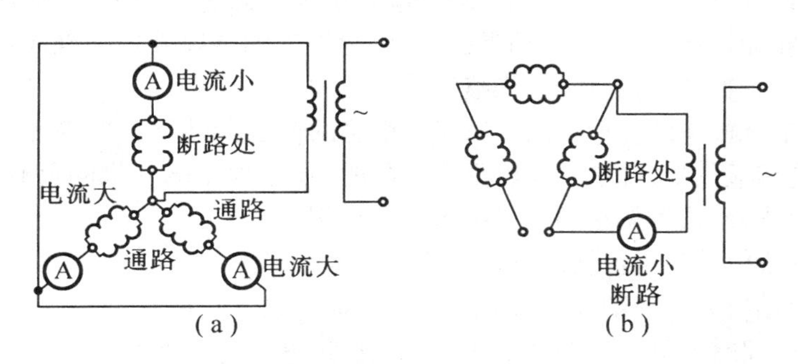

图 5-18 电桥平衡法检查绕组断路

(三)绕组通地故障的检修

(1)绕组通地故障的检查方法。把兆欧表的“L”端(线路端)接在电动机接线盒的接线端上，把“E”(接地端)接在电动机的机壳上，测量电动机绕组对地(即机壳)的绝缘电阻。如绝缘电阻低于 0.5 MΩ，说明电动机受潮或绝缘很差，如绝缘电阻为零，则说明三相绕组接地。此时可拆开电动机绕组的接线端，逐相测量，找出三相绕组的接地相。如用万用表检查电动机绕组搭壳通地故障，并将万用表先调至 R×1 kΩ 或 R×10 kΩ 挡，经“调零”后，再将一支表笔与绕组的一端紧紧靠牢，另一支表笔搭紧电动机的外壳(去掉油漆的部分)。若万用表所测电阻值为零，呈导通状态，就可以判断此绕组有搭壳通地故障。

(2)绕组通地故障的修理方法。对于绕组受潮的电动机，可进行烘干处理。待绝缘电阻达到要求后，再重新浸渍绝缘漆。如接地点在定子绕组端部，或只是个别地方绝缘没垫好，一般只需局部修补。先将定子绕组加热，待绝缘软化后，用工具将定子绕组撬开，垫入适当的绝缘材料或将接地处局部包扎，然后涂上自干绝缘漆，如接地点在槽内，一般应更换绕组。

(四)电动机绕组首尾接错的处理

三相异步电动机为了接线方便，在6个引出线端子上，分别用U_1，V_1，W_1，U_2，V_2，W_2编成代号来识别。每个引出线分别接到引线端子板上去，其中U_1，V_1，W_1表示电动机接线的首端，U_2，V_2，W_2表示电动机接线的尾端。星形接法如图5－19(a)所示，三角形接法如图5－19(b)所示。

(五)电动机轴承损坏的处理

(1)电动机轴承损坏的检查方法　在电动机运行时用手触摸前轴承外盖，其温度应与电动机机壳温度大致相同，无明显的温差(前轴承是电动机的载荷端，最容易损坏)。另外，也可以听电动机的声音有无异常。将螺丝刀或听诊棒的一头顶在轴承外盖上，另一头贴到耳边，仔细听轴承滚柱沿轴承道滚动的声音，正常时声音是单一、均匀的。如有异常应将轴承拆卸进一步检查，即将轴承拆下来清洗干净后，用手转动轴承，观察其转动是否灵活，并检查轴承内外之间轴向窜动和径向晃动是否正常，转动是否灵活，有无锈迹、伤痕等。

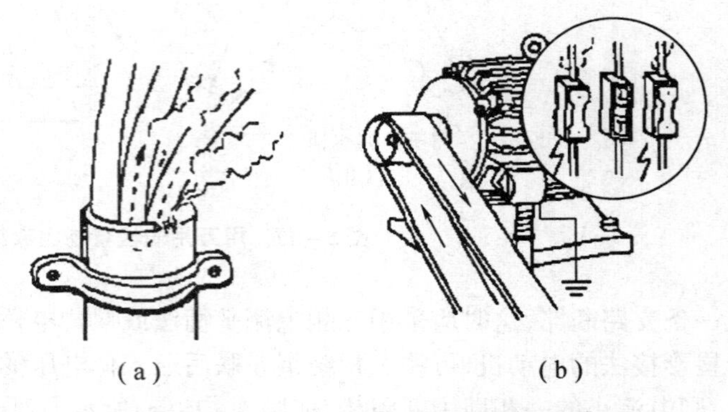

图5－19　造成三根相线同时发热原因

(a)两相线严重漏电或短路；(b)电动机一相无电

(2)电动机轴承损坏的修理方法　对于有锈迹的轴承，可将其放在煤油中浸泡便可除去铁锈。若轴承有明显伤痕，则必须加以更换。同时，还应根据电动机的负载情况，工作环境选择合适的润滑脂，以改善轴承的润滑并延长其使用寿命。

(六)三相异步电动机电源线的发热现象和原因

三相异步电动机电源线的发热现象和原因一般有以下几种。

(1)三根相线同时发热。可能是电线太细而通过电线的电流太大，也可能是电动机的负载太大，如水泵里有东西卡住，皮带轮的大小搭配不合理等。

(2)两根相线同时发热。可能是两根相线之间发生严重的漏电或短路，也可能是电动机一相无电，造成双相运行，使电流急剧增加。

(3)单根相线发热。可能是电线连接不好，也可能是一根相线发生严重漏电，或芯线裸露与建筑物接触。

第三节　三相异步电动机定子绕组的重绕

一、基本工作原理

对称三相定子绕组中通入对称三相正弦交流电，便产生旋转磁场。旋转磁场切割转子导体，便产生感应电动势和感应电流。感应电流一旦产生，便受到旋转磁场的作用，形成电磁转矩，转子便沿着旋转磁场的转向转动起来。

(一)绕组分类

按绕组所处部位分为定子绕组和转子绕组，转子绕组又分为笼型绕组和绕线转子式绕组;按绕组层数可分为单层绕组、双层绕组、单双层混合绕组,单层绕组又可分为链式绕组、同心式绕组、交叉式绕组,双层绕组又分为叠绕组、波绕组等。

(二)绕组基本知识

(1)线圈　由绝缘导线绕制,由一匝或多匝串联组成,有两条有效边,上下端部连线,两个引出线端叫首端和尾端。

(2)极距 τ　每个磁极所占定子圆周上的槽数,即 $\tau = \frac{z_1}{2p}$。Z_1 为槽数,P 为磁极对数。

(3)节距　一个线圈的两个有效边之间所跨的槽数,用 Y 表示,通常 $Y = \tau$。若 $Y > \tau$,称长距绕组,基本不采用;若 $Y = \tau$,称整距绕组,采用得不多;若 $Y < \tau$,称短距绕组,应用最多。

(4)每极每相槽数和极相组　对于对称三相绕组,每极每相槽数 $q = \frac{\tau}{3}$。一个磁极下属于同一相的 q 个线圈连接成的线圈组叫极相组。

(5)相带和槽距角　每极每相 q 个槽所占的电角度叫相带,对称三相绕组一般采用 60°相带。每槽所占的电角度叫槽距角,槽距角 $\alpha = \frac{60°}{q}$。

(三)三相异步电动机绕组构成的原则

(1)三相绕组必须对称分布,每相的导体材质、规格、匝数、并绕根数、并联支路数等都必须完全相同。

(2)每相绕组的分布规律要完全相同。

(3)每相绕组在空间位置上互差120°电角度。

(四)三相单层绕组

(1)单层绕组的特点　单层绕组线圈数少,便于绕制、嵌线;槽内只有一条有效边,不需层间绝缘,不易发生相间短路,槽的利用率高;绕组端部处理不易整齐、电气性能较差。

(2)展开图的画法

①根据槽数 Z_1 用点来划出展开图边界线;

②定出槽位、编上槽号;

③分极并依次标上 S,N……

④分相并依次标上 U_1,W_2,V_1,U_2,W_1……,其规律是“邻相隔一,同相隔二”;

⑤画出有效边,标出电流方向。S极下的朝上,N极下的朝下。

⑥根据节距 Y 和绕组类型,画上下端部,并使转折点居中;

⑦根据绕组类型和要求连接线圈组及各相绕组,画出出线端。

⑧根据三相绕组完全相同,三相对称及彼此间隔120°电角度的原则,画出三相绕组。

⑨为使端部整齐平服,嵌线时应使每个线圈的端部“右半部在下、左半部在上”,由此定出“嵌线规律”。

(3)单层绕组三相四极24槽单层链式绕组展开图如图5-20所示,节距 $Y = 5$。图中只画出了U相绕组,V_1,W_1 应在第6,10槽,V_2,W_2 应在第24,4槽。嵌线规律为“嵌一空一嵌一空一吊二”。三相四极24槽单层链式三相绕组展开图如图5-21所示。

(4)单层绕组的应用　单层绕组一般只用于10 kW以下的小型异步电动机,链式绕组用于 $q = 2$ 的4,6,8极电机,交叉式绕组用于 $q = 3$ 的2,4极电机,同心式绕组只用少数嵌线较困难的2极电机,整绕组已基本不采用。

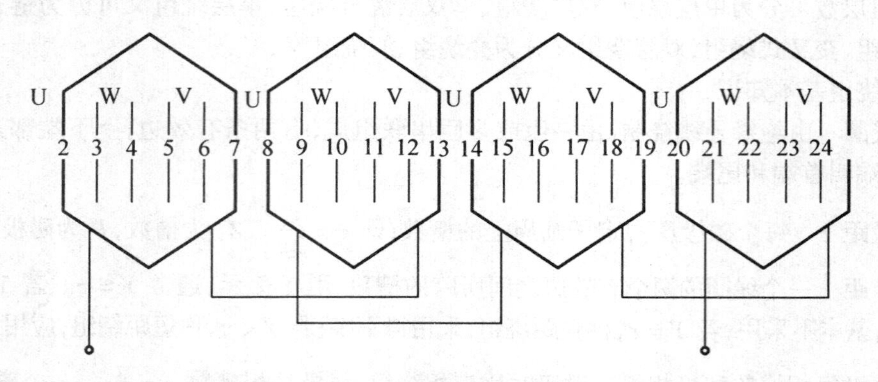

图 5-20　三相四级 24 槽单层链式绕组展开图(U 相)

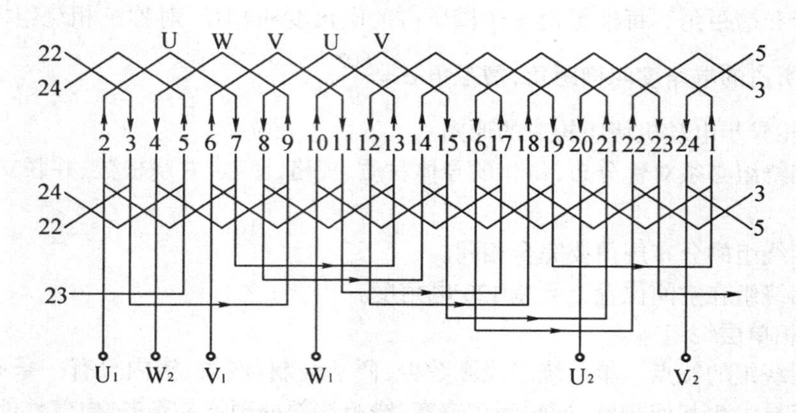

图 5-21　三相四级 24 槽单层链式三相绕组展开图

二、三相异步电动机绕组的重绕

三相异步电动机统组的重绕，主要包括拆除旧线圈、记录原始数据、清洗定子槽、制作绕线模、绕制线圈、嵌放线圈、连接线圈、绕组试验以及浸漆和烘干等，方法如下。

(一)拆除旧线圈、清洗定子槽

拆除旧线圈前，常用通电加热法，把电动机接成开口三角形，间断通入 220 V 单相交流电。或用调压器接入约50%的额定电压，使绝缘软化，打开槽锲、拆除旧线圈。同时清除槽内的绝缘残物，修整槽形等。

(二)记录原始数据、制作(选择)线模

在拆除旧线圈时，必须记录铭牌数据、槽数、节距、连接形式、导线圈数与线径等。在拆除旧线圈过程中可保留一只完整线圈，按它的形状、尺寸制作线模，或选择线模。

电动机的线模分固定式和活动式两种。

(三)绕组的重绕与试验、烘干浸漆

绕组重绕前，应认真检查导线质量是否合格，线径是否有错，以免以后返工，造成不必要的浪费。决定了线模的尺寸后，就可以进行线圈的绕制工作。在绕制时，为了防止擦伤导线绝缘，应将导线通过浸有石蜡的毛毡线夹。绕线拉力一般为 1.5 ~ 2 kg/mm^2 左右，绕线速度控制在 150~200 r/min 左右。

绕线应排列整齐、不交叉,线圈平整。绕够匝数后,用线扎牢,绕完一个极相组后,要留有一定长度的导线作极相组间连接线。

如果绕制过程中有接头(长度不够)或断头时,接头应放在端部斜边的位置上,并用焊锡焊好,套上套管或包上绝缘,以防短路。

绕组线圈的嵌放是一项细致的工作,稍不注意就有可能损坏导线绝缘和电动机的槽绝缘,造成绕组线圈匝间短路或接地,绕组线圈的嵌放操作步骤如下:

第 1 步,线圈的处理。先理直线圈的引出线并套上套管,然后将绕好的线圈捏紧,压成扁平状,使上层边外侧导线在上面,下层边内侧导线在下面。

第 2 步,线圈的嵌放。垫上槽绝缘后,将捏扁的绕组放到定子槽内。对少数未进入槽的导线可用划线板划入槽内,待导线全部进入槽内后,顺着槽来回轻轻拉动线圈,使其平整服帖,再用同样方法嵌放其他线圈。

第 3 步,加层间绝缘。用压线板压实导线(不能用力过猛)后,将绝缘纸折好放入层间绝缘即可嵌放上层线圈。

第 4 步:封槽口。当线圈嵌放工作完成后,应将导线压实,然后用画线板折起绝缘包住导线,从定子槽的一端打入槽楔条。槽楔条的长度应比槽绝缘短 3 mm,厚度不小于 2.5 mm,进槽后松紧要适当。

第 5 步,端部的整形。嵌好线圈后,检查线圈外形、端部排列和相间是否符合要求,然后用橡胶榔头将端部打成喇叭口。喇叭口的大小要适当,否则会影响电动机散热和对地绝缘,而且也不利于装置转子。

第 6 步,线圈捆扎与线圈间连接。端部整形后,把端部绝缘修剪整齐,使绝缘纸高出导线 5~8 mm,并进行线圈间的连接。

第 7 步,绕组的检验。重绕定子绕组后,还要对绕组进行检查和试验,如检查绕组的线圈间有无接错、绕组有无短路、断路或绝缘损坏,测定绕组的直流电阻和绝缘电阻,进行耐压和空载试验等。瓦特表可测功率,电动机的功率为两表读数的代数和。对于额定电压在 500 V 以下的电动机,其绝缘电阻不得低于 0.5 MΩ。

第 8 步,烘干浸漆。烘干浸漆目的是提高绕组的防潮性能,增加绝缘强度和机械强度,从而提高电动机的使用寿命。典型的浸漆工艺为:预烘→第 1 次侵漆→第 1 次烘干→第二次浸漆→第 2 次烘干→第 3 次浸漆→第 3 次烘干。烘干温度一般控制在 110 ℃~130 ℃,时间为 2~4 h;浸漆温度一般控制在 60 ℃~80 ℃,保持 15 min 以上,直至不冒泡为止。对电动机的烘干方法有许多,如红外线灯泡烘干法,它是利用红外线灯泡(功率可按 4~5 kW/m 选用)直接照射电动机绕组进行烘干的一种方法。

第 9 步,绕组接线端子的连接。将线圈连接好后,留下的 6 个绕组出线头用引出线引出,接到电动机的接线盒 U_1,V_1,W_1(首端)和 U_2,V_2,W_2(末端)的相应接线端子上。

这样就完成了对电动机绕组的重绕工作。

实训一　三相鼠笼式电动机的拆装

【目的】学会拆装三相鼠笼式异步电动机。

【工具、仪表与器材】扳手、榔头、撬棍、螺丝刀、厚木板、钢管、钢条、油盆、电动机等,棉布、柴油、润滑油适量。

【训练步骤与工艺要点】对三相鼠笼式异步电动机进行解体和装配，检测有关数据，并将拆、装情况和检测结果记入表5-10中。

表5-10　三相鼠笼式异步电动机拆装训练记录

步骤	内容	工艺要点
1	拆装前的准备工作	1.拆卸地点______ 2.拆卸前所作记号： (1)联轴器或皮带轮与轴台的距离______mm; (2)端盖与机座间记号位于______方位; (3)前后轴承记号的形状______; (4)机座在基础上的记号______
2	拆卸顺序	1.______，2.______ 3.______，4.______ 5.______，6.______
3	拆卸皮带轮或联轴器	1.使用工具______ 2.工艺要点______ ______
4	拆卸轴承	1.使用工具______ 2.工艺要点______ ______
5	拆卸端盖	1.使用工具______ 2.工艺要点______ ______
6	检测数据	1.定子铁芯内径______mm，铁芯长度______mm 2.转子铁芯外径______mm，铁芯长度______mm，转子总长______mm 3.轴承内径______mm，外径______mm 4.键槽长______mm，宽______mm，深______mm

训练所用时间______　　　　参加训练者(签字)______

20____年____月____日

实训二　三相鼠笼式电动机运行中的巡视

【目的】会正确检测和巡视运行中的电动机。

【仪表与器材】带负载运行的三相异步电动机，监视用电压表、电流表，酒精温度计、扳手、钳子、螺丝刀。

【训练步骤与工艺要点】将检查合格的三相鼠笼式异步电动机通电带负载运行，在运行中加强巡视，巡视情况记入表5－11中。

表5－11　鼠笼式异步电动机运行情况登记表

步骤	内容	巡视结果记录			
1	电压检测	线电压	额定值/V		
			实测值	U_{uv}/V	
				U_{vw}/V	
				U_{wu}/V	
2	电流检测		额定值/A		
			实测值	I_u/A	
				I_v/A	
				I_w/A	
3	温度检测 （温度计法）	定子绕组	测量定位		
			温度计读数/℃		
			实际温度/℃		
			手感程度		
		轴承	实测温度/℃		
			手感程度		
4	是否出现故障	故障现象________ 可能原因________ ________ 处理方法与结果________ ________			

训练所用时间________　　　　参加训练者(签字)________

20____年____月____日

实训三　三相鼠笼式异步电动机的定期检修

【目的】懂得对三相鼠笼式电动机定期小修和大修的基本要求。学会其检修步骤及工艺要点。

【工具、仪表与器材】扳手、锉刀、螺丝刀、刮刀、千分尺、钢丝钳等，500 V兆欧表、钳形电流表、万用表、油盆、柴油、润滑油、电动机等。

【训练步骤与工艺要点】

1.对电动机进行小修,并将小修中的检查结果记入表5-12中。

表5-12 三相鼠笼式异步电动机小修检查记录

<table>
<tr><th>步骤</th><th>内 容</th><th colspan="3">检 查 结 果</th></tr>
<tr><td rowspan="6">1</td><td rowspan="6">用兆欧表检查绝缘电阻/MΩ</td><td rowspan="3">对地绝缘</td><td>U相对机壳</td><td></td></tr>
<tr><td>V相对机壳</td><td></td></tr>
<tr><td>W相对机壳</td><td></td></tr>
<tr><td rowspan="3">相间绝缘</td><td>U,V相间</td><td></td></tr>
<tr><td>V,W相间</td><td></td></tr>
<tr><td>W,U相间</td><td></td></tr>
<tr><td rowspan="3">2</td><td rowspan="3">用万用表检查各相绕组直流电阻/Ω</td><td colspan="2">U相</td><td></td></tr>
<tr><td colspan="2">V相</td><td></td></tr>
<tr><td colspan="2">W相</td><td></td></tr>
<tr><td rowspan="4">3</td><td rowspan="4">检查各紧固件是否符合要求(按紧固、松动、脱落三级填写)</td><td colspan="2">端盖螺丝</td><td></td></tr>
<tr><td colspan="2">地脚螺丝</td><td></td></tr>
<tr><td colspan="2">轴承盖螺丝</td><td></td></tr>
<tr><td colspan="2">处理情况</td><td></td></tr>
<tr><td rowspan="3">4</td><td rowspan="3">检查接地装置</td><td colspan="2">线径/mm</td><td></td></tr>
<tr><td colspan="2">是否合格</td><td></td></tr>
<tr><td colspan="2">处理情况</td><td></td></tr>
<tr><td rowspan="4">5</td><td rowspan="4">检查传动装置的装配情况(联轴器、皮带轮、皮带等)</td><td colspan="2">是否校正</td><td></td></tr>
<tr><td colspan="2">是否松动</td><td></td></tr>
<tr><td colspan="2">传动是否灵活</td><td></td></tr>
<tr><td colspan="2">处理情况</td><td></td></tr>
<tr><td rowspan="3">6</td><td rowspan="3">检查润滑油</td><td colspan="2">油质是否合用</td><td></td></tr>
<tr><td colspan="2">油量是否足够</td><td></td></tr>
<tr><td colspan="2">处理情况</td><td></td></tr>
<tr><td rowspan="4">7</td><td rowspan="4">检查启动设备</td><td colspan="2">启动设备类形</td><td></td></tr>
<tr><td colspan="2">是否完好</td><td></td></tr>
<tr><td colspan="2">是否动作正常</td><td></td></tr>
<tr><td colspan="2">处理情况</td><td></td></tr>
<tr><td rowspan="4">8</td><td rowspan="4">检查熔断器</td><td colspan="2">型号规格</td><td></td></tr>
<tr><td colspan="2">熔体直径</td><td></td></tr>
<tr><td colspan="2">是否完好</td><td></td></tr>
<tr><td colspan="2">处理情况</td><td></td></tr>
</table>

2.对电动机进行大修,并将大修中的检查结果记入表 5 - 13 中。

表 5 - 13　三相鼠笼式异步电动机大修检查记录

<table>
<tr><th>步骤</th><th>内 容</th><th colspan="3">检 查 结 果</th></tr>
<tr><td>1</td><td>外观检查</td><td colspan="3">有损伤的零部件______
______
处理情况______</td></tr>
<tr><td>2</td><td>电动机解体步骤</td><td colspan="3">1.______ 2.______ 3.______
4.______ 5.______ 6.______</td></tr>
<tr><td>3</td><td>零部件的
清洗与检查</td><td colspan="3">已清洗的零部件______
______
零部件故障______
______
处理情况______</td></tr>
<tr><td rowspan="8">4</td><td rowspan="8">检查绕组绝缘电阻
/MΩ</td><td rowspan="3">对地
绝缘</td><td>U 相对地</td><td></td></tr>
<tr><td>V 相对地</td><td></td></tr>
<tr><td>W 相对地</td><td></td></tr>
<tr><td rowspan="3">相间
绝缘</td><td>U,V 相间</td><td></td></tr>
<tr><td>V,W 相间</td><td></td></tr>
<tr><td>W,U 相间</td><td></td></tr>
<tr><td colspan="3">故障判断:</td></tr>
<tr><td colspan="3">处理情况:</td></tr>
<tr><td>5</td><td>检查定子、转子、
铁芯及转轴有
无故障</td><td colspan="3">故障情况______
故障部位______
处理情况______</td></tr>
<tr><td>6</td><td>检查空载电流/A</td><td colspan="3">I_u ______
I_v ______
I_w ______
空载电流之间最大差距______
空载电流占额定电流比例______%
处理情况______
______</td></tr>
</table>

训练所用时间______

参加训练者(签字)______

20____年____月____日

实训四　三相鼠笼式异步电动机的故障分析

【目的】通过人为预设故障，观察电动机运行中的直观现象，并检测有关数据，与额定值对比分析故障，从而提高故障分析能力。

【工具、仪表与器材】扳手、螺丝刀、钢丝钳、万用表、钳形表、兆欧表、转速表、电动机。

【训练步骤与工艺要点】

1.未预设故障前，检测出电动机的有关数据，以便与后面故障状态的数据比较，找出其中的规律。现将正常电动机及在运行中所测有关数据记入表5－14中。

表5－14　正常电动机及运行中有关数据记录

<table>
<tr><td>铭牌额定值</td><td colspan="5">电压______V，电流______A，转速______转/分，功率______kW，接法______</td></tr>
<tr><td rowspan="7">实际检测</td><td colspan="2">三相电源电压</td><td colspan="3">$U_{1,2}$______V，$U_{1,3}$______V，$U_{2,3}$______V</td></tr>
<tr><td colspan="2">三相绕组电阻</td><td colspan="3">$U_{相}$______Ω，$V_{相}$______Ω，$W_{相}$______Ω</td></tr>
<tr><td rowspan="2">绝缘电阻</td><td>对地绝缘</td><td colspan="3">$U_{相对地}$______MΩ，$V_{相对地}$______MΩ，$W_{相对地}$______MΩ</td></tr>
<tr><td>相间绝缘</td><td colspan="3">U，V间______MΩ，V，W间______MΩ，W，U间______MΩ</td></tr>
<tr><td rowspan="2">三相电流</td><td>空载</td><td colspan="3">I_U______A，I_V______A，I_W______A</td></tr>
<tr><td>满载</td><td colspan="3">I_U______A，I_V______A，I_W______A</td></tr>
<tr><td>转速</td><td>空载</td><td>转/分</td><td>满载</td><td>转/分</td></tr>
</table>

2.在接线盒有六个线端的电动机中，人为、预设部分典型故障，观察其直观故障现象并用仪表检查，将预设故障部位、直观故障现象及检测项目、检测结果与正常值之间的差距填入表5－15中。注意检测中动作尽可能迅速，电动机故障延续时间尽可能短。

表5－15　故障电动机有关情况及数据记录

<table>
<tr><td rowspan="2">预设故障部位</td><td rowspan="2">直观故障现象</td><td colspan="3">检测情况</td><td rowspan="2">与正常值比较（用>或<多少表示）</td></tr>
<tr><td>项目</td><td>仪表</td><td>数据（带单位）</td></tr>
<tr><td rowspan="7">开车前一相熔体断路</td><td rowspan="7"></td><td rowspan="3">空载电流</td><td rowspan="3">钳形表</td><td>I_U______A</td><td></td></tr>
<tr><td>I_V______A</td><td></td></tr>
<tr><td>I_W______A</td><td></td></tr>
<tr><td rowspan="3">相绕组端电压</td><td rowspan="3">万用表交流电压阶挡</td><td>U，V间______V</td><td></td></tr>
<tr><td>V，W间______V</td><td></td></tr>
<tr><td>W，U间______V</td><td></td></tr>
<tr><td>转速</td><td>转速表</td><td>______转/分</td><td></td></tr>
</table>

表 5－15(续)

预设故障部位	直观故障现象	检测情况			与正常值比较(用＞或＜多少表示)
		项目	仪表	数据(带单位)	
在运行中一相熔体断路		空载电流	钳形表	I_U ______ A	
				I_V ______ A	
				I_W ______ A	
		相绕组端电压	万用表	U,V 间______ V	
				V,W 间______ V	
				W,U 间______ V	
		转速	转速表	______转/分	
一相绕组接反		空载电流	钳形表	I_U ______ A	
				I_V ______ A	
				I_W ______ A	
		转速	转速表	______转/分	
一相绕组碰壳(在接线盒中设置)		空载电流	钳形表	I_U ______ A	
				I_V ______ A	
				I_W ______ A	
		相绕组端电压	万用表	U_{UV} ______ V	
				U_{VW} ______ V	
				U_{WU} ______ V	
		对地绝缘电阻	兆欧表	U 相______ MΩ	
				V 相______ MΩ	
				W 相______ MΩ	
		转速	转速表	______转/分	
将三角形接法改接成星形		负载电流	钳形表	I_U ______ A	
				I_V ______ A	
				I_W ______ A	
		负载转速	转速表	______转/分	
		空载电流	钳形表	I_U ______ A	
				I_V ______ A	
				I_W ______ A	
		空载转速	转速表	______转/分	

表 5-15(续)

预设故障部位	直观故障现象	检测情况			与正常值比较(用>或<多少表示)
		项目	仪表	数据(带单位)	
将星形接法改成三角形接法		负载电流	钳形表	I_U ______ A	
				I_V ______ A	
				I_W ______ A	
		负载转速	转速表	______转/分	
		空载电流	钳形表	I_U ______ A	
				I_V ______ A	
				I_W ______ A	
		空载转速	转速表	______转/分	

训练所用时间________　　　　参加训练者(签字)________

20____年____月____日

实训五　定子绕组局部故障的排除

【目的】学会对绕组绝缘下降、接地、短路、断路、接错故障的检查方法并对一般的局部故障进行处理。

【工具、仪表与器材】钢丝钳、电工刀、画线板、万用表、兆欧表、电烙铁、烙铁架(带松香和焊锡)、低压电源、短路侦察器、绝缘套管、绝缘纸、电磁线适量，每组一台可以预设上述故障的电动机。

【训练步骤与工艺要点】

教师可参照本训练目的中的要求事先在电动机上预设故障(也可由参加训练者组与组之间在老师指导下互相预设)，再布置各组检测修理，并将结果记入表 5-16 中。

表 5-16　定子绕组故障局部检测记录

步骤	内容	检修工艺要点与数据
1	定子绕组绝缘下降故障排除	1.检查方法与工具________________ ________________ 2.检查结果 (1)绕组对地绝缘电阻 R_U ______ MΩ, R_V ______ MΩ, R_W ______ MΩ (2)绕组冷态直流电阻 R_U ______ Ω, R_V ______ Ω, R_W ______ Ω 3.干燥工艺 (1)烘烤方法______;(2)烘烤时间______小时;(3)烘烤温度______℃;(4)烘烤设备______;(5)烘烤完成后绕组对地绝缘电阻 R_U ______ MΩ, R_V ______ MΩ, R_W ______ MΩ

表 5－16(续)

步骤	内容	检修工艺要点与数据
2	定子绕组接地故障的排除	1.检修方法与工具______ 2.检修结果 绕组对地绝缘电阻 R_U ______ MΩ, R_V ______ MΩ, R_W ______ MΩ 3.检查故障点的逻辑程序______ ______ 4.接地点故障______ 5.排除故障工艺要点______ ______
3	定子绕组断路故障的排除	1.电阻法检查 (1)Y 接法,中心点在机外:R_U ______ Ω, R_V ______ Ω, R_W ______ Ω,断路点在______相 (2)Y 接法,中心点在机内:R_{UV} ______ Ω, R_{VW} ______ Ω, R_{WU} ______ Ω,断路点在______相 (3)△接法,R_{UV} ______ Ω, R_{VW} ______ Ω, R_{WU} ______ Ω,断路点在______相 2.三相电流平衡法 (1)三相低压电源电压______ V (2)测量结果:Y 接法,I_U ______ A, I_V ______ A, I_W ______ A,断路点在______相;△接法(拆开三个点),I_U ______ A, I_V ______ A, I_W ______ A,断路点在______相 3.排除故障工艺要点______ ______
4	定子绕组短路故障的排除	1.检匝间短路 (1)电流平衡法:I_U ______ A, I_V ______ A, I_W ______ A,故障点在______相 (2)直流电阻法:R_U ______ MΩ, R_V ______ MΩ, R_W ______ MΩ,故障点在______相 (3)电压降法:U_U ______ V, U_V ______ V, U_W ______ V,故障点在______相 (4)短路侦察器法:在相绕组的铁芯槽锯条发生振动时,故障点在______相 (5)排除故障工艺要点______ 2.极相组间短路 检查工艺要点______ 故障点在______ 3.相间短路 检查工艺要点______ 故障点在______

表 5 - 16(续)

步骤	内容	检修工艺要点与数据
5	定子绕组接错故障的排除	1.灯泡检查方法 U,V两相串联灯泡,W相与电池相碰,刚接通电池瞬时,灯泡发光,U,V两相系______串联(填正或反),使V,W两相与灯泡串联,U相与电池相碰,灯泡发光,V,W两相系______串联,从而测出三相绕组首尾端 2.用万用表判断 Y接法:在U相绕组加36 V交流电压;用万用表测V,W,其指针动作为______,V,U接头处为______端,36 V电源加在W相,测U,V两端,其指针动作为______,U,V接头处为______端,其三相绕组首尾端即可肯定 3.指南针法 (1)向定子绕组注入低压交流电为______ V (2)指南针沿定子槽移动,从第______槽开始,指南针方向混乱,故障点在______相,第______个线圈

训练所用时间________　　　　参加训练者(签字)________

20____年____月____日

第六章　单相异步电动机安装与维护

第一节　单相异步电动机的分类及应用

单相异步电动机大致可分为电阻启动式、电容启动式、电容运转式、电容式、罩极式。

一、电阻启动式单相异步电动机

电阻启动式单相异步电动机如图6－1所示。这种电动机工作绕组 L_1 匝数多，启动时感抗远大于绕组电阻，因此通过它的电流滞后电压近似90°电角度。而启动绕组 L_2 匝数少，导线直径细，又与外加电阻 R 串联，总的电阻大于感抗，因此通过它的电流在相位上只滞后电压一个很小的角度，这样工作绕组和启动绕组中的电流在相位上就相差近90°电角度。从而在定子中产生旋转磁场，使转子产生转矩而转动。转速达到额定转速的75%～80%时，离心开关S把启动绕组电路切断。对于要求高的电动机，往往采用继电器代替离心开关。

电阻启动式单相异步电动机的应用范围为小型鼓风机、研磨机、搅拌机、小型钻床、医疗器械、冰箱等。其优缺点为价格较低，启动电流较大，但启动转矩不大。

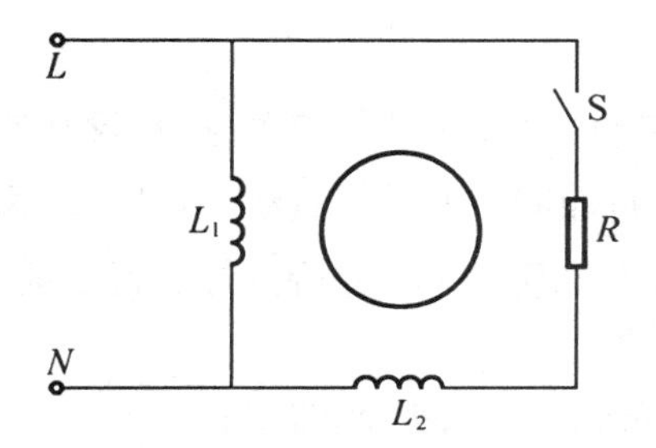

图6－1　电阻启动式单相电动机

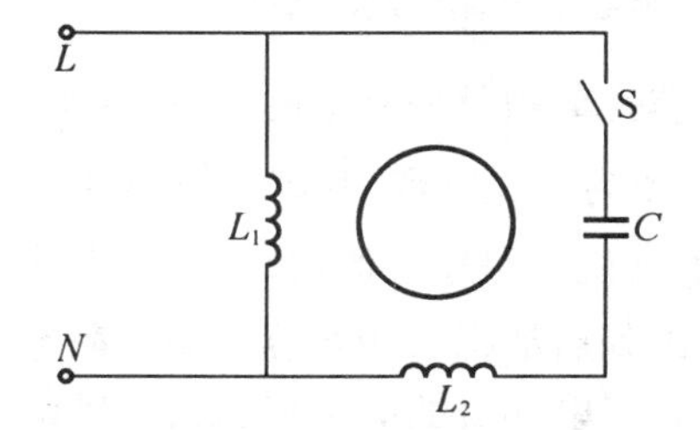

图6－2　电容启动式单相电动机

二、电容启动式单相异步电动机

电容启动式单相异步电动机如图6－2所示。启动绕组 L_2 与电容器 C 串联后，经过离心开关S与工作绕组 L_1 并联。当电动机与电源接通时，电动机即启动。转速达到额定转速的70%～80%时，靠离心开关S把启动绕组分断。电动机在运转中，只有工作绕组与电源接通。这种电动机能够产生启动转矩的原因是启动绕组与一只电容串联，通过它的电流比两端电压超前近90°电角度。工作绕组有电感，且绕组匝数多，线径又粗，通过它的电流比电压滞后一个电角度，于是两个绕组中的电流相差近90°。结果产生旋转磁场，使转子产生转矩而转动。

电容启动式单相异步电动机的应用范围是小型水泵、冷动机、压缩机、电冰箱、洗衣机等。其优缺点为价格稍贵，启动电流及启动转矩均较大。

三、电容运转式单相异步电动机

电容运转式单相异步电动机如图6-3所示。启动绕组 L_2 与电容器 C 串联后，与工作绕组 L_1 并联。当电动机与电源接通时两个绕组由同一个单相电源供电，由于启动绕组与一只电容串联，故两个绕组中电流的相位不同，如果电容 C 选择合适，可以使两个绕组中的电流相差近90°，从而产生旋转磁场，使转子产生转矩而转动。

电容运转式电动机的应用范围为电风扇、排气扇、电冰箱、洗衣机、空调器、复印机等。

电容运转式电动机无启动装置，价格较低，具有较好的运行特性，功率因数、效率、过载能力均较高，并能产生较大转矩。

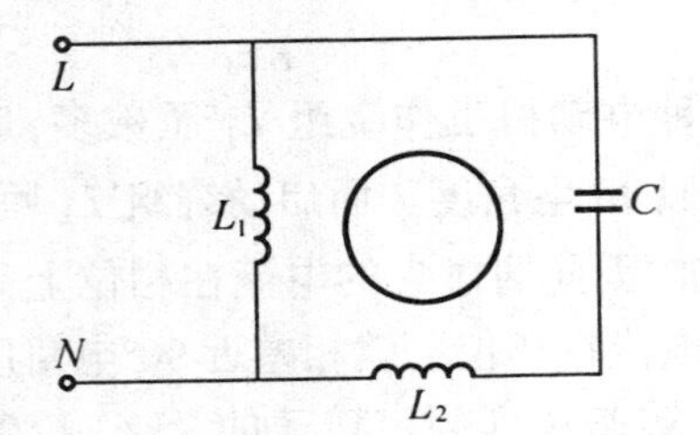

图6-3 电容运转式单相电动机

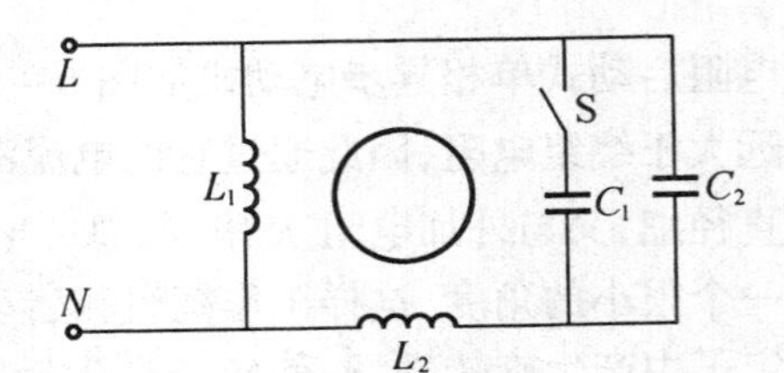

图6-4 电容式单相电动机

四、电容式单相异步电动机

电容式单相异步电动机如图6-4所示。C_1 为启动电容，其容量较大，具有较好的启动特性。C_2 为工作电容，其容量较小，保证有较好的运行性能。电动机启动时，C_1，C_2 都接入电路，电动机获得较大的启动转矩；启动后，靠离心开关S切除 C_1，保持良好运行性能，设计时已考虑到启动绕组和电容长期接在电源上工作。

电容式电动机的应用范围为电风扇、电冰箱、洗衣机、水泵、小型机床等。

电容式电动机价格较高，启动电流、启动转矩较大，功率因数、效率和过载能力高，以获得与三相异步电动机近似的运行性能。

五、罩极式单相异步电动机

罩极式单相异步电动机的工作原理是，定子上有凸出的磁极，主绕组就安置在这个磁极上，在磁极表面约1/3处开有一个凹槽将磁极分为大小两部分，在磁极小的部分套一个短路铜环，将磁极的一部分罩起来，称为罩极，它相当于副绕组。当定子绕组接入单相交流电源后，磁极中将产生交变磁通，穿过短路铜环的磁通，在铜环内产生一个相位上滞后的感应电流。由于这个感应电流的作用，磁极被罩部分的磁通不但在数量上和未罩部分不同，而且在相位上也滞后于未罩部分的磁通。这两个在空间位置不一致，而在时间上又有一定相位差的交变磁通，在电机气隙中构成脉动变化的近似的旋转磁场。这个旋转磁场切割转子后，就使转子绕组中产生感应电流。载有电流的转子绕组与定子旋转磁场相互作用，转子得到启动转矩，从而使转子由磁极未罩部分向被罩部分的方向旋转。

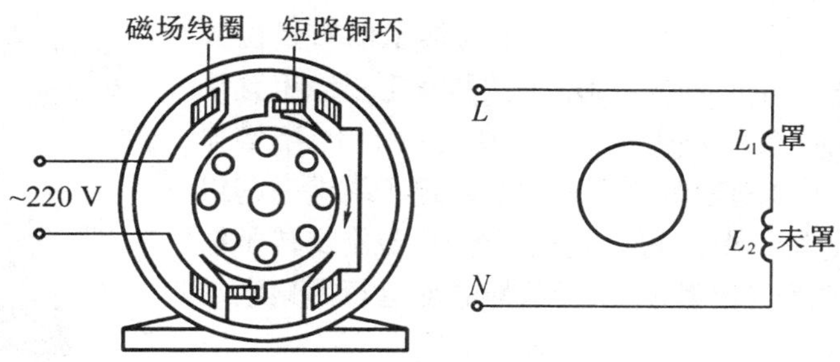

图 6－5　罩极式单相电动机

罩极式电动机的应用范围为小型风扇、鼓风机、油泵、电唱机、仪器仪表电动机、电动模型等,罩极式电动机的优缺点为:结构简单,价格低,工作可靠;启动转矩小,功率小,效率低。

第二节　单相异步电动机的拆装

一、单相异步电动机的结构形式

单相异步电动机的结构特点与三相异步电动机类似 ,主要由定子和转子两大部分组成。定子包括定子铁芯与绕组,产生旋转磁场 ,转子包括转子铁芯和绕组,产生感应电动势、感应电流并形成电磁转矩。但因电动机使用场合的不同,其结构形式也各有差异,大体上可分以下几种。

(一)内转子结构形式

这种结构形式的单相异步电动机与三相异步电动机的结构类似,即转子部分位于电动机内部,主要由转子铁芯、转子绕组和转轴组成。定子部分位于电动机外部,主要由定子铁芯、定子绕组、机座、前后端盖(有的电动机前后端盖可代替机座的功能)和轴承等组成。如图 6－6 所示的单相异步电动机即为此种结构形式。

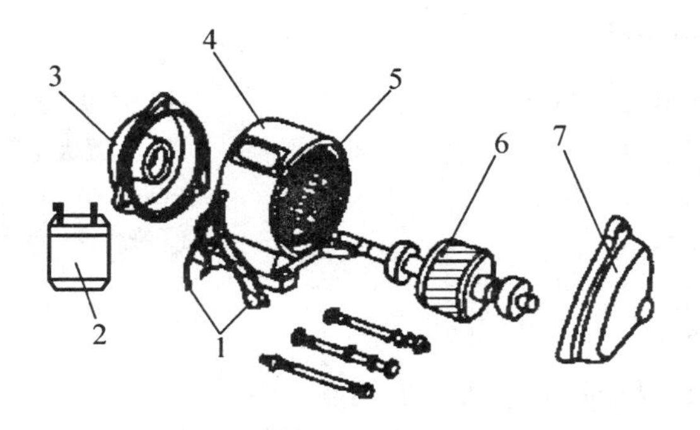

图 6－6　单相异步电动机结构

1—定子绕组出线端;2—电容器;3—前端盖 ;4—机座;
5—定子绕组油毡圈;6—笼型绕组转子;7—后端盖

(二)外转子结构形式

这种结构形式的单相异步电动机定子与转子的布置位置与上面所述的结构形式正好相反，即定子铁芯及定子绕组置于电动机内部，转子铁芯、转子绕组压装在下端盖内。上、下端盖用螺钉连接，并借助于滚动轴承与定子铁芯及定子绕组一起组合成一台完整的电动机。电动机工作时，上、下端盖及转子铁芯与转子绕组一起转动。如图 6－7 所示的电容运行吊扇电动机即为此种结构形式。

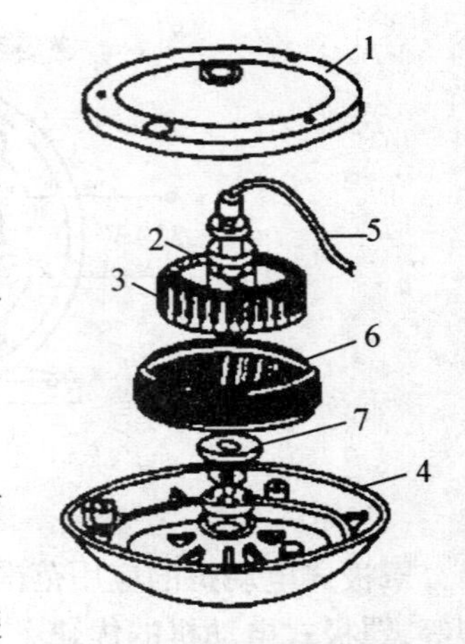

图 6－7　电容运行吊扇电动机结构

1—上端盖；2，7—挡油罩；3—定子；4—下端盖；5—引出线；6—外转子

(三)凸极式罩极电动机结构形式

它可分为集中励磁罩极电动机和分别励磁罩极电动机两类，如图 6－8 和图 6－9 所示。

其中集中励磁罩极电动机的外形与单相变压器相仿，套装于定子铁芯上的一次绕组(定子绕组)接交流电源，二次绕组(转子绕组)产生电磁转矩而转动。

二、单相异步电动机的拆装

当单相异步电动机有故障需要进行检修时，首先要将电动机进行拆卸，在检测维修、排除故障后，接着对电动机进行清洗和加注润滑油，随后进行装配。最后通过检查和实验，电动机的检修工作即告完成。

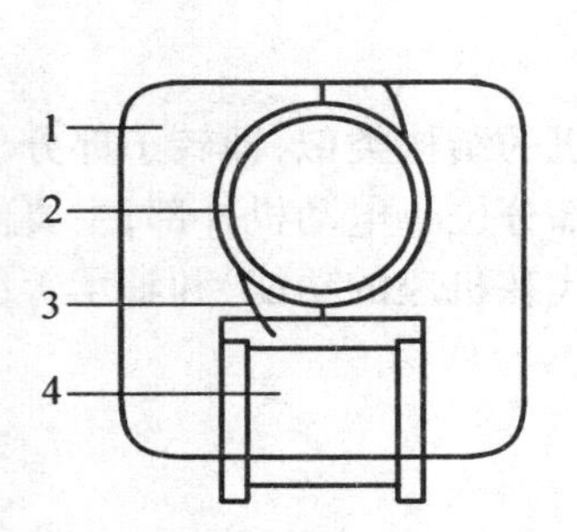

图 6－8　凸极式集中励磁罩极电动机结构

1—凸极式定子铁芯；2—转子；3—罩极；4—定子绕组

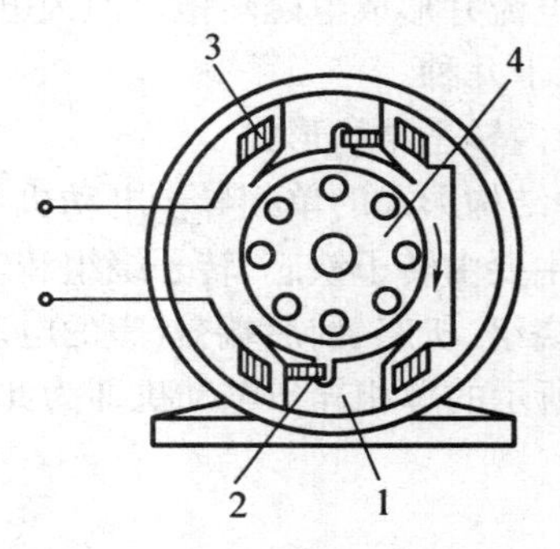

图 6－9　凸极式分别励磁罩极电动机结构

1—凸极式定子铁芯；2—罩极；3—定子绕组；4—转子

(一)拆卸注意事项

在拆卸单相异步电动机时，应注意以下几点。

(1)拆卸步骤要牢记。在拆卸时，首先要考虑到以后的装配，一般情况下，两者顺序正好相反，即先拆的后装，后拆的先装。对初次拆卸者来说，最好是边拆边记录拆卸的顺序。

(2)要集中放置电动机的零部件。由于单相异步电动机的许多零部件体积都较小，电动机拆卸后，需要对定子绕组进行修理或更换，时间相隔较长。为保证零部件不丢失、不损坏，必须将所有零部件集中放置在盒子内或袋子内，妥善保管。

(3)保证电动机各零部件的完好。由于单相异步电动机一般功率、体积都很小,各零部件的强度比一般的三相异步电动机要差得多。因此,在拆装时应特别注意轻敲、轻打,不允许用与电动机铁芯及端盖等同样硬度的金属物敲击电动机,必须借助于紫铜棒、紫铜板、木板等才能敲击电动机。由于电动机定子绕组的线径很细,因此不允许直接碰撞电动机定子绕组。在拆卸电动机时,要注意防止各零部件直接跌落在地上或钳台上,造成零部件的变形或破损。

单相异步电动机的拆装一般比较简单,通常不需要专用工具,在拆卸前先仔细观察被拆电动机的外部结构,以确定拆卸的顺序。下面以转页式电风扇为例加以叙述,各类排风扇(换气扇)的拆卸与此类同。

转页式电风扇的结构如图 6 – 10 所示,它是 20 世纪 70 年代以后出现的一种新型转页式电扇,风力比较均匀、柔和,它由一台主电动机(风扇电动机)和一台转页电动机构成。风的方向由转页电动机拖动转页轮进行自动控制(也有转页不用电动机拖动而利用风力推动自动转动结构),其中主电动机为电容运行单相异步电动机,转页电动机则为只有一个定子绕组的单相异步电动机,其本身没有启动转矩,它必须在主电动机转动后才能工作。主电动机的风力吹动转页轮时产生作用力,即为转页电动机的启动外力,使转页电动机启动旋转。由于每次转页电动机启动时转页轮所处的位置不同,因此该启动外力的方向也不相同。所以转页轮的旋转方向有时为顺时针转,有时为逆时针转,但这不影响整台转页式风扇的工作效果,如需将风的方向固定不动,则断开转页电动机的电源开关即可。

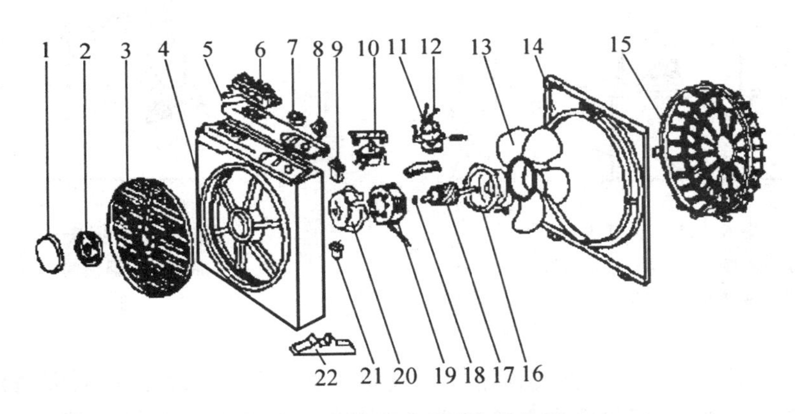

图 6 – 10 转页式电风扇结构图

1—装饰件;2—转页衬圈;3—转页轮;4—前框架;5—开头罩;6—琴键开头;7—转页电机开头;8—定时开关钮;9—电容器;10—定时开关;11—转页微电机;12—橡皮轮;13—风叶;14,20—前端盖;15—网罩;16—后端盖;17—转子;18—轴承构件;19—定子;20—跌倒开关;22—底脚

(二)电风扇的拆卸顺序

转页式电风扇的拆卸顺序如下:

(1)拧去风扇网罩 15 的固定螺母,转动网罩,将网罩取下;

(2)拧去风叶 13 的固定螺母,将风叶从主电动机的转轴上取下;

(3)拧去装饰件 1,转动转页衬圈 2 将该衬圈取下;

(4)取出转页轮 3;

(5)拧去风扇前端盖14与前框架4之间的固定螺钉,将前端盖14取下;

(6)拧去风扇电动机与前框架4之间的固定螺钉,将风扇电动机取下。该风扇电动机为电容运行单相异步电动机,与排风扇。电容运行排风扇与单相异步电动机结构相似,即为内转子式结构。

(三)内转子式单相异步电动机的拆卸

(1)松开前后端盖的固定螺钉,即可将后端盖16拉出。

(2)用手拿住转子轴,向外拉出转子17,如无法拉出,可用台虎钳将转子轴夹住(注意必须在钳口处垫上木板)。用铜棒或木块均匀敲击定子铁芯19或前端盖20,使转子连同绕组与前端盖20分离。

(3)取出定子铁芯和定子绕组的方法

①敲打法。把定子铁芯与前端盖组件一起放在一个钢套筒上,套筒内径应稍大于定子铁芯外径,按图6-11所示的方法,用一根铜棒插入后端盖的孔内,与定于铁芯端面相接触,在定子铁芯四周用手锤敲打铜棒,直到定子铁芯及定子绕组脱离前端盖。用此法拆卸的前提是端盖正面有孔,同时注意,千万不能损伤定子绕组,钢套筒下面要多垫棉纱等软物,防止定子铁芯掉下时损伤定子绕组。

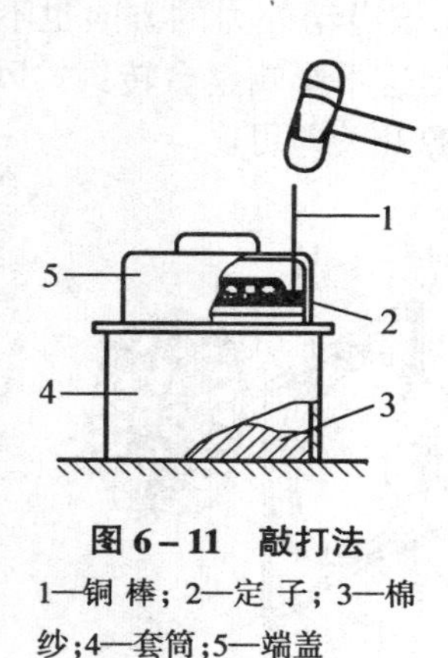

图6-11 敲打法

1—铜 棒;2—定 子;3—棉纱;4—套筒;5—端盖

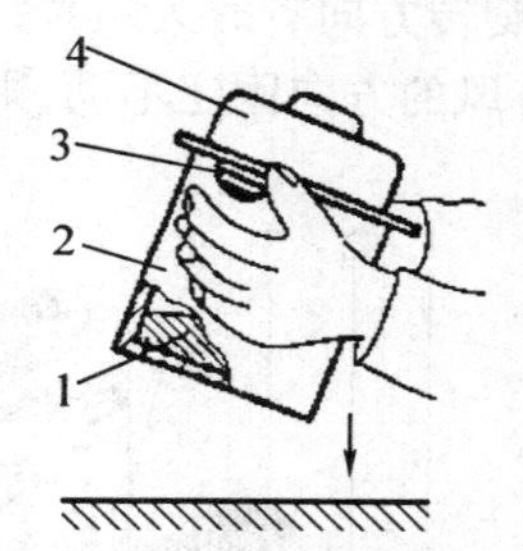

图6-12 撞击法

1—棉纱;2—圆钢筒;3—定子;4—端盖

②撞击法。将定子铁芯及前端盖组件倒放在一个圆筒上,圆筒底部要多垫棉纱等软物,按图6-12所示的方法,用双手将定子与圆筒合抱在一起撞击砧木,直到定子铁芯与前端盖脱离为止。

③敲打端盖法。将定子铁芯伸出端盖的部分用台虎钳夹紧(注意不能损伤定子绕组),随后用铜模或木块敲击端盖的台沿,直到端盖与定子铁芯脱离,但要注意不能使端盖变形或损伤。

(四)轴承的拆装方法

外转子式单相异步电动机(吊风扇)的轴承一般为滚动轴承,其拆装方法与三相异步电动机的轴承拆装法相同。

1.内转子式单相电动机轴承的拆卸方法

内转子式单相异步电动机的轴承一般为球形轴承或圆柱形滑动轴承。球形轴承的拆卸方法简单,拆下轴承压板上的紧固螺钉,便可拆卸轴承。圆柱形滑动轴承的拆卸方法一般有以下两种。

(1)用轴承拉具拆卸。如图6－13所示，将轴承拉具定位后，只需旋动轴承拉杆上的螺母，拉杆下面的凸台，即能把轴承慢慢拉出。

(2)用敲击法拆卸。如图6－14所示，铜棒必须分两级尺寸，第一级与轴承滑动配合，第二级应小于端盖上轴承孔径1～2 mm；手锤敲击铜棒时，用力应垂直均匀，不能打偏斜，否则易引起端盖变形。

2.轴承的安装方法

(1)球形轴承的安装。安装时应检查轴承弹簧压片的压力，不符合使用要求时应更换。然后把球形轴承放入前后端盖内，加上浸油的油毡，盖上压力弹簧片，旋紧轴承压盖螺钉。安装后要检查安装是否牢固，不允许球形轴承自行旋转。

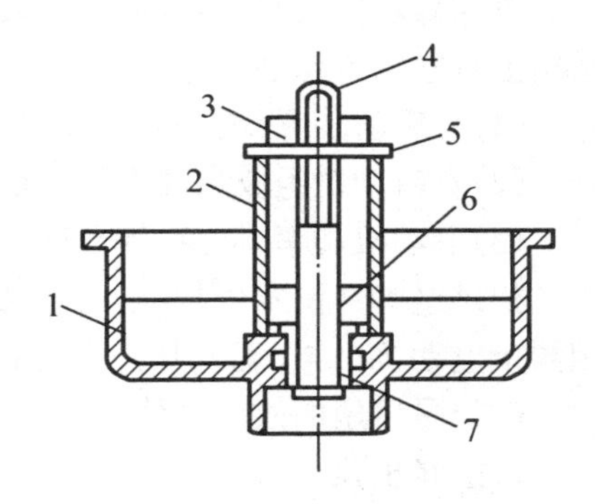

图6－13　用轴承拉具拆卸轴承

1—端盖；2—套筒；3—螺母；4—轴承拉杆；5—垫圈；6—滑块；7—轴承

(2)圆柱形轴承的安装。安装前，应将轴承内外和端盖轴承孔清理洁净。然后将浸透机油的油毡放入端盖轴承孔的油毡槽内，在轴承内外涂上机油，用图6－15所示的专用工具把轴承打入端盖。

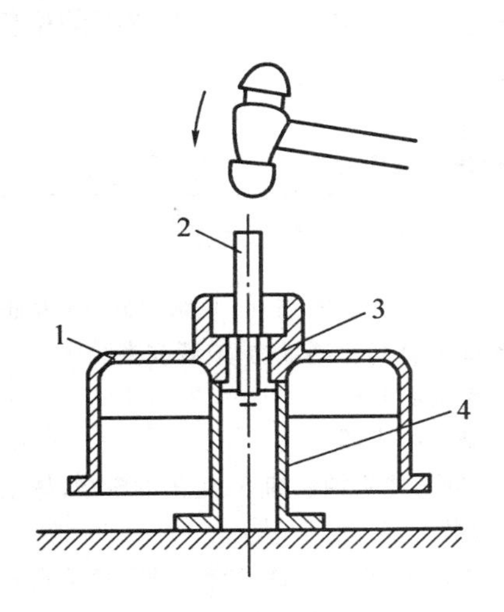

图6－14　用敲击法拆卸轴承

1—端盖；2—铜棒；3—轴承；4—套筒

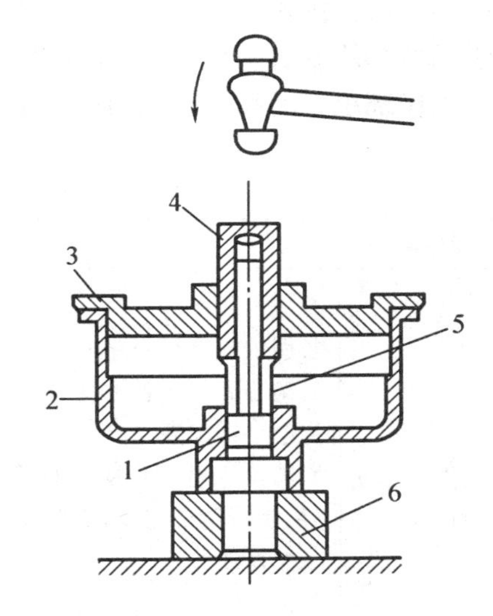

图6－15　用专用工具安装轴承

1—轴承导向型芯；2—端盖；3—定位板；4—套管；5—轴承；6—垫块

安装圆柱形轴承的另一种方法是用一根与轴承内径相同的棒，把轴承套在棒上，然后把棒垂直放入前后端盖的轴承孔内，再用一段内径与棒直径相同的套管套在棒上，并顶到轴承端面，用手锤轻轻敲打套管，将轴承敲入端盖轴承孔内，直到轴承端面与轴孔完全接触为止。敲入后，用手按轴承，检查安装是否牢固，不允许有松动现象。

三、单相异步电动机故障分析与修理方法

(一)吊风扇的故障分析

单相异步电动机常见的故障和三相异步电动机相似，不同点仅在于单相异步电动机在结构上有它的特殊性：

(1)有启动装置(离心开关或启动继电器)；

(2)有启动绕组及启动电容或启动电阻等；

(3)电动机功率小，定、转子间气隙小。

如果这些部位发生故障，必须及时进行仔细检查。单相异步电动机的修理方法也和三相异步电动机一样，现就其特有的故障和修理方法列表说明，见表6-2。

(二)吊风扇的故障检修

1.检修步骤

(1)通过观察、询问或通电试验等方法初步了解该吊风扇的故障情况。

(2)按前面讲述的方法拆卸吊风扇，记录好该吊风扇工作绕组与启动绕组的接线方法。

(3)用单臂电桥(如无该设备，则可用万用表欧姆挡代替)分别测量工作绕组与启动绕组的直流电阻值。

(4)用兆欧表分别测量工作绕组与启动绕组的对地绝缘电阻及绕组之间的绝缘电阻值。

(5)用万用表判定风扇电容器的好坏。

(6)用电压表法测定风扇电容器的电容值，以确定该电容器的好坏。

(7)分析、查找和修理该吊风扇出现的故障。

①工作绕组或启动绕组端部或绕组之间连接处或绕组引出线处有断路故障的检修。

②工作绕组与启动绕组之间有短路故障的检修。

表6-2　单相异步电机故障分析与修理方法

故障现象	故障原因	修理方法
电源正常，电动机不能启动	1.引线或绕组断路 2.离心开关接触不良 3.电容器击穿 4.轴承卡住，原因有轴承质量不好，润滑脂干固，轴承中有杂物，轴承装配不良 5.定、转子铁芯相擦 6.过载	1.用万用表找到断路处，并修理好，修理处应抹上绝缘漆并衬垫绝缘物，或者改换线圈 2.修整离心开关 3.换新的电容器 4.换轴承，或将轴承卸下，用汽油洗净，抹上润滑脂，再装配好 5.取出转子，校正转轴，或挫去定、转子铁芯上的凸出部分 6.减载或选择功率较大的电动机
电动机接通电源后熔丝熔断	1.定子绕组内部接线错误 2.定子绕组有匝间短路或对地短路 3.电源电压不正常 4.熔丝选择不当	1.用指南针检查绕组接线 2.用短路测试器检查绕组是否有匝间短路，用兆欧表测量绕组对地绝缘电阻 3.用万用表测量电源电压 4.更换合适的熔丝

表 6-2(续)

故障现象	故障原因	修理方法
转速低于额定值	1.电源电压过低 2.轴承损坏 3.工作绕组接线错误 4.过载 5.工作绕组接地或短路 6.转子断条 7.启动后离心开关触头断不开,辅助绕组未脱离电源	1.调整电源电压至额定值 2.更换轴承 3.改正绕组端部连接 4.减载或选择功率较大的电动机 5.拆开电机,观察是否有烧焦绝缘的地方或嗅到气味。若局部短路,应用绝缘物隔开,若短路多处应换绕组 6.查出断处,接通断条,或更换新转子 7.修理或更换离心开关
电动机温度过高	1.定子绕组有匝间短路或对地短路 2.离心开关触点不断开 3.启动绕组与工作绕组接错 4.电源电压不正常或电容器变质或损坏 5.定子与转子相碰或轴承不良	1.用短路测试器检查绕组是否有匝间短路,用兆欧表测量绕组对地绝缘电阻 2.检查离心开关触点、弹簧等,加以调整或修理 3.测量两组绕组的直流电阻,电阻大者为启动绕组 4.用万用表测量电源电压;更换电容器 5.找出原因对症处理;清洗或更换轴承
运行时噪声太大	1.工作、辅助绕组接地或短路 2.工作绕组接线错误或离心开关损坏 3.电机内落入杂物或轴承损坏 4.轴向间隙太大	1.拆开电机,观察是否有烧焦绝缘的地方或嗅到气味。若局部短路,应用绝缘物隔开,若短路多处应更换绕组 2.改正接线;更换离心开关 3.拆开电机,清理并用风吹净;更换轴承 4.将间隙调至适当值
电动机绝缘电阻降低	1.电动机受潮或灰尘较多 2.电动机过热后绝缘老化	1.拆开后,清扫并进行烘干处理 2.重新浸漆处理

③工作绕组或启动绕组与铁芯槽口处绝缘损坏造成接地短路故障的检修。

④工作绕组及启动绕组对地绝缘电阻降低的处理。

⑤吊风扇轴承清洗、更换及加润滑脂。

⑥定子与转子发生轻度相碰的处理。

⑦吊风扇扇叶变形后的整形或更换。

⑧吊风扇内部灰土及杂物的清除。

⑨吊风扇装配不良的处理。

上述各项故障处理的方法除第①项外,均可参照三相异步电动机故障处理的方法进行,这里不再叙述。

(8)故障排除后,按顺序装配好吊风扇,并进行通电试运行。

2.注意事项

(1)如果风扇的启动绕组或工作绕组已烧坏需重新绕制,则不适宜选做本训练之用。

(2)在检修吊风扇前，应初步搞清该吊风扇的故障现象，如需要通电试运转，则必须慎重，确保安全，并及时做好切断电源的准备。

(3)进行通电试验时，各组设计的线路必须经指导教师认可后，方可实施。

(4)要正确选择所用仪表及量程。

(5)要注意设备及人身安全。

实训一　单相电容式电动机绕组的拆换

【目的】学会设计制作微型电动机绕线模和拆换单向电容式电动机的全部绕组。

【工具、仪表与器材】手电钻、木工锯、斧、刨、万用表、兆欧表、画线板、清槽板、画针、压脚、剪刀、画线刀、榔头、垫打板、电烙铁、钢丝钳、电工刀、绕线机、酒精温度计、电磁线、绝缘纸、黄蜡管、白纱带适量等。

【训练步骤与工艺要点】

1.拆除实习用单向电容式电动机的绕组，并将有关数据记入表6－16中。

表6－16　单相电容式电动机旧绕组拆除记录

拆除所用工具								
拆除方法与工艺要点								
铭牌内容								
绕组数据	绕组名称	线径	支路数	节距	匝数	下线型式	端部伸出长度	端部接线草图
	主绕组							
	副绕组							
铁芯数据	外径 D_1	外径 D_2		长度 L		总槽数	槽深	

2.制作与实习电动机绕组配套的绕线模，并将实际使用数据记入表6－17中。

表6－17　绕线模制作记录

型式		材料		大模芯数		小模芯数		大夹板数		小夹板数					
模芯尺寸/mm		$\tau_{Y大}$		$\tau_{Y小}$		$L_{大}$		$L_{小}$		$R_{大}$		$R_{小}$		δ	
夹板尺寸/mm		$\tau'_{Y大}$		$\tau'_{Y小}$		$L'_{大}$		$L'_{小}$		$R'_{大}$		$R'_{小}$		δ'	

3. 按工艺要求下好绝缘材料，绕制新线圈，并将线圈嵌入铁芯槽，将其工艺过程及有关数据记入表6-18中。

表6-18　绕线、嵌线训练记录

<table>
<tr><td colspan="6">绝缘材料</td><td colspan="8">绕组参数</td></tr>
<tr><td colspan="2">槽绝缘</td><td colspan="2">引槽纸</td><td colspan="2">端部绝缘</td><td colspan="4">主绕组</td><td colspan="4">副绕组</td></tr>
<tr><td>材料</td><td>尺寸
长×宽
/mm×mm</td><td>材料</td><td>尺寸
长×宽
/mm×mm</td><td>材料</td><td>尺寸
长×宽
/mm×mm</td><td>线径
/mm</td><td>匝数</td><td>线圈个数</td><td>单线圈电阻
/Ω</td><td>线径
/mm</td><td>匝数</td><td>线圈个数</td><td>单线圈电阻
/Ω</td></tr>
<tr><td></td><td></td><td></td><td></td><td></td><td></td><td></td><td></td><td></td><td></td><td></td><td></td><td></td><td></td></tr>
<tr><td rowspan="4">嵌线情况</td><td rowspan="2">节距</td><td colspan="2">主绕组</td><td colspan="4"></td><td colspan="2" rowspan="2">绕组型式</td><td colspan="2">主绕组</td><td colspan="2"></td></tr>
<tr><td colspan="2">副绕组</td><td colspan="4"></td><td colspan="2">副绕组</td><td colspan="2"></td></tr>
<tr><td colspan="2" rowspan="2">嵌线顺序</td><td colspan="2">主绕组</td><td colspan="9"></td></tr>
<tr><td colspan="2">副绕组</td><td colspan="9"></td></tr>
</table>

4. 全部线圈嵌完后，要对定子绕组进行端部接线和整形，将所用材料、接线工艺与端部接线圈记入表6-19中。

表6-19　定子绕组端部接线训练记录

<table>
<tr><td rowspan="2">绝缘纸</td><td>材料</td><td></td><td rowspan="6">引出线</td><td colspan="2">型号</td><td colspan="2"></td><td>端部接线图</td></tr>
<tr><td>尺寸</td><td></td><td colspan="2">规格</td><td colspan="2"></td><td rowspan="7"></td></tr>
<tr><td rowspan="2">绝缘套管</td><td>材料</td><td></td><td rowspan="4">颜色</td><td colspan="2">主绕组</td><td></td></tr>
<tr><td>尺寸</td><td></td><td colspan="2">副绕组</td><td></td></tr>
<tr><td rowspan="2">引线接头</td><td>锡焊</td><td></td><td colspan="2">公共零线</td><td></td></tr>
<tr><td>铰接</td><td></td><td colspan="2">主、副绝缘电阻</td><td></td></tr>
<tr><td rowspan="2">接线顺序</td><td>主绕组</td><td colspan="6"></td></tr>
<tr><td>副绕组</td><td colspan="6"></td></tr>
</table>

5. 装配合格的电动机，在通电前用万用表、兆欧表检测其绕组的直流电阻和绝缘电阻。检测合格后通电检测空载电流、绕组热态对地绝缘电阻和温升，将检测结果一并记入表6-20中。

表 6-20 电动机绕组拆换后的初测记录

项目	冷态直流电阻/Ω		热态直流电阻/Ω		对地绝缘电阻/Ω		空载电流/mA			空载温升/℃	
检测部位及状态	主绕组	副绕组	主绕组	副绕组	冷态	热态	空载时间	冷态	热态	环境温度	实测温度
检测结果											

训练所用时间________　　　　参加者(签名)________

20____年____月____日

实训二　单向电容式电动机故障分析与排除

【目的】学会单向电容式电动机部分常见故障的分析方法和排除方法。

【工具、仪表与器材】螺丝刀、榔头、钳子、剪刀、电烙铁、烙铁架、万用表、兆欧表、转速表、调压器,失效的、击穿的、容量远大于和远小于额定值的电动机电容器,内径偏大和偏小的轴承,黄蜡管、黄蜡绸、导线、白纱带、润滑油适量,有条件的可准备绕组短路(含匝间、对地短路)或短路的单向电容式电动机。

【训练步骤与结果】

1.按表 6-21 拟设的故障项目,由辅导教师在电动机上预先设下表中所列故障,组织学生对故障电动机进行检测,并将检测结果记入表 6-21 中。从各种故障表现出的数据差异找出其中的规律。

2.将对故障机分析故障的思考程序、检修方法和修复后的有关参数另外用纸写出。

表 6-21 电容式电动机检修训练记录

观测项目 / 拟设故障	故障现象	电源电压/V	转速/(r/min)	转向	空载电流/mA	绕组直流电阻		电容容量		备注
						主绕组	副绕组	标称容量	万用表 1 K 挡所示漏电电阻/kΩ	
未设故障时	运转正常									
电容完全失效										
电容击穿										
电容容量过大										
电容与副绕组脱焊										
副绕组引线断										
主绕组引线断										
两绕组热端碰头										
端盖单边										
轴承内孔太大										

表 6－21(续)

拟设故障 \ 观测项目	故障现象	电源电压/V	转速(r/min)	转向	空载电流/mA	绕组直流电阻		电容容量		备注
						主绕组	副绕组	标称容量	万用表 1 K 挡所示漏电电阻/kΩ	
转轴垫圈减少										
润滑油干涸										
主绕组引出线两端对调										
副绕组引出线两端对调										
用调压器降低电源电压										
加大负荷										

训练所用时间________　　　　参加训练者(签字)________

20____年____月____日

第七章　常用低压电器的应用与检修

第一节　低压电器的基本知识

常用电气的分类

低压电器通常是指工作在交流电压小于 1 200 V,直流电压小于 1 500 V 的电路中起通、断、保护、控制或调节作用的电器设备。

低压电器的种类繁多,就其用途或控制的对象可概括为两大类:

(1)低压配电电器　这类电器包括刀开关、转换开关、熔断器和断路器,主要用于低压配电系统中,要求在系统发生故障的情况下动作准确、工作可靠;

(2)低压控制电器　包括接触器、控制继电器、启动器、控制器、主令电器和电磁铁等,主要用于电气传动系统中,要求寿命长、体积小、质量轻、工作可靠。

按低压电器的动作方式可分为:

(1)自动切换电器　依靠电器本身参数变化或外来信号(如电、磁、光、热等)而自动完成接通、分断或使电机启动、反向及停止等动作,如接触器、继电器等;

(2)非自动切换电器　依靠人力直接操作的电路,如按钮、刀开关等。

按电器的执行机构可分为有触点电器和无触点电器,其常用电气的分类如表 7-1 所示。

表 7-1　常用电器的分类

分类形式	名称	用　　途
按工作电压等级	高压电器	用于交流电压 1 200 V、直流电压 1 500 V 及以上电路
	低压电器	用于交流电压 1 200 V、直流电压 1 500 V 以下电路
按用途	低压配电电器	用于供配电系统中实现对电能的输送、分配和保护,主要有刀开关、组合开关、低压熔断器、接触器等
	低压控制电器	用于生产设备自动控制系统中进行控制、检测和保护,主要有熔断器、继电器等
按触电动力来源	手动电器	通过人力驱动使触点动作,如按钮、刀开关等
	自动电器	通过非人力驱动使触点动作,如继电器、接触器
按执行机构	有触点电器	有可分离的动触点和静触点,利用触点的接触和分离来实现电路的通断控制
	无触点电器	没有可分离的触点,主要利用半导体元器件的开关效应来实现电路的通断控制
按工作环境	一般用途电器	一般环境和工作条件下使用
	特殊用途电器	特殊环境和工作条件下使用

第二节　常用电气的识别与检修

一、低压开关

低压开关主要用作隔离、转换以及接通和分断电路用。有时也可用来控制小容量电动机的启动、停止和正反转。

低压开关一般为非自动切换电器，常用的有刀开关、转换开关和低压断路器等。

(一)刀开关

普通刀开关是一种结构最简单且应用最广泛的低压电器。刀开关的种类很多，常用的刀开关有以下几种。

(1)瓷底胶盖闸刀开关　瓷底胶盖刀开关又称开启式负荷开关。图 7－1 为 HK 系列刀开关的结构图。它由刀开关和熔断器组成，均装在瓷底板上。

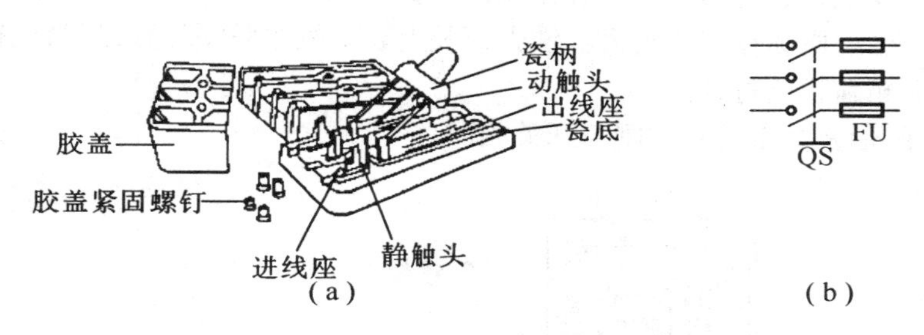

图 7－1　开启式负荷开关

(a)外形和结构；(b)电气符号

刀开关装在上部，由进线座和静夹座组成。熔断器装在下部，由出线座熔丝和动触刀组成。动触刀上端装有瓷质手柄便于操作，上下两部用两个胶盖以紧固螺钉固定，将开关零件罩住防止电弧或触及带电体伤人。这种开关不易分断有负载的电路，但由于结构简单价格便宜，在一般的照明电路和功率小于 5.5 kW 电动机的控制电路中仍可使用，其刀开关常见故障及处理方法如表 7－2 所示。

表 7－2　刀开关常见故障及处理方法

种类	故障现象	故障分析	处理措施
开启式负荷开关	合闸后开关一相或两相开路	静触头弹性消失，开口过大，造成动、静触头接触不良	整理或更换静触头
		熔丝熔断或虚连	更换熔丝或紧固
		动、静触头氧化或有尘污	清洗触头
		开关进线或出线线头接触不良	重新连接
	合闸后，熔丝熔断	外接负载短路	排除负载短路故障
		熔体规格偏小	按要求更换熔体
	触头烧坏	开关容量太小	更换开关
		拉、合闸动作过慢，造成电弧过大，烧毁触头	修整或更换触头，并改善操作方法

表 7－2(续)

种类	故障现象	故障分析	处理措施
封闭式负荷开关	操作手柄带电	外壳未接地或接地线松脱	检查后，加固接地导线
		电源进出线绝缘损坏碰壳	更换导线或恢复绝缘
	夹座(静触头)过热或烧坏	夹座表面烧毛	用细锉修整夹座
		闸刀与夹座压力不足	调整夹座压力
		负载过大	减轻负载或更换大容量开关

(2)铁壳开关　铁壳开关又称闭式负荷开关，它是在闸刀开关基础上改进设计的一种开关。图 7－2 为铁壳开关的结构及外形。在铁壳开关的手柄转轴与底座之间装有一个速断弹簧，用钩子扣在转轴上，当扳动手柄分闸或合闸时，开始阶段 U 形双刀片并不移动，只拉伸了弹簧，贮存了能量，当转轴转到一定角度时，弹簧力就使 U 形双刀片快速从夹座拉开或将刀片迅速嵌入夹座，电弧被很快熄灭。铁壳开关上装有机械联锁装置，当箱盖打开时不能合闸，闸刀合闸后箱盖不能打开。

铁壳开关的图形及文字符号与闸刀开关相同。

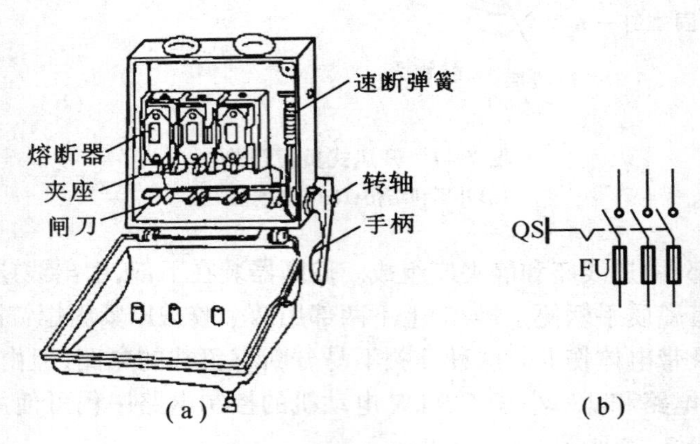

图 7－2　HH 系列铁壳开关

(a)外形和结构；(b)电气符号

常用的刀开关有 HK、HH、HD、HS、HR 等系列产品。

铁壳开关的型号含义如下

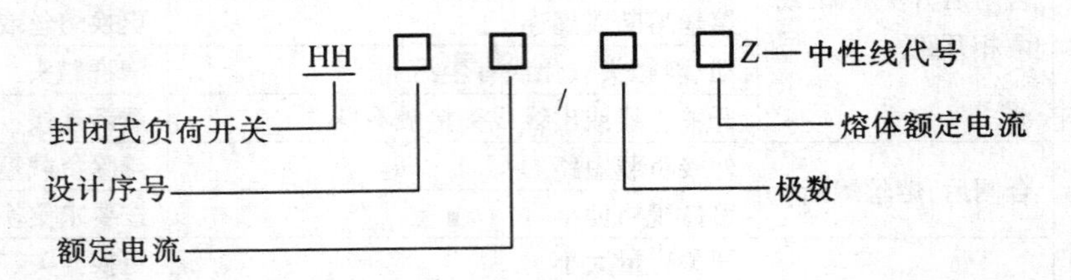

在选择、安装、使用铁壳开关时应注意：

①根据电路实际容量确定额定电压、电流参数；

②应垂直安装，高度在1.3～1.5 m，以安全、方便为原则；

③电源线接上部静触点，负载接熔丝下部的动触点，外壳需可靠接地或接零，开关进出线处应加绝缘套，以防意外漏电造成触电事故；

④更换熔丝需先切断开关，熔丝规格应保持不变。

(3)转换开关和组合开关　实质上也是一种特殊的开关。它的特点是用动触片的左右旋转来代替闸刀的推合和拉开，结构较为紧凑。转换开关的结构如图7－3所示。

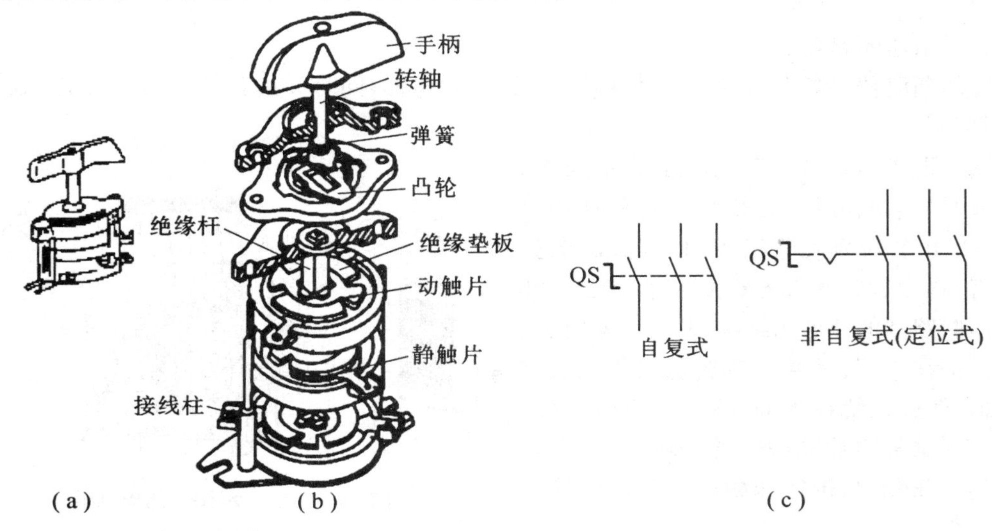

图7－3　HZ10－10/3型转换开关

(a)外形；(b)结构；(c)符号

三极组合开关共有六个静触头和三个动触片。静触头的一端固定在胶木边框内，另一端伸出盒外，以便和电源及用电器相连接。三个动触片装在绝缘垫板上，并套在方轴上，通过手柄可使方轴作90°正反向转动，从而使动触片与静触头保持闭合或分断。在开关的顶部还装有扭簧贮能机构，使开关能快速闭合或分断。

常用的转换开关为HZ系列和LW系列等产品，其转换开关常见故障及处理方法如表7－3所示。

表7－3　转换开关常见故障及处理方法

故障现象	故障分析	处理措施
手柄转动后，内部触点未动	手柄上的轴孔磨损变形	调换手柄
	绝缘杆变形(由方形磨为圆形)	更换绝缘杆
	手柄与方轴，或轴与绝缘杆配合松动	紧固松动部件
	操作机构损坏	修理更换
手柄转动后，动、静触头不能按要求动作	组合开关型号选用不正确	更换开关
	触头角度装配不正确	重新装配
	触头失去弹性或接触不良	更换触头或清除氧化层或尘污

表 7-3(续)

故障现象	故障分析	处理措施
接线柱间短路	因铁屑或油污附着在接线柱间,形成导电层,将胶木烧焦,绝缘损坏而形成短路	更换开关

(二)低压断路器

低压断路器是具有一种或多种保护功能的保护电器,同时又具有开关的功能,故又称自动空气开关。

低压断路器有 DZ 系列和 DW 系列等。DZ5 系列为小电流系列,其额定电流为 10~50 A;DZ10 系列为大电流系列,其额定电流等级有 100 A,250 A 和 600 A 三种。DZ5-20 型低压断路器的外形和结构如图 7-4 所示。操作机构在中间,其两边有热脱扣器和电磁脱扣器;触头系统在下面,除三对主触头外,还有常开及常闭辅助触头各一对,上述全部结构均装在壳内,按钮和触头的接线柱分别伸出壳外。

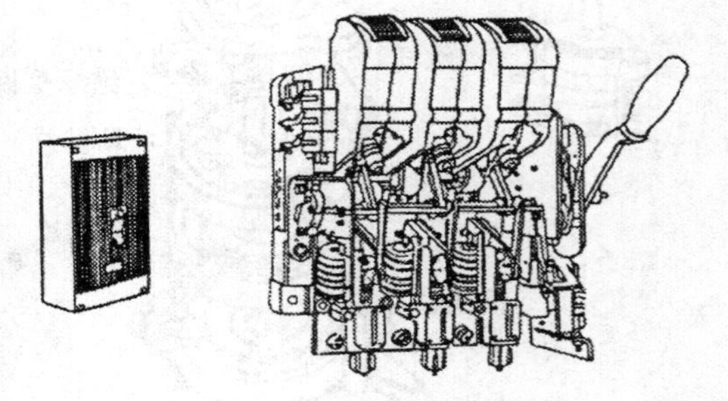

图 7-4 DZ5-20 型低压断路器

(a)外形;(b)结构

低压断路器的动作原理如图 7-5 所示。电磁脱扣器的线圈和热脱扣器的热元件均串连在被保护的三相电路中,欠压脱扣器线圈并联在电路中。按下闭合按钮,搭钩钩住锁链,触头闭合,接通电源。在正常工作时,电磁脱扣器的衔铁不吸合;当电路发生短路时,线圈通过非常大的电流,于是衔铁吸合,顶开搭钩,在弹簧的作用下触头分断,切断电源。当电动机发生过载时,双金属片受热弯曲,同样可顶开搭钩,切断电源。当电路电压消失或电压下降到某一数值时,欠压脱扣器的吸力消失或减小,在弹簧作用下,顶开搭钩,切断电源。

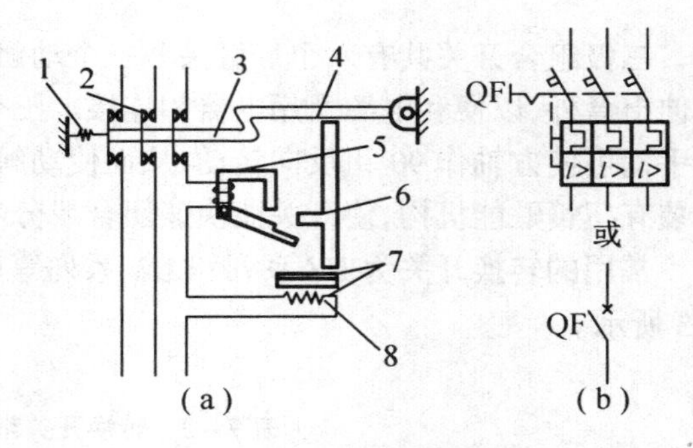

图 7-5 低压断路器

(a)原理图;(b)符号

1—主弹簧;2—主触头三副;3—锁链;4—搭钩;5—电磁脱扣器;6—杠杆;7—双金属片;8—热元件

低压断路器可按以下条件选用:

(1)低压断路器的额定电压和额定电流应不小于电路正常工作电压和电流;

(2)热脱扣器的整定电流应与所控制的电动机的额定电流或负载的额定电流一致;

(3)电磁脱扣器的瞬时脱扣整定电流应大于负载电路正常工作时的峰值电流。

二、主令电器

主令电器是在自动控制系统中发出指令或信号的操纵电器。

(一)按钮

按钮是一种结构简单应用非常广泛的主令电器,一般情况下它不直接控制主电路的通断,而在控制电路中发出手动“指令”去控制接触器、断电器等电路,再由它去控制主电路。按钮的触头允许通过的电流很小,一般不超过5 A。

按钮按用途和触头的结构不同可分为停止按钮、启动按钮及复合按钮,其结构和符号如图7-6所示。

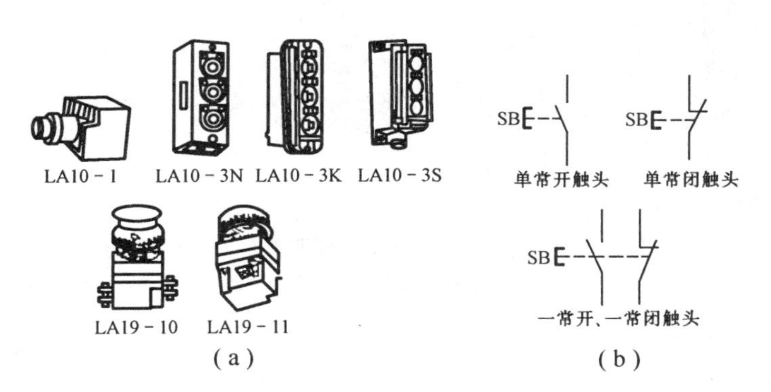

图7-6 部分常用按钮

(a)外形;(b)电气符号

复合按钮的工作原理是:按按钮时,桥式触头先和上面的常闭触头1~2分断,然后下面的常开触头3~4闭合,电路接通,手松后,靠弹簧自动复位。

目前使用较多的为LA和LAY等系列的按钮,按纽常见故障及处理方法如表7-4所示。

表7-4 按纽常见故障及处理方法

故障现象	故障分析	处理措施
触头接触不良	触头烧损	修正触头和更换产品
	触头表面有尘垢	清洁触头表面
	触头弹簧失效	重绕弹簧和更换产品
触头间短路	塑料受热变形,导线接线螺钉相碰短路	更换产品,并查明发热原因,如灯泡发热所致,可降低电压
	杂物和油污在触头间形成通路	清洁按钮内部

按纽使用注意事项:

(1)按钮排列时从上到下、从左到右,相邻间距以不会引起误操作为准,高度要易于操作。安装接线要正确、牢固,保证操作灵活、可靠;

(2)每对相反操作的按钮装在一起,以便于控制。如启动、停车;上、下;左、右等;

(3)紧急停止按钮或总停止按钮应安装在最醒目和最易操作的位置,并有警示标志;

(4)一般额定电压为AC 380 V,220 V,额定电流为5 A。

(二)位置开关

位置开关又称行程开关或限位开关。它的作用与按钮相同,但其触头的动作不是靠手按，而是利用生产机械中运动部件的碰撞来动作，接通或分断某些控制电路。其外形及符号如图7-7所示，图7-8为结构示意图。

位置开关的型号有LX系列和JLXK系列等。

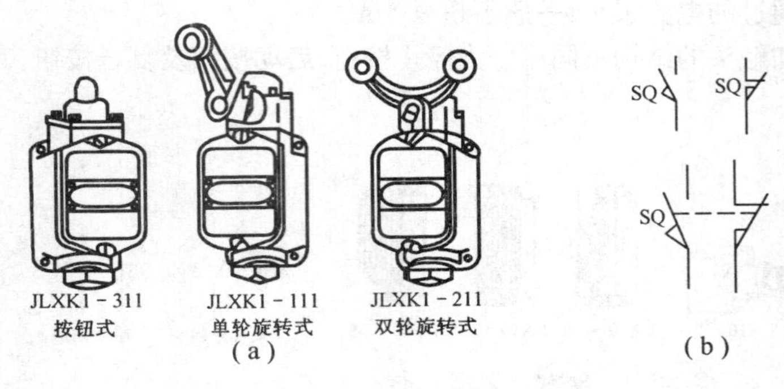

图7-7　常见位置开关

(a)外形；(b)电气符号

三、熔断器

熔断器在低压配电线路中主要起短路保护作用。熔断器主要由熔体和放置熔体的绝缘管或绝缘底座组成。使用时，熔断器串接在被保护的电路中，当通过熔体的电流达到或超过了某一额定值时，熔体自行熔断，切除故障电流，达到保护目的。

(1)瓷插式熔断器　瓷插式熔断器结构如图7-9(a)所示，这是一种最简单的熔断器，常见的为RC系列。

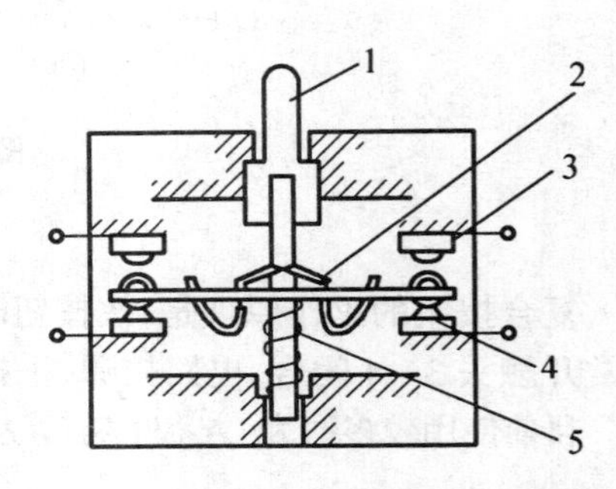

图7-8　JLK1-311位置开关结构示意图

1—顶杆；2—弹簧片；3—常开触头；4—常闭触头；5—弹簧

(2)螺旋式熔断器　螺旋式熔断器结构如图7-9(b)所示，由熔管及支持件(瓷制底座、带螺纹的瓷帽、瓷套)所组成。熔管内装有熔丝并装满石英砂，同时还有熔体熔断的指示信号装置，熔体熔断后，带色标的指示头弹出，便于发现更换。

常见的螺旋式熔断器有RL系列。

3.无填料管式熔断器　无填料封闭管式熔断器的外形与结构如图7-9(c)所示。主要由熔断管、熔体、夹头及夹座等部分组成。无填料管式熔断器为RM系列。

4.快速熔断器　快速熔断器是有填料封闭式熔断器，其外形与结构如图7-9(d)所示。它具有发热时间常数小，熔断时间短，动作迅速等特点。常用的有RLS，RSO等系列。RLS系列主要用于小容量硅元件及其成套装置的短路保护，RSO系列主要用于大容量晶闸管元件的短路和某些不允许过电流电路的保护。

电路中的熔断器，熔体的额定电流可根据以下几种情况选择：

①对电炉、照明等阻性负载电路的短路保护，熔体的额定电流应大于或等于负载额定电流；

②对一台电动机负载的短路保护，熔体的额定电流 I_{RN} 应是电动机额定电流 I_N 的1.5~2.5倍；

③对多台电动机的短路保护，熔体的额定电流应满足 $I_{RN}=(1.5\sim2.5)I_{NMAX}+\Sigma I_N$。

四、接触器

接触器是一种自动的电磁式开关，它通过电磁力作用下的吸合和反力弹簧作用下的释

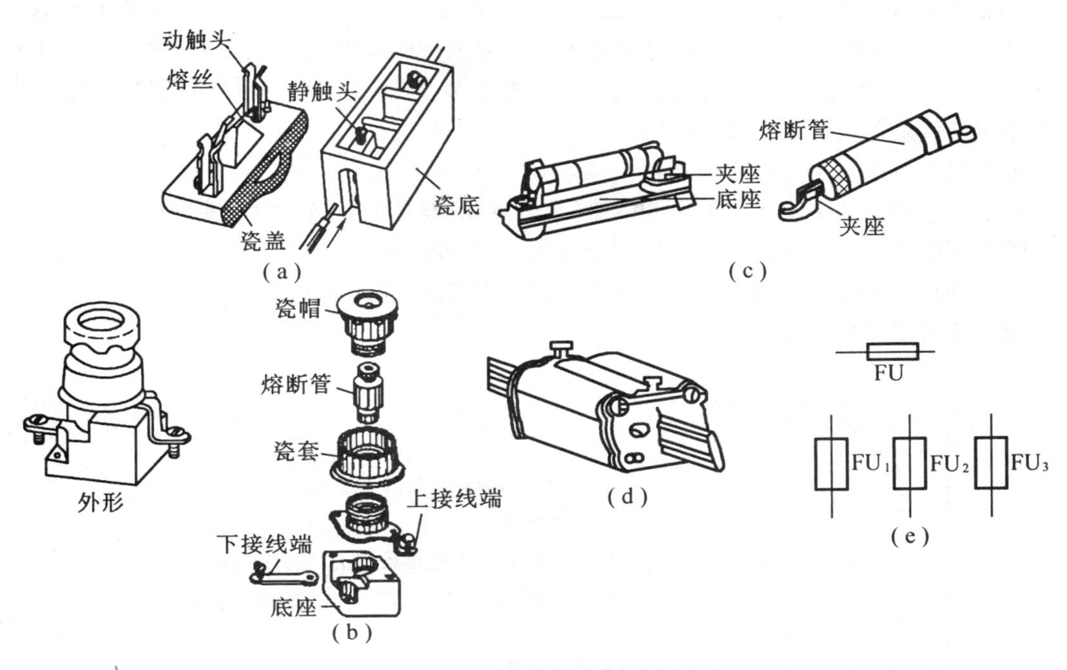

图 7-9 几种常见的熔断器和电气符号

(a)瓷插式熔断器;(b)螺旋式熔断器;(c)无填料封闭管式熔断器;(d)有填料封闭管式熔断器;(e)电气符号

放使触头闭合和分断,导致电路的接通和断开。

(1)交流接触器 图 7-10 所示为交流接触器的外形、结构及符号。接触器的主要结构由电磁系统、触头系统、灭弧室及其他部分组成。常用的交流接触器有 CJ 系列、CJZ 系列、B 系列等。交流电磁铁的铁芯端面上嵌有短路环,用以消除电磁系统的振动和噪声。交流接触器采用的灭弧为栅片灭弧装置。

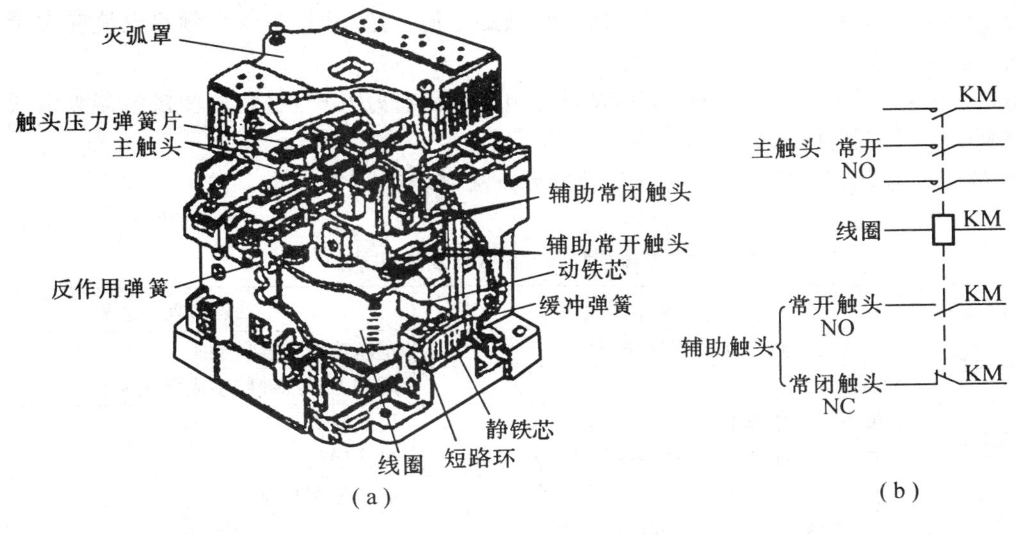

图 7-10 交流接触器

(a)外形和结构;(b)电气符号

交流接触器启动时，由于铁芯气隙大，磁阻大，所通过线圈的启动电流往往为工作电流的十几倍，所以衔铁如有卡阻现象将烧坏线圈。交流接触器的线圈电压为85%～105%额定电压时，能可靠地工作，当线圈电压低电磁吸力不够、铁吸不上时，线圈可能烧毁，同时也不能把交流接触器线圈接到直流电源上。

根据以下要求选用交流接触器：

①交流接触器的额定工作电压和电流(主触点)应满足主电路电源的要求；

②线圈电压应与控制电路电源类型(AC/DC)和等级一致；

③辅助触点的种类(动断/动合)和数量应满足控制电路的需求。

交流接触器型号含义如下

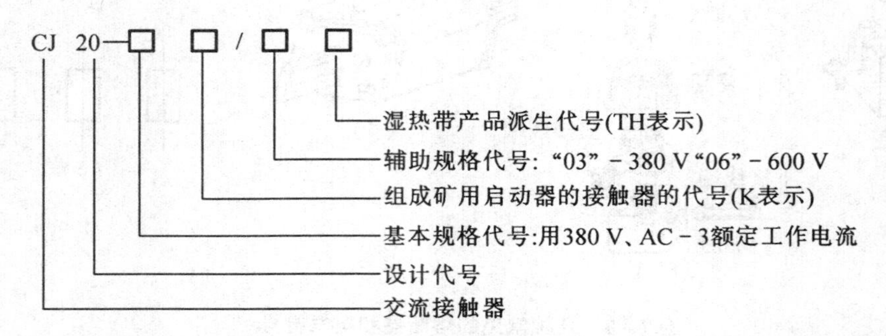

(2)直流接触器　直流接触器主要用于远距离接通或分断直流电路，其结构和原理基本与交流接触器相同，也是由电磁系统、触头系统及灭弧装置三部分组成。

直流接触器的电磁系统中，铁芯由整块铸钢或铸铁制成。由于铁芯中不会产生涡流，而线圈匝数多，阻值大，所以线圈本身易发热，因此线圈制成长而薄的圆筒形。

(3)接触器的选择

①接触器铭牌上的额定电压是指触头的额定电压。选用接触器时，主触头所控制的电压应小于或等于它的额定电压。

②接触器铭牌上的额定电流是指主触头的额定电流。选用时，主触头额定电流应大于电动机的额定电流。

③同一系列、同一容量的接触器，其线圈的额定电压有好几种规格，应使接触器吸引线圈额定电压等于控制回路的电压。

(4)故障检修　交流接触器常见故障及处理方法如表7－5所示。

表7－5　交流接触器常见故障及处理方法

故障现象	故障分析	处理措施
触头过热	通过动、静触头间的电流过大	重新选择大容量触头
	动、静触头间接触电阻过大	用刮刀或细锉修整或更换触头
触头磨损	触头间电弧或电火花造成电磨损	更换触头
	触头闭合撞击造成机械磨损	更换触头
触头熔焊	触头压力弹簧损坏使触头压力过小	更换弹簧和触头
	线路过载使触头通过的电流过大	选用较大容量的接触器

表 7－5(续)

故障现象	故障分析	处理措施
铁芯噪声大	衔铁与铁芯的接触面接触不良或衔铁歪斜	拆下清洗、修整端面
	短路环损坏	焊接短路环或更换
	触头压力过大或活动部分受到卡阻	调整弹簧、消除卡阻因素
衔铁吸不上	线圈引出线的连接处脱落,线圈断线或烧坏	检查线路及时更换线圈
	电源电压过低或活动部分卡阻	检查电源、消除卡阻因素
衔铁不释放	触头熔焊	更换触头
	机械部分卡阻	消除卡阻因素
	反作用弹簧损坏	更换弹簧

五、继电器

继电器是根据某种输入物理量的变化,来接通和分断控制电路的电器。

(1)热继电器　热继电器是利用电流的热效应而动作的保护电器。一般作为电动机的过载保护,其原理及符号如图 7－11 所示。由热元件、双金属片、动作机构、触头系统、整定调整装置和温度补偿元件组成。

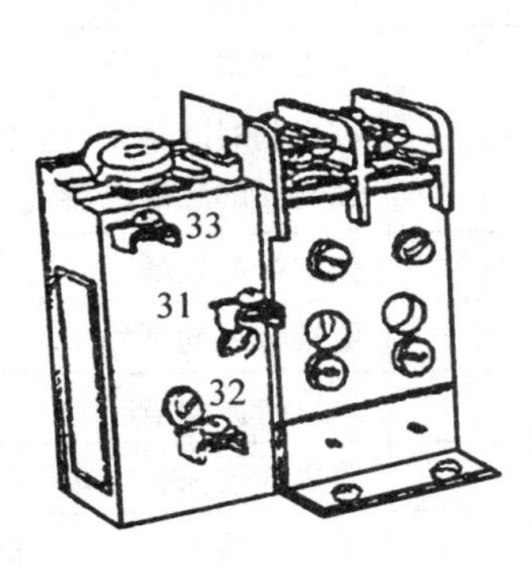

(a)

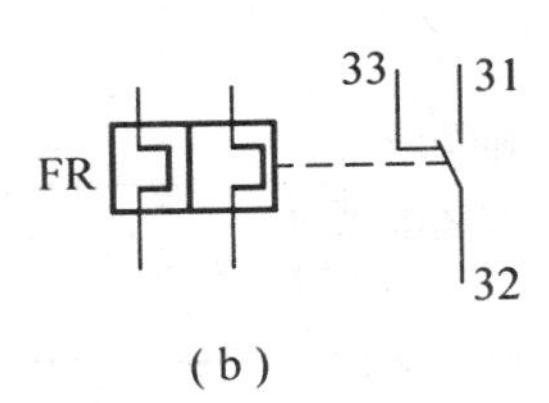

(b)

图 7－11　热继电器

(a)外形和结构;(b)电气符号

热继电器的动作原理是,热元件串联在主电路中,常闭触头串联在控制电路中,当电动机过载电流过大时，双金属片受热弯曲带动其动作机构动作，将触头断开，从而断开主电路，达到对电动机过载的保护。

热继电器热元件额定电流的选择一般可取(0.9～1.05)I_N，对工作环境恶劣，启动频繁的电动机可取(1.15～1.5)I_N。

表7－6 热继电器常见故障及处理方法

故障现象	故障分析	处理措施
热元件烧断	负载侧短路，电流过大	排除故障、更换热继电器
	操作频率过高	更换合适参数的热功热继电器
热继电器不动作	热继电器的额定电流值选用不合适	按保护容量合理选用
	整定值偏大	合理调整整定值
	动作触头接触不良	消除触头不良因素
	热元件烧断或脱焊	更换热继电器
	动作机构卡阻	消除卡阻因素
	导板脱出	重新放入并调试
热继电器动作不稳定，时快时慢	热继电器内部机构某些部件松动	将这些部件加以紧固
	在检查中弯折了双金属片	用两倍电流预试几次或将双金属片拆下来热处理以除去内应力
	通电电流波动太小，或接线螺钉松动	检查电源电压或拧紧接线螺钉
热继电器动作太快	整定值偏小	合理调整整定值
	电动机启动时间过长	按启动时间要求，选择具有合适可返回时间的热继电器
	连接导线太细	先用标准导线
	操作频率过高	更换合适的型号
	使用场合有强烈冲击和振动	采取防振动措施
	可逆转频繁	改用其他保护方式
	安装热继电器与电动机环境温差太大	按温差情况配置适当的热继电器
主电路不通	热元件烧断	更换热元件或热继电器
	接线螺钉松动或脱落	紧固接线螺钉
控制电路不通	触头烧坏或动触头片弹性消失	更换触头或弹簧
	可调整式旋钮在不合适的位置	调整旋钮或螺钉
	热继电器动作未复位	按动复位按钮

(2)中间继电器　中间继电器是将一个输入信号变成一个或多个输出信号的继电器，如图7－12所示。它的原理与接触器完全相同，所不同的是中间继电器的触头多、容量小(其额定电流一般为5 A)，并且无主辅触头之分。适用于控制电路中把信号同时传递给几个有关的控制元件。

(3)电流继电器　电流继电器是根据电流值大小动作的继电器。它串联在被测电路是,反映的是被测电路电流的变化。电流继电器的匝数少,导线粗。根据用途可分为过电流、欠电流继电器。

(4)电压继电器　电压继电器是根据电压大小动作的继电器。其线圈并联在被测电路中,反映电路中电压的变化。电压继电器根据用途不同可分为过电压和欠电压继电器。

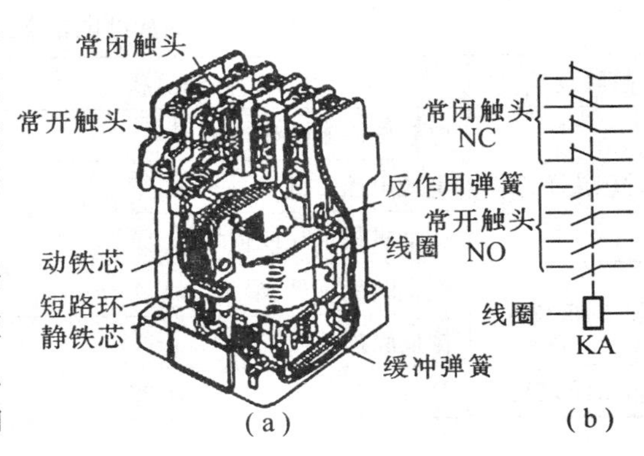

图 7－12　JZ7 型中间继电器
(a)结构;(b)电气符号

(5)时间继电器　时间继电器是在电路中起控制动作时间作用的继电器。它的种类很多,有电磁式、电动式、空气阻尼式、晶体管式等,常用的为空气阻尼式和晶体管式。

空气阻尼式时间继电器如图 7－13 所示。由电磁系统、工作触头、气室及传动机构等四部分组成。根据触头延时的特点,可分为通电延时与断电延时两种。根据电路需要改变时间继电器的电磁机构的安装方向,即可实现通电延时和断电延时的互换。因此,使用时不要仅仅观测时间继电器上的电气符号,要会用万用表判别。时间继电器常见故障及处理方法如表 7－7 所示。

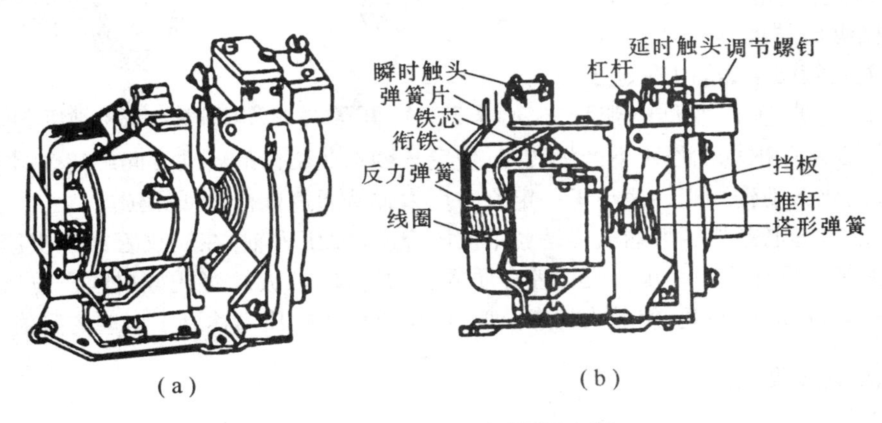

图 7－13　JS7－A 系列时间继电器
(a)外形;(b)结构

①通电延时型时间继电器的性能　当线圈通电时,通电延时各触头不立即动作而要延长一段时间才动作,断电时其触头瞬时复位。

②断电延时型时间继电器的性能　当线圈得电时,其延时触头立即动作,断电时其延时触头不立即动作而要延长一段时间才复位。

表7-7　时间继电器常见故障及处理方法

故障现象	故障分析	处理措施
延时触头不动作	电磁线圈断线	更换线圈
	电源电压过低	调高电源电压
	传动机构卡住或损坏	排除卡住故障或更换部件
延时时间缩短	气室装配不严，漏气	修理或更换气室
	橡皮膜损坏	更换橡皮膜
延时时间变长	气室内有灰尘，使气道阻塞	消除气室内灰尘，使气道畅通

(6)速度继电器　速度继电器是一种将速度信号转换成继电接点输出信号的电器，常用的速度继电器有JY1和JFZO型两种。

速度继电器由转子、定子及触点三部分组成，其结构、动作、原理及符号如图7-14所示。其动作原理是：当电动机旋转时，带动速度继电器的转子转动，在空间产生旋转磁场，这时在定子绕组上产生感应电势及电流。感应电流在永久磁场的作用下产生转矩，使定子随永久磁铁的转动方向旋转，并带动杠杆推动触头，使触头动作。当转速小于一定值时反力弹簧通过杠杆返回原位。

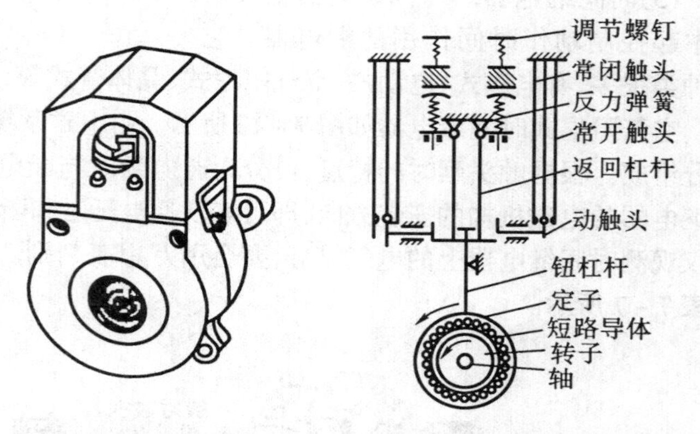

图7-14　JEZO型速度继电器的结构、动作原理图

(7)压力继电器　压力继电器是利用被控介质(如压力轴)在波纹管或橡皮膜上产生的压力与弹簧的反作用力平衡。当被控介质的压力升高时，波纹管或橡皮膜压迫反力弹簧而使顶杆移动，拨动微动关，使触头状态改变，以反映介质中压力达到了对应的数值。

六、电磁铁及电磁离合器

(一)电磁铁的特性

直流电磁铁吸力的特点是电磁吸力与气隙大小的平方成正比，气隙越大，电磁吸力越小。

交流电磁铁吸力的特点是当外施电压一定时，铁芯中磁通的幅值基本上是一个恒值，这样电磁吸力 F_X 将不变。但是在电压一定时，励磁电流不仅决定线圈的电阻，更主要是决定线圈电抗，而且与工作气隙值的大小有关。

(二)牵引电磁铁

牵引电磁铁主要用于自动控制设备中，牵引或推斥其他机械装置，以达到自控或摇控的目的。

其原理为，线圈通电后衔铁吸合，经过推杆(或拉杆)来驱动被操作机构。

(三)阀用电磁铁

阀用电磁铁主要用于金属切削机床中，远距离操作各种液压气动阀，以实现自动控制。

阀用电磁铁的动作原理：在不通电时，衔铁被阀体推杆推动到额定行程，而线圈通电时电磁力使阀杆移动，控制阀门的开闭，其结构如图 7－15 所示。

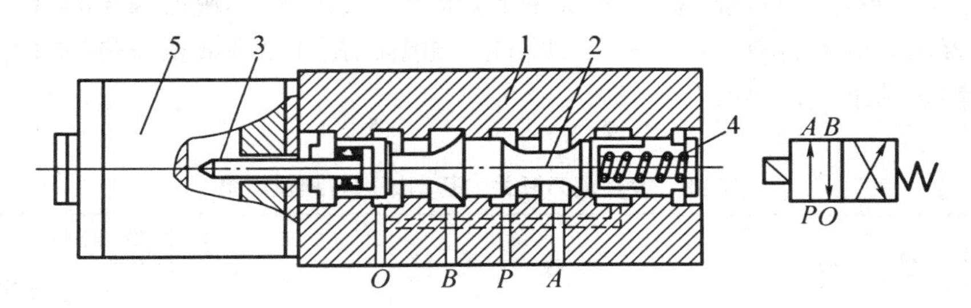

图 7－15　阀用电磁铁

1—阀体；2—阀心；3—推杆；4—弹簧；5—电磁铁

（四）制动电磁铁

制动电磁铁是操纵制动器作机械制动用的电磁铁，通常与闸瓦制动器配合使用，在电气传动装置中作电动机的机械制动，以达到准确和迅速停车的目的。现以短行程电磁铁为例说明其工作情况。

工作原理：线圈通电后，衔铁绕轴旋转而吸合，衔铁克服弹簧拉力，迫使制动杆向左右移动，使闸瓦与闸轮脱离松开。当线圈断电后，衔铁释放，在弹簧的拉力作用下，使制动杆同时向里移动，带动闸瓦与闸轮紧紧抱住，完成刹车制动。

（五）电磁离合器

电磁离合器的工作原理：线圈带电时，动静铁芯立即吸合，与动铁芯固定在一起的静摩擦片与动摩擦片分开，于是动摩擦片边同绳轮在电动机的带动下正常启动运转。当线圈断电时，制动弹簧立即使动静摩擦片之间产生足够大的摩擦力，使电动机断电后即制动。

七、电阻器及频敏变阻器

（一）电阻器

电阻器是具有一定电阻值的电器元件，电流通过它时，在它上面将产生电压降。利用电阻器这一特性，可以控制电动机的启动、制动及调速。电阻器也可以作为保护电器使用，有泄放、限流等用途。电阻器是利用不同的电阻材料，采用冲压浇铸和绕制等方法制成各种形状的电阻元件，然后组装而成。也有直接制成成品的，如管形电阻，其技术数据可查《电工手册》。

敞开式电阻器应安装在室内，并加以遮挡，防止工作人员不慎触及电阻器的带电部分。

（二）频敏变电阻器

频敏变电阻器的特点是其阻值随频率的变化而变化。频敏变阻器的用途与电阻器的用途相同，用于控制异步电动机的启动、制动等。

实训一　常用开关类电器拆装

【目的】熟悉常用开关类电器的基本结构，并能拆卸、组装和进行简单检测。

【工具、仪表与器材】尖嘴钳、螺丝刀、活络扳手，万用表、兆欧表，胶盖闸刀、铁壳开关，转换开关、自动开关。

【训练步骤与工艺要点】

1.拆开胶盖闸刀开关的胶盖，将其软件部主要零部件名称、作用记入表7－8中，然后闭合开关，用万用表电阻挡测量各对触头之间的接触电阻，用兆欧表测量每两相触头之间的绝缘电阻，将测量结果一并记入表7－8中。

表7－8　胶盖闸刀开关的基本结构与测量结果

<table>
<tr><td colspan="2" rowspan="2">型　号</td><td rowspan="2">极　数</td><td colspan="2">主要零部件</td></tr>
<tr><td>名称</td><td>作用</td></tr>
<tr><td colspan="3">触头接触电阻/Ω</td><td rowspan="6"></td><td rowspan="6"></td></tr>
<tr><td>L_1 相</td><td>L_2 相</td><td>L_3 相</td></tr>
<tr><td></td><td></td><td></td></tr>
<tr><td colspan="3">相间绝缘电阻/MΩ</td></tr>
<tr><td>L_1-L_2</td><td>L_1-L_3</td><td>L_2-L_3</td></tr>
<tr><td></td><td></td><td></td></tr>
</table>

2.打开铁壳开关盖，将其内部主要零部件名称、作用记入表5－7中，然后闭合开关，用万用表电阻挡测量触头之间的接触电阻，用兆欧表测量每两相触头之间的绝缘电阻，将测量结果一并记入表7－9中。

表7－9　铁壳开关的基本结构与测量结果

<table>
<tr><td colspan="2" rowspan="2">型　号</td><td rowspan="2">极　数</td><td colspan="2">主要零部件</td></tr>
<tr><td>名称</td><td>作用</td></tr>
<tr><td colspan="3">触头间的接触电阻/Ω</td><td rowspan="9"></td><td rowspan="9"></td></tr>
<tr><td>L_1 相</td><td>L_2 相</td><td>L_3 相</td></tr>
<tr><td></td><td></td><td></td></tr>
<tr><td colspan="3">相间绝缘电阻/MΩ</td></tr>
<tr><td>L_1-L_2</td><td>L_1-L_3</td><td>L_2-L_3</td></tr>
<tr><td></td><td></td><td></td></tr>
<tr><td colspan="3">熔断器</td></tr>
<tr><td colspan="2">型　号</td><td>规　格</td></tr>
<tr><td colspan="2"></td><td></td></tr>
</table>

3.拆卸和组装一只转换开关，并将拆卸步骤，主要零部件名称、作用，各相触头间的接触电阻、绝缘电阻记入表7－10中。

表 7-10 转换开关拆卸、装配和测量记录

<table>
<tr><td colspan="3" rowspan="2">型 号</td><td rowspan="2">极 数</td><td rowspan="2">拆卸步骤</td><td colspan="2">主要零部件</td></tr>
<tr><td>名称</td><td>作用</td></tr>
<tr><td colspan="4">触头接触电阻/Ω</td><td rowspan="8"></td><td rowspan="8"></td><td rowspan="8"></td></tr>
<tr><td>L_1 相</td><td colspan="2">L_2 相</td><td>L_3 相</td></tr>
<tr><td></td><td colspan="2"></td><td></td></tr>
<tr><td colspan="4">相间绝缘电阻/MΩ</td></tr>
<tr><td>L_1-L_2</td><td colspan="2">L_1-L_3</td><td>L_2-L_3</td></tr>
<tr><td></td><td colspan="2"></td><td></td></tr>
</table>

4. 拆开一台装置式自动开关外壳，将其主要零部件名称、作用和有关参数(未标明参数的不记)记入表 7-11 中。

表 7-11 装置式自动开关零部件记录

名称	作用	有关数据	
		名称	数据

训练所用时间________ 参加训练者(签字)________

20____年____月____日

实训二 交流接触器的拆卸与组装

【目的】熟悉交流接触器的拆装工艺、基本构造与动作原理。

【工具、仪表与器材】尖嘴钳、螺丝刀、镊子、交流接触器、万用表。

【训练步骤与工艺要点】拆卸一台交流接触器，将拆卸步骤，主要零部件名称、作用，各对触头动作前后的电阻值及各类触头数量、线圈数据记入表 7-12 中。

表 7-12　交流接触器的拆卸与检测记录

<table>
<tr><td colspan="2" rowspan="2">型　号</td><td colspan="2" rowspan="2">容量/A</td><td rowspan="2">拆卸步骤</td><td colspan="2">主要零部件</td></tr>
<tr><td>名称</td><td>作用</td></tr>
<tr><td colspan="4">触头副数</td><td rowspan="10"></td><td rowspan="10"></td><td rowspan="10"></td></tr>
<tr><td>主</td><td>辅</td><td>常开</td><td>常闭</td></tr>
<tr><td></td><td></td><td></td><td></td></tr>
<tr><td colspan="4">触头电阻</td></tr>
<tr><td colspan="2">常　开</td><td colspan="2">常　闭</td></tr>
<tr><td>动作前
/MΩ</td><td>动作后
/MΩ</td><td>动作前
/MΩ</td><td>动作后
/MΩ</td></tr>
<tr><td></td><td></td><td></td><td></td></tr>
<tr><td colspan="4">电磁线圈</td></tr>
<tr><td>线径</td><td>匝数</td><td>工作电压
/V</td><td>直流电阻
/Ω</td></tr>
<tr><td></td><td></td><td></td><td></td></tr>
</table>

训练所用时间________　　　　参加训练者(签字)________

20____年____月____日

实训三　热继电器与时间继电器的拆卸

【目的】学会拆卸热继电器和时间继电器,并了解各自的主要结构。

【工具、仪表与器材】万用表、尖嘴钳、螺丝刀、扳手、镊子、热继电器、时间继电器。

【训练步骤与工艺要求】

1.打开热继电器外盖,观察热继电器内部结构,检测各热元件电阻值,将各零部件名称、作用及有关电阻值记入表 7-13 中。

表 7-13　热继电器基本结构及热元件电阻检测记录

<table>
<tr><td colspan="2" rowspan="2">型　号</td><td rowspan="2">类　型</td><td colspan="2">主要零部件</td></tr>
<tr><td>名称</td><td>作用</td></tr>
<tr><td colspan="3">热元件电阻值/Ω</td><td rowspan="5"></td><td rowspan="5"></td></tr>
<tr><td>L_1 相</td><td>L_2 相</td><td>L_3 相</td></tr>
<tr><td></td><td></td><td></td></tr>
<tr><td colspan="3">整定电流调整值/A</td></tr>
<tr><td colspan="3"></td></tr>
</table>

2.观察空气阻尼式时间继电器结构,将主要零部件名称、作用、触头数量及种类记入表 7-14 中。

3.将通电延时时间继电器改变为断电延时时间继电器,记录过程并检测各触头的变化情况。

表7－14　空气阻尼式时间继电器结构

型　　号	线圈电阻/Ω	主要零部件	
		名称	作用
常开触头数(副)	常闭触头数(副)		
常开触头数(副)	常闭触头数(副)		
延时分断触头数(副)	瞬时闭合触头数(副)		

训练所用时间________　　　　参加训练者(签字)________

20____年____月____日

第八章 三相异步电动机基本控制线路的安装与维修

第一节 电动机基本控制线路的安装步骤

电动机控制电路是用导线将电动机、电器、仪表等电气元件连接起来,并实现某种要求的电气控制电路。根据不同的生产机械运动,对电动机运转提出要求,包括启动、正反转、制动、调速及联锁等。为了实现这些要求,需用各种电器组成一个电气控制系统。

目前广泛采用的接触器、继电器控制系统具有结构简单、价格低廉、维修方便等优点,其安装方法和步骤如下。

一、绘制和精读电气原理图

电动机的控制电路是由一些电气元件按一定的控制关系连接而成的,这种控制关系都反映在电气原理图上。为了顺利地安装接线、检查调试和排除线路故障,必须认真阅读原理图。要看懂线路中各电器元件之间的控制关系及连接顺序,分析线路控制动作,以便确定检查线路的步骤与方法。明确电器元件的数目、种类和规格,对于比较复杂的线路,还应看懂是由哪些基本环节组成的,分析这些环节之间的逻辑关系。

(一)电气原理图

电气原理图又称电路图,是根据生产机械运动形式对电气控制系统的要求,采用国家统一规定的电气图形符号和文字符号,按照电气设备和电器的工作顺序,详细表示电路、设备或成套装置的全部基本组成和连接关系,而不考虑其实际位置的一种简图。电气原理图能充分表达电气设备和电器的用途、作用和工作原理,是电气线路安装、调试和维修的理论依据。

绘制和精读电气原理图时应遵循以下原则。

(1)电气原理图一般分电源电路、主电路和辅助电路三部分来绘制。

①电源电路画成水平线,三相交流电源相序 L_1,L_2,L_3 自上而下依次画出,中线 N 和保护地线 PE 依次画在相线之下。直流电源的"十"端画在上边,"一"端画在下边,电源开关要水平画出。

②主电路是从电源向用电设备供电的路径,由主熔断器、接触器的主触点、热继电器的热元件以及电动机等组成。主电路通过的电流较大,一般要画在电气原理图的左侧并垂直电源电路,用粗实线来表示。

③辅助电路一般包括控制电路、信号电路 、照明电路及保护电路等。辅助电路由继电器和接触器的线圈、继电器的触点、接触器的辅助触点、主令电器的触点、信号灯和照明等电气元件组成。辅助电路通过的电流都较小,一般不超过 5 A。画辅助电路图时,辅助电路要跨接在两根电源线之间,一般按照控制电路、信号电路和照明电路的顺序依次垂直画在主电路图的右侧,且电路中与下边电源线相连的耗能元件(如接触器和继电器的线圈、信号灯、照

明灯等)要画在电路图的下方,而电器的触点要画在耗能元件与上边电源线之间。为读图方便,一般应按照自左至右、自上而下的排列来表示操作顺序。

(2)原理图中各电气元件不画实际的外形图,而是采用国家统一规定的电气图形符号和文字符号来表示。

(3)原理图中所有电器的触点位置都按电路未通电或电器未受外力作用时常态位置画出。分析原理时,应从触点的常态位置出发。

(4)原理图中各个电气元件及其部件(如接触器的触点和线圈)在图上的位置是根据便于阅读的原则安排的,同一电气元件的各个部件可以不画在一起,即采用分开表示法,但它们的动作却是相互关联的,因此,必须标注相同的文字符号。若图中相同的电器较多时,需要在电器文字符号后面加注不同的数字以示区别,如 SB_1,SB_2 或 KM_1,KM_2,KM_3 等。

(5)画原理图时,电路用平行线绘制,尽量减少线条和避免线条交叉,并尽可能按照动作顺序排列,便于阅读。对交叉而不连接的导线在交叉处不加黑圆点;"十"形连接点处(有直接电联系的交叉导线连接点),必须用小黑圆点表示;对"T"形连接点处则不加。

(6)为安装检修方便,在电气原理图中各元件的连接导线往往予以编号,即对电路中的各个接点用字母或数字编号。

①主电路的电气连接点一般用一个字母和一个一位或二位的数字标号,如在电源开关的出线端按相序依次编号为 L_{11},L_{12},L_{13}。然后按从上至下 、从左至右的顺序,标号的方法是经过一个元件就变一个号,如 L_{21},L_{22},L_{23},L_{31},L_{32},L_{33}…单合三相交流电动机(或设备)的三根引出线按相序依次编号为 U,V,W。对于多台电动机引出线编号,为了不致引起误解和混淆,可在字母前用不同的数字加以区别,如 1U,1V,1W,2U,2V,2W…

②辅助电路编号按"等电位"原则以从 L 至下、从左至右的顺序用数字依次编号,每经过一个电气元件,编号要依次递增,控制电路编号的起始数字必须是 1,其他辅助电路编号的起始数字依次递增,如照明电路编号从 101 开始,信号电路编号从 201 开始等。

(二)安装接线图

安装接线图是根据电气设备和电气元件的实际位置和安装情况绘制的,只用来表示电气设备和电气元件的位置、配线方式和接线方式,而不明显表示电气动作原理,为了具体安装接线、检查线路和排除故障,必须根据原理图查阅安装接线图。安装接线图中各电气元件的图形符号及文字符号必须与原理图核对。

绘制和精读安装接线图应遵循以下原则:

(1)接线图中一般显示出电气设备和电气元件的相对位置、文字符号、端子号、导线号、导线类型、导线截面积、屏蔽和导线绞合等;

(2)在接线图中,所有的电气设备和电气元件都按其所在的实际位置绘制在图纸上,元件所占图面按实际尺寸以统一比例绘出;

(3)同一电器的各元件根据其实际结构,使用与原理图相同的图形符号画在一起,并用点画在线框上,即采用集中表示法;

(4)接线图中各电气元件的图形符号和文字符号必须与原理图一致,并符合国家标准,以便对照检查接线;

(5)各电气元件上凡是需要接线的部件端子都应绘出并予以编号,各接线端子的编号必须与原理图上的导线编号相一致;

(6)接线图中的导线有单根导线、导线组(或线扎)、电缆之分,可用连续线和中断线来表示;凡导线走向相同的可以合并,用线束来表示,到达接线端子板或电器元件的连接点时再分别画出;在用线束来表示导线组、电缆等时可用加粗的线条表示,在不引起误解的情况下也可采用部分加粗;另外,导线及管子的型号、根数和规格应标注清楚;

(7)安装配电板内外电气元件之间的连线,应通过端子进行连接,如电动机、按纽盒、电源等。

(三)位置图

位置图是根据电气元件在控制板上的实际安装位置,采用简化的外形符号(如正方形、矩形、圆形等)而绘制的一种简图。它不表达各电器的具体结构、作用、接线情况以及工作原理,主要用于电气元件的布置和安装。图中各电器的文字符号必须与原理图和接线图的标注相一致。

在实际中,原理图、接线图和位置图要结合起来使用。

二、电气元器件的检查

安装接线前应对所使用的电气元件逐个进行检查,以保证电气元件质量。对电气元件的检查主要有以下几方面:

(1)根据电气元件明细表,检查各电气元件是否有短缺,核对它们的规格是否符合设计要求;

(2)电气元件外观是否整洁,外壳有无破裂,零部件是否齐全,各接线端子及紧固件有无缺损、锈蚀等现象;

(3)电气元件的触点是否光滑,接触面是否良好,有无熔焊粘连变形、严重氧化锈蚀等现象;触点闭合分断动作是否灵活;触点开距、超程是否符合标准;接触压力弹簧是否正常;核对各电气元件的电压等级、电流容量、触点数目等;

(4)电器的电磁机构和传动部件的运动是否灵活,衔铁有无卡住、吸合位置是否正常等,使用前应清除铁芯端面的防锈油;

(5)用兆欧表检查电气元件的绝缘电阻是否符合要求,用万用表检查所有电磁线圈的通断情况;

(6)检查有延时作用的电气元件功能,如时间继电器的延时动作、延时范围及整定机构的作用,检查热继电器的热元件和触点的动作情况。

三、电气元器件的安装

按照接线图规定的位置将电气元件安装在配电板上,元器件之间的距离要适当,既要节省板面,又要方便走线和维修。安装时应按以下步骤进行。

(1)定位　根据电器产品说明书上的安装尺寸(或将电气元件摆放在确定好的位置),用划针在安装孔中心做好记号,元器件应排列整齐,以保证在连接导线时做得横平竖直,整齐美观,同时尽可能减少弯折和交叉。若采用导轨安装电气元件,只需确定其导轨固定孔的中心点。对线槽配线,还要确定线槽安装孔的位置。

(2)打孔　确定电气元件等的安装位置后,在钻床上(或用手电钻)做好记号处打孔。打孔时,应选择合适的钻头(钻头直径略大于固定螺栓的直径),并用钻头先对准中心样冲眼,进行试打,试打出来的浅坑应保持在中心位置,否则应予校正。

(3)固定　用固定螺栓把电气元件按确定的位置逐个固定在底板上。紧固螺栓时,应在螺栓上加装平垫圈和弹簧垫圈,不要用力过大,以免将电气元件的塑料底座压裂而损坏。对导轨式安装的电气元件,只需按要求把电气元件插入导轨即可。

四、电动机控制电路的安装要求

(1)在控制板上按布置图安装电气元件和走线槽,并贴上醒目的文字符号,安装电气元器件和走线槽时应做到横平竖直、固定牢固、排列整齐和便于走线等。

(2)选择导线,应根据电动机的额定功率、控制电路的电流容量、控制回路子回路数以及配线方式选配连接导线。

①导线的类型　硬线只能固定安装于不动部件之间,且导线的截面积应小于 0.5 mm^2。若在有可能出现振动的场合或导线的截面积大于等于 0.5 mm^2时,必须采用软线。考虑到机械强度的原因,所用导线的最小截面积,在控制板外为 1 mm^2,在控制板内为 0.75 mm^2。但对控制板内很小电流的电路连线且无振动的场合,可采用 0.2 mm^2 的硬线。

②导线的绝缘　导线必须绝缘良好,并应具有抗化学腐蚀能力。在特殊条件下工作的导线,必须同时满足使用条件的要求。

③导线的截面积　在必须能承受正常条件下流过的最大稳定电流的同时,还应考虑到线路允许的电压降、导线的机械强度以及与熔断器相配合。

④导线的颜色　对复杂的电气电路,其主电路和控制回路应选择不同颜色的导线,对控制回路子回路数较多的场合,最好每一个控制子回路选配一种颜色的导线,以便安装、识别、检查及维修。

(3)按电气接线图确定的走线方向进行布线,可先布主回路线,也可先布控制回路线。

(4)板前线槽配线的具体工艺要求如下:

①在线时,严禁损伤线芯和导线绝缘;

②控制板上各电气元件接线端子引出导线的走向,以元件的水平中心线为界限,在水平中心线以上接线端子引出的导线必须进入元件上面的走线槽;在水平中心线以下,接线端子引出的导线必须进入元件下面的走线槽;任何导线都不允许从水平方向进入走线槽内;

③各电气元件接线端子上引出或引入的导线,除间距很小和元件机械强度很差允许直接架空敷设外,其他导线必须经过走线槽进行连接;

④各电气元件与走线槽之间的外露导线,应走线合理,尽可能做到横平竖直,变换走向要垂直,同时,同一个元件上位置一致的端子和同型号电器元件中位置一致的端子上引出或引入的导线,应敷设在同一平面上,并应做到高低一致或前后一致,不得交叉;

⑤进入走线槽内的导线要完全置于走线槽内,并应尽可能避免交叉,装线时不要超过走线槽容量的 70%,以便盖上线槽盖,也方便以后的装配和维修;

⑥所有接线端子、导线线头上都应套有与原理图上相应接点一致线号的编码套管,并按线号进行连接,连接必须牢靠,不得松动;

⑦接线端子必须与导线截面积和材料性质相适应,当接线端子不适合连接软线或较小截面积的软线时,可以在导线端头穿上针形或叉形轧头并压紧;

⑧ 一般一个接线端子只能连接一根导线,如果采用专门设计的端子,可以连接两根或多根导线,但导线的连接方式必须是公认的,使用在工艺上成熟的方式,如夹紧、反接、焊接、绕接等,并应严格按照连接工艺工序要求进行;

⑨主回路和控制回路线号套管必须齐全，每一根导线的两端都必须套上编码套管，在遇到6和9或16和91这类倒顺都能读数的号码时，必须做记号加以区别，以免造成线号混淆。

五、按接线图接线

接线时必须按接线图规定的走线方位进行。通常从电源端起按接线号顺序做，先做主电路，后做控制电路。接线前应做好准备工作，按主电路和控制电路的电流容量选择导线的截面积及导线两端的穿线号管。使用多股导线时应准备好烫锡工具或压线钳，接线时按以下步骤进行。

(1)选择合适的导线截面，按接线图规定的方位，在固定好的电气元件之间测量所需要的长度，截取长短适当的导线，剥去导线两端绝缘皮，其长度应满足连接需要。为保证导线与端子接触良好，压接时将芯线表面的氧化物去掉，使用多股导线时应将线头绞紧烫锡。

(2)走线时应尽量避免导线交叉，先将导线校直，把同一走向的导线汇成一束，依次弯向所需要的方向。走线应横平竖直，拐直角弯。做线时要用手将拐角做成90°的慢弯，导线弯曲半径为导线直径的3～4倍，不要用钳子将导线做成死弯，以免损伤导线绝缘层及芯线。做好的导线应绑扎成束用非金属线卡卡好。

(3)将成形好的导线套上写好的线号管，根据接线端子的情况，将芯线弯成圆环或直接压进接线端子。

(4)接线端子应紧固好，必要时装设弹簧垫圈，防止电器动作时因受振动而松脱。

(5)同一接线端子内压接两根以上导线时，可套一只线号管，导线截面不同时，应将截面大的放在下层，截面小的放在上层，所有线号要用不易褪色的墨水，用印刷体书写清楚。

六、检查线路

安装完毕的控制电路板，必须经过认真检查后，才能通电试车，以防止接线错误或漏接线引起线路动作不正常，甚至造成短路事故，应按以下步骤进行检查。

(1)核对接线。按电气原理图或电气接线图从电源端开始，逐段核对接线及接线端子处线号，重点检查主回路有无漏接、错接及控制回路中容易接错的线号，还应核对同一导线两端线号是否一致。

(2)检查端子上所有接线压接是否牢固，接触是否良好，不允许有松动、脱落现象，以免通电试车时因导线虚接造成故障。

(3)用万用表检查。在控制电路不通电时用手动来模拟电器的操作动作，用万用表测量线路的通断情况。应根据控制电路的动作来确定检查步骤和内容，根据原理图和接线图选择测量点，先断开控制电路检查主电路，再断开主电路检查控制电路，主要检查以下内容：

①主电路不带负荷(即电动机)时相间绝缘情况，接触主触点接触的可靠性，正反转控制电路的电源换相线路和热继电器、热元件是否良好，动作是否正常等；

②控制电路的各个环节及自锁、联锁装置的动作情况及可靠性，设备的运动部件、联动元器件动作的正确性及可靠性，保护电器动作准确性等。

(4)用500 V兆欧表检查线路的绝缘电阻，绝缘电阻不应小于1 MΩ。

七、通电试车

为保证人身安全，通电试车时必须有专人监护，试车前应做好准备工作，一般要清点工具及材料，装好接触器的灭弧罩，检查熔断器的熔体是否符合要求，拉合各开关，使按钮、行程开关处于未通电状态，检查三相电源电压是否正常，然后按以下顺序通电试车。

(1)空操作试验。装好控制电路中的熔断器，熔体不接主电路负载，试验控制电路的动作是否可靠，接触器动作是否正常，检查接触器自锁、联锁控制是否可靠，用绝缘棒操作行程开关，检查其行程及限位控制是否可靠，观察各电器动作灵活性，注意有无卡住现象。细听各电器动作时有无过大的噪声，检查线圈有无过热及异常气味。

(2)带负载试车。控制电路经过数次空操作试验动作无误后，即可断开电源，接通主电路带负载试车。电动机启动前应先做好停车准备，启动后要注意电动机运行是否正常。若发现电动机启动困难，发出噪声，电动机过热，电流表指示不正常，应立即停车断开电源进行检查。

(3)有些线路的控制动作需要调试，如定时运转线路的运行和间隔时间，Y－△启动控制电路的转换时间，反接制动控制电路的终止速度等。试车正常后，电动机才能投入运行。

第二节　电动机基本控制线路的维修测量方法

常用电动机基本控制电路故障的检修测量方法有电压法、电阻法。在运用中每种方法又是互相渗透的，可在实际工作中灵活掌握，切不可生搬硬套。

(一)电压法

利用仪表测量线路上某点的电压值来判断电动机控制电路故障点范围或元器件故障的方法叫电压法或电压测量法。用电压法检测电路故障简单、明了、直观，但应注意线路中的交流电压和直流电压的测量。并应根据该线路上的电压值，选择好万用表的电压量程，切不可用万用表的电流挡或电阻挡在线路上带电进行测量，以免烧坏万用表。例如按图 8－1 所示方法进行测量。

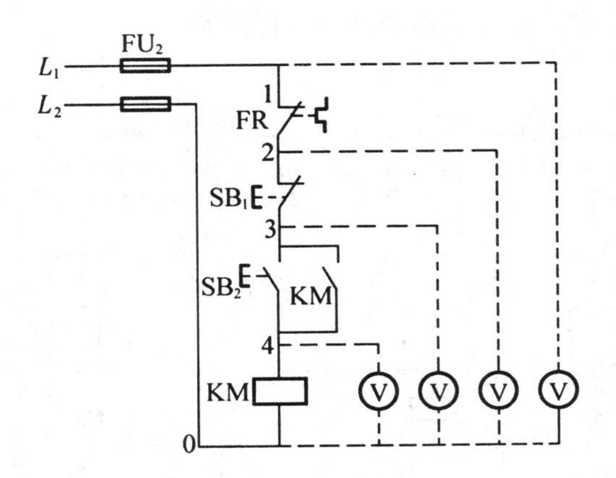

图 8－1　电压分解测量法示意图

(二)电阻法

利用仪表测量线路上某点或某个元器件的通断来确定故障点的方法叫电阻法。用电阻法来检查电动机控制电路故障时，应先切断电源，然后用万用表电阻挡对怀疑的线路或元器件进行测量，否则会烧坏万用表。用电阻法测量同电压法一样，同样简单、明了、直观，它主要用在检测元器件好坏或线路的通断上。例如按图 8-2 所示方法进行测量。

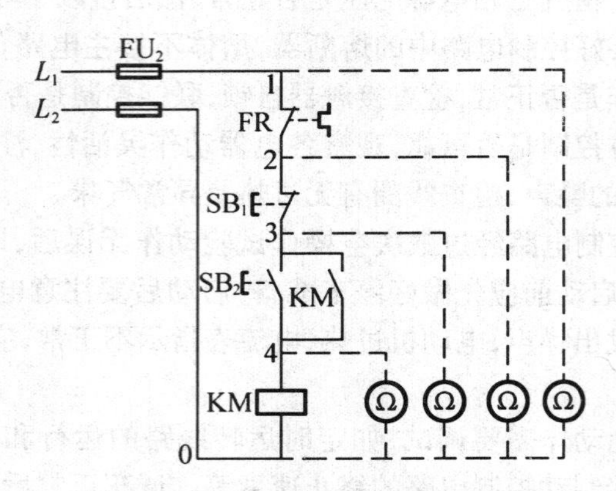

图 8-2　电阻分解测量法示意图

第三节　点动与连续运行控制电路安装与检修

一、工作原理

机床电器设备正常工作时，电动机一般处于连续运行状态，但在试车或调整刀具与加工工件位置时，则需要电动机能实现点动运行，所谓点动，就是按下按钮时，电动机得电运转，松开按钮时，电动机失电停转。点动与连续运行的主要区别是接触器是否能实现自锁。在接触器自锁控制电路中，将手动开关 SA 与 KM 自锁触点串接，即可实现点动与连续运行控制，其控制电路如图 8-3(a)所示。当手动开关 SA 闭合时，电动机可以实现连续运行控制；当手动开关 SA 打开时，电动机可以实现点动运行控制。

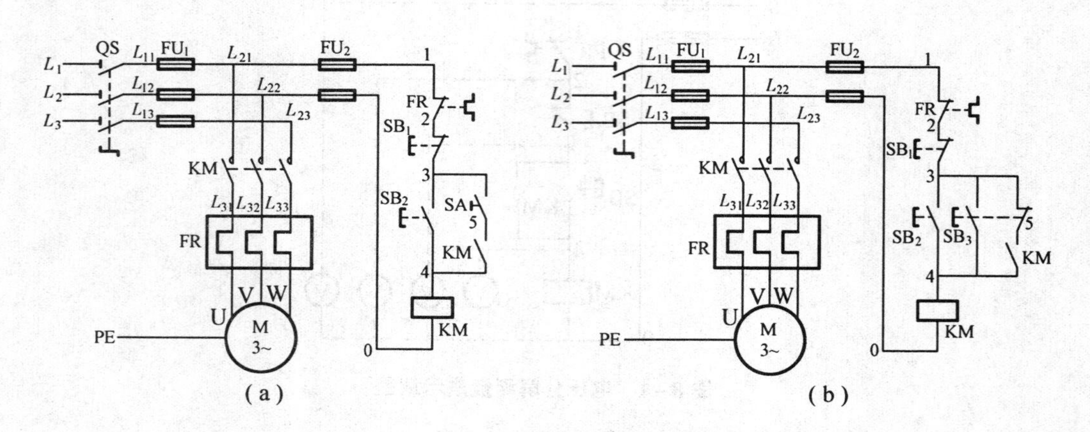

图 8-3　点动与连续运行控制电路

用按钮接触器控制电动机点动与连续运行的控制电路如图 8-3(b)所示。在接触器自锁控制电路中，增加一个复合按钮 SB_3 来实现点动控制，即将 SB_3 常闭触点与 KM 自锁触点串接来实现，其电路工作原理如下。

合上电源开关 QS，按下电动机 M 的启动按钮 SB_2，接触器 KM 线圈通过以下路径得电：L_{21}点→FU_2→1 号线→热继电器 FR 常闭触点→2 号线→按钮 SB_1 常闭触点→3 号线→按钮 SB_2 常开触点→4 号线→接触器 KM 线圈→0 号线→FU_2→L_{22}点。接触器 KM 吸合，其主触点闭合接通电动机 M 的电源，电动机 M 启动运行，同时串接在 4 号线至 5 号线之间 KM 的辅助常开触点闭合实现自锁。这种依靠接触器自身辅助常开触点而使其线圈继续保持通电的现象称为自锁，起自锁作用的触点称为自锁触点。当松开按钮 SB_2 时接触器 KM 通过以下途径得电：L_{21}点→FU_2→1 号线→热继电器 FR 常闭触点→2 号线→按钮 SB_1 常闭触点→3 号线→按钮 SB_3 常闭触点→5 号线→接触器 KM 辅助常开触点→4 号线→接触器 KM 线圈→0 号线→FU_2→L_{22}点，使得在松开按钮 SB_2 时接触器 KM 仍然保持吸合，电动机 M 连续单向运转。按下停车按钮 SB_1，接触器 KM 失电，电动机 M 停转。

当需要电动机 M 点动时，按下点动按钮 SB_3，其在 3 号线至 5 号线间的常闭触点首先断开，然后在 3 号线至 4 号线间的常开触点接通，使接触器 KM 通过以下途径得电：L_{21}点→FU_2→1 号线→热继电器 FR 常闭触点→2 号线→按钮 SB_1 常闭触点→3 号线→按钮 SB_3 常开触点→4 号线→接触器 KM 线圈→0 号线→FU_2→L_{22}点。接触器 KM 吸合，电动机 M 点动运转，同时串在 4 号线至 5 号线间接触器 KM 的辅助常开触点闭合。松开按钮 SB_3 时，按钮 SB_3 在 3 号线至 4 号线间的常开触点先断开，接触器 KM 断电释放，所有触点复位，然后 SB_3 在 3 号线至 5 号线间的常闭触点闭合，使电动机 M 只能实现点动控制。

二、准备器材

(1)精读点动与连续运行控制电路的原理图，熟悉线路所用电器元件及作用和线路的工作原理。根据电动机的型号正确选配低压电器元件，见表 8－1。

表 8－1 电气元件及部分电工仪表明细表

序号	名 称	型 号 与 规 格	数 量
1	三相异步电动机	$Y100L_2$－4，3 kW，220 V/380 V，11.7 A/6.8 A，Y－△接法，1 430 r/min	1
2	组合开关	HZ10－25/3	1
3	熔断器及熔芯配套	RT18－32/25	3
4	熔断器及熔芯配套	RT18－32/2	2
5	接触器	CJ10－20，线圈电压 380 V	1
6	热继电器	JR16－20/3，整定电流 11.7 A	1
7	三联按钮	LA10－3H 或 LA4－3H	1
8	端子排	JX2－1015，380 V，10 A，15 节	1
9	主电路导线	BVR－1.5 mm^2	若干

表 8－1(续)

序号	名称	型号与规格	数量
10	控制电路导线	BVR－1.0 mm^2	若干
11	按钮线	BVR－0.75 mm^2	若干
12	接地线	BVR－1.5 mm^2	若干
13	走线槽	18 mm×25 mm	若干
14	控制板	500 mm×450 mm×20 mm	1
15	异型编码套管	φ3.5 mm	若干
16	电工通用工具	验电笔，钢丝钳，螺丝刀，电工刀，尖嘴钳，剥线钳，手电钻，活动扳手，压接钳等	1
17	万用表	自定	1
18	兆欧表	自定	1
19	钳形电流表	自定	1
20	劳保用品	绝缘鞋，工作服等	1

(2)检查所选用电气元件的外观应完整无损，附件、备件齐全，调整热继电器的指定电流值。

(3)用万用表、兆欧表检测电气元件及电动机的有关技术数据是否符合要求。

三、点动与连续运行控制电路的安装工艺

工艺要求和安装步骤详见本章第一节，简述安装步骤如下：

(1)根据电气元件选配安装工具和控制板；

(2)绘制位置图，在控制板上按位置图固装电气元件，并贴上醒目的文字符号；

(3)绘制接线图，如图 8－4 所示，在控制板上按接线图的走线方法进行板前明线布线和套编码套管；

(4)安装电动机；

(5)连接电动机和按钮金属外壳的保护接地线；

(6)连接电源、电动机等控制板外部的导线；

(7)自检布线的正确性、合理性、可靠性及元件安装的牢固性，确保无误后才能通电试车；

(8)校验；

(9)经指导教师检查合格后进行通电试车；

(10)通电试车完毕，先拆除三相电源线，再拆除电动机负载线。

四、点动与连续运行控制电路安装的注意事项

(1)电动机及按钮的金属外壳必须可靠接地。接至电动机的导线必须穿在导线通道内加以保护，或采用坚韧的四芯橡皮线或塑料护套线进行临时通电校验。

(2)采用螺旋式熔断器时，电源进线应接在其下接线座上，出线则应接在上接线座上，

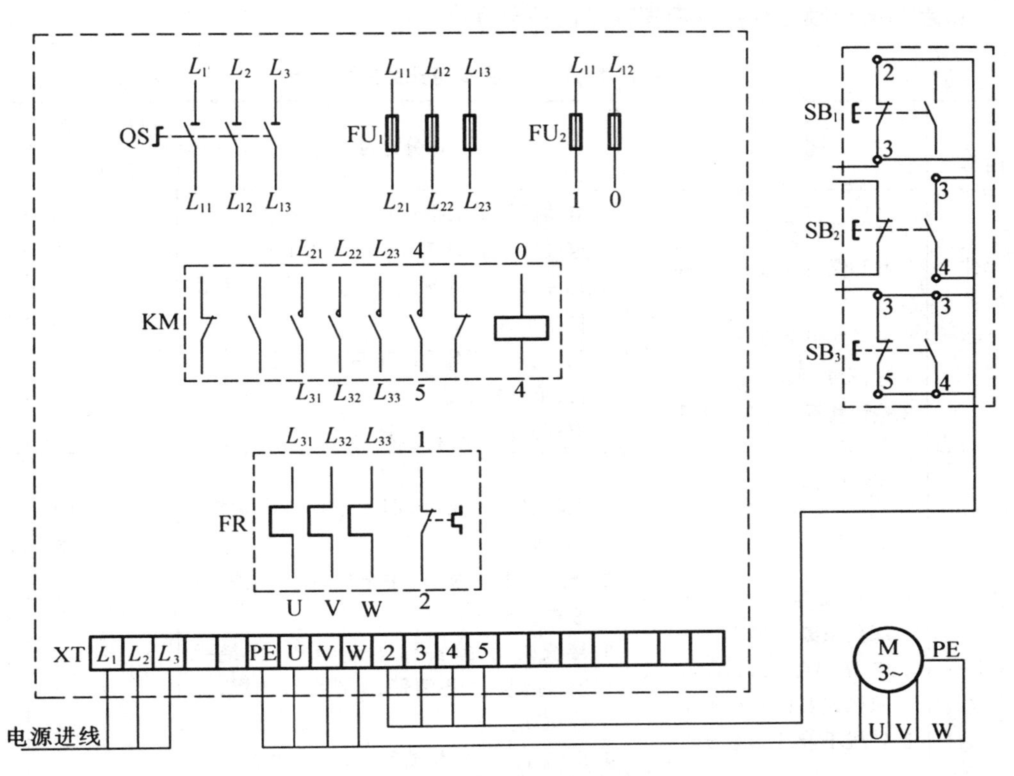

图8-4　点动与连续运行控制电路的接线图

确保用电安全。

(3)按钮内接线时,用力不可过猛,以防螺钉打滑。

(4)热继电器的热元件应串接在主电路中,其常闭触点应串接在控制电路中。

(5)热继电器的整定电流应按电动机的额定电流自行调整,绝对不允许弯折双金属片。

(6)在一般情况下,热继电器应置于手动复位的位置上。若需要自动复位时可将复位调节螺钉沿顺时针方向向里旋足。

(7)热继电器因电动机过载动作后,若需再次启动电动机,必须待热元件冷却后,才能使热继电器复位。一般自动复位时间大于5 min,手动复位时间大于2 min。

(8)如果点动采用复合按钮,其常闭触点必须与自锁触点串接。

(9)编码套管套装要正确。

(10)通电试车时,必须先空载点动后再连续运行,当运行正常时再接上负载运行。若发现异常情况应立即断电检查。

(11)通电试车时必须有指导教师在现场,并做到安全文明生产。

五、点动与连续运行控制电路安装的评分标准

表 8-2　配分、评分标准与安全文明生产

主要内容	考核要求	评分标准	配分	扣分	得分
元件检查与安装	1.按图纸的要求,正确利用工具和仪表,熟练地安装电气元件 2.元件在配电盘上布置要合理,安装要正确紧固 3.按钮盒不固定在配电盘上	1.电动机质量漏检查每处扣1分 2.电气元件漏检或错检每处扣1分 3.元件布置不整齐、不均匀、不合理,每处只扣1分 4.元件安装不牢固,安装元件时漏装螺钉,每处扣1分 5.损坏元件每只扣1分	5		
布线	1.布线要求横平竖直,接线要求紧固美观 2.电源和电动机配线、按钮接线要接到端子排上 3.导线不能乱线敷设	1.电动机运行正常,但未按原理图接线,扣1分 2.布线不横平竖直,主电路、控制电路每根扣0.5分 3.接线松动,接头铜过长,反圈,压绝缘层,标记线号不清楚,有遗漏或误标,每处扣0.5分 4.损伤导线绝缘层或线芯,每根扣0.5分 5.漏接接地线扣2分 6.导线乱线敷设扣10分	10		
通电试车	在保证人身及设备安全的前提下,通电试验一次成功	1.不会使用仪表及测量方法不正确每项扣1分 2.主电路、控制电路熔体配错每项扣1分 3.各接点松动或不符合要求每项扣1分 4.热继电器未整定或整定错,扣2分 5.一次试车不成功扣5分,二次试车不成功扣10分,三次试车不成功扣15分	15		
安全文明生产	1.劳动保护用品穿戴整齐 2.电工工具佩带整齐 3.遵守操作规程 4.尊重考评员,讲文明礼貌 5.考试结束要清理现场	1.各项考试中,违反考核要求的任何一项扣2分,扣完为止 2.考生在不同的技能考试中,违反安全文明生产考核要求中同一项内容的,要累计扣分 3.当考评员发现考生有重大事故隐患时,要立即予以制止,并每次从考生安全文明生产总分中扣5分	10		
备注		成绩			
		考评员签字	年　月　日		

(一)检查线路

(1)对照原理图、接线图进行检查,核对线号,防止接线错误和漏接。

(2)重点检查按钮盒内的接线和接触器的自锁线。

(3)检查接线端子紧固情况,排除虚接现象。

(4)用万用表检查线路通断情况,取下接触器的灭弧罩,用手操作来模拟触点分合动作,将万用表拨在RXI电阻挡位进行测量。

(5)先检查主电路后检查控制电路,检查方法如下。

①检查主电路,取下FU_2熔体,断开控制电路,装好FU_1熔体,用万用表分别测量开关QS下端子$L_{11} \sim L_{12}$,$L_{11} \sim L_{13}$,$L_{12} \sim L_{13}$之间的电阻,均应为断路($R \to \infty$)。若某次测量结果为短路($R \to 0$),这说明所测两相之间的接线有短路现象,应仔细检查,排除故障。

按下接触器KM的动触点,检查辅助常开触点应闭合,辅助常闭触点应断开,测量接触器线圈电阻。在接触器完好时,重复上述测量,用万用表应分别测得电动机两相绕组的值。若某次测量结果为断路($R \to \infty$),这说明所测两相之间的接线有断路现象,应仔细检查,找出断路点,并排除故障。

②检查控制电路,装好FU_2熔体,用万用表测量$L_{21} \sim L_{22}$处应为断路($R \to \infty$)。然后检查自锁线路,按下接触器KM的动触点,使辅助触点闭合,在$L_{21} \sim L_{22}$之间测得KM线圈电阻,这说明自锁线良好。若测得结果是断路,应检查KM自锁触点是否正常,上下端子接线是否正确,有无虚接脱落现象,必要时移动万用表的表针用缩小故障范围的方法来查找断路点。若测得结果是短路,应检查接线是否有误。

检查停车控制,按下停车按钮SB_1,用万用表应测得控制电路由通而断,否则检查按钮盒内接线是否错误。

③检查过载保护环节,取下热继电器盖,按下按钮SB_2,用万用表测量$L_{21} \sim L_{22}$处,测得接触器KM线圈电阻值后,同时缓慢左右扳动热元件自由端,听到热继电器常闭触点分断动作的声音时,万用表应显示出由通而断。否则应检查热继电器的动作及连接线并排除故障。

(二)试车

通过上述的各项检查,完全合格并达到准确无误后,清点工具材料,清除安装板上的线头杂物,检查三相电源,将热继电器按电动机的额定电流整定好,在一人操作一人监护下进行试车。

(1)空操作试验。首先拆除电动机定子绕组接线,合上电源开关QS,按下点动按钮SB_3,接触器KM应吸合,松开点动按钮SB_3,接触器KM立即释放;按下启动按钮SB_2后松开,接触器KM通电应动作,并保持吸合状态;按下停车按钮SB_1,接触器KM应立即释放。认真观察接触器KM主触点动作是否正常,细听接触器线圈通电运行时有无异常响声。反复试验几次,主要是检查线路工作的可靠性。

(2)带负载试验。首先断开电源,接上电动机定子绕组引线,然后合上电源开关QS,按下点动按钮SB_3,接触器KM动作,观察电动机启动运行情况;松开点动按钮SB_3,观察电动机能否断电停止。按下启动按钮SB_2并松开,观察电动机启动运行情况;按下停车按钮SB_1,观察电动机能否断电停车。

试车时,若发现接触器振动,且有噪声,主触点燃弧严重,电动机嗡嗡响转不起来,应立即停车检查,重新检查电源、线路、各连接点有无虚接,电动机绕组有无断线,必要时拆开接触器检查电磁机构,排除故障后重新试车。

(三)注意事项

(1)检修前先要掌握点动与连续运行控制电路中各个控制环节的作用与原理。

(2)在排除故障的过程中,故障分析、排除故障的思路和方法要正确。

(3)在检修过程中严禁扩大和产生新的故障。

(4)用测电笔检测故障时,必须检查测电笔是否符合使用要求。

(5)不能随意更改线路和带电触摸电气元件。

(6)仪表使用要正确,以防止引起错误判断。

(7)带电检修故障时,必须有指导教师在现场监护,并确保用电安全。

六、点动与连续运行控制电路故障检修评分标准

点动与连续运行控制电路检修配分、评分标准见表8-3。

表8-3 故障检修配分、评分标准

主要内容	考核要求	评分标准	配分	扣分	得分
调查研究	对每个故障现象进行调查研究	排除故障前不进行调查研究扣1分	1		
故障分析	在电气控制电路上分析故障可能的原因,思路正确	1.错标或标不出故障范围,每个故障点扣2分 2.不能标出最小的故障范围,每个故障点扣1分	6 3		
故障排除	正确使用工具和仪表,找出故障点并排除故障	1.实际排除故障中思路不清晰,每个故障点扣2分 2.每少查出一处故障点扣2分 3.每少排除一处故障点扣3分 4.排除故障方法不正确,每处扣3分	6 6 9 9		
其他	操作有误,要从此项总分中扣分	1.排除故障时产生新的故障后不能自行修复,每个扣10分,已经修复,每个扣5分 2.损坏电动机扣10分			

表 8-3(续)

主要内容	考核要求	评分标准	配分	扣分	得分
安全文明生产	1.劳动保护用品穿戴整齐 2.电工工具佩带齐全 3.遵守操作规程 4.考试结束要清理现场	1.各项考试中,违反考核要求的任何一项扣2分,扣完为止 2.考生在不同的技能试题考试中,违反安全文明生产考核要求中同一项内容的,要累计扣分 3.当考评员发现考生有重大事故隐患时,要立即予以制止,并每次从考生安全文明生产总分中扣5分	10		
备注		成绩			
		考评员签字	年 月 日		

第四节 电动机正反转控制电路的安装与维修

电动机正反转控制电路是电动机中常见的基本控制电路,它是利用电源的换相原理来实现电动机正反转控制的。常见的电动机正反转控制电路有转换开关正反转控制电路、接触器联锁正反转控制电路、按钮联锁正反转控制电路以及接触器按钮双重联锁正反转控制电路。

一、工作原理

(一)接触器联锁正反转控制电路

接触器联锁正反转控制电路如图 8-5 所示。其主电路由转换开关 QS、熔断器 FU_1、接触器 KM_1、KM_2 主触点、热继电器 FR 热元件、电动机 M 组成;控制电路由熔断器 FU_2、热继电器 FR 常闭触点、停车按钮 SB_1 常闭触点、启动按钮 SB_2 和 SB_3 常开触点、接触器 KM_1 和 KM_2 线圈及辅助常开常闭触点组成。其中 QS 为电源总开关,熔断器 FU_1 为电路总短路保护,熔断器 FU_2 为控制电路短路保护,热继电器 FR 为过载保护,接触器 KM_1 控制电动机 M 正转电源的通断,接触器 KM_2 控制电动机 M 反转电源的通断,按钮 SB_1 为电动机 M 的停车按钮和电动机的正转启动按钮,SB_2 为电动机的反转启动按钮。

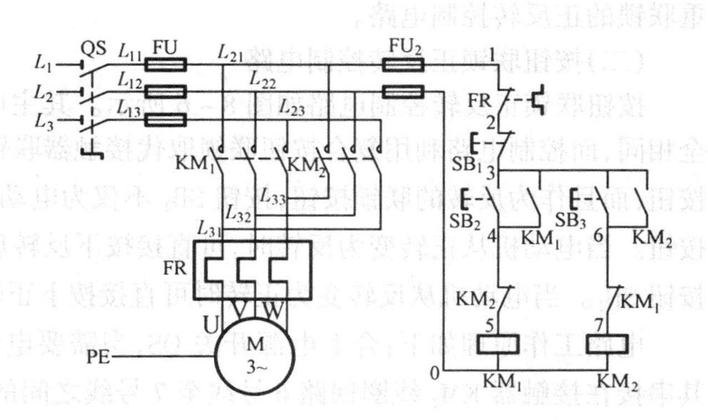

图 8-5 接触器联锁正反转控制电路

电路工作原理如下:合上电源开关 QS,当需要电动机正转时,按下正转启动按钮 SB_2,接

触器 KM_1 线圈通过以下途径得电：L_{21}→FU_2→1 号线→FR 常闭触点→2 号线→SB_1 常闭触点→3 号线→SB_2 常开触点→4 号线→接触器 KM_2 常闭触点→5 号线→接触器 KM_1 线圈→0 号线→FU_2→L_{22}号线。接触器 KM_1 得电吸合，其主触点闭合接通电动机 M 的正转电源，电动机 M 启动正转。同时，接触器 KM_1 并接在 3 号线至 4 号线间的辅助常开触点闭合自锁，使得松开按钮 SB_2时，接触器 KM_1 线圈仍然能够保持通电吸合。而串接在接触器 KM_2线圈回路 6 号线至 7 号线之间的接触器 KM_1 辅助常闭触点断开，切断接触器 KM_2 线圈回路的电源，使得在接触器 KM_1 得电吸合，电动机 M 正转时，接触器 KM_2 不能得电，电动机 M 不能接通反转电源。这种利用接触器常闭触点互相控制的方法叫接触器联锁(或互锁)，实现联锁作用的辅助常闭触点叫做联锁触点(或互锁触点)。当电动机 M 需要停车时，按下停车按钮 SB_1，接触器 KM_1 线圈失电释放，所有常开、常闭触点复位，电动机 M 停车。

同理，当需要电动机 M 反转时，按下反转启动按钮 SB_3，接触器 KM_2 线圈通过以下途径得电：L_{21}号线→FU_2→1 号线→FR 常闭触点→2 号线→SB_1 常闭触点→3 号线→SB_3 常开触点→6 号线→接触器 KM_1 常闭触点→7 号线→接触器 KM_2 线圈→0 号线→FU_2→L_{22}号线。接触器 KM_2 得电吸合，其主触点闭合接通电动机 M 的反转电源，电动机 M 启动反转。同时，接触器 KM_2 并接在 3 号线至 6 号线间的辅助常开触点闭合自锁，使得松开按钮 SB_3 时，接触器 KM_2 线圈仍然能够保持通电吸合。而串接在接触器 KM_1 线圈回路 4 号线至 5 号线之间的接触器 KM_2 辅助常闭触点断开，切断接触器 KM_1 线圈回路的电源，使得在接触器 KM_2 得电吸合，电动机 M 反转时，接触器 KM_1 不能得电 ，电动机 M 不能接通正转电源。当需要停车时，按下停车按钮 SB_1，接触器 KM_2 线圈失电释放，所有常开、常闭触点复位，电动机 M 停车。

由上述分析可知，接触器联锁正反转控制电路的优点是工作安全可靠，缺点是操作不便。因电动机从正转变为反转时，必须先按下停止按钮后才能按反转启动按钮，否则由于接触器的联锁作用，不能实现反转。为克服此线路的不足，可采用按钮联锁或按钮和接触器双重联锁的正反转控制电路。

(二)按钮联锁正反转控制电路

按钮联锁正反转控制电路如图 8－6 所示。其主电路与接触器联锁正反转控制电路完全相同，而控制电路利用复合按钮联锁取代接触器联锁，按钮 SB_2 不仅为电动机的正转启动按钮，而且作为反转的联锁按钮，按钮 SB_3 不仅为电动机的反转启动按钮而且为正转的联锁按钮。当电动机从正转变为反转时，可直接按下反转启动按钮 SB_3 即可实现，不必先按停车按钮 SB_1。当电动机从反转变为正转时可直接按下正转启动按钮 SB_2 即可实现。

电路工作原理如下：合上电源开关 QS，当需要电动机正转时，按下正转启动按钮 SB_2。其串接在接触器 KM_2 线圈回路 6 号线至 7 号线之间的常闭触点立即断开，而后并接在 3 号线至 4 号线之间的常开触点闭合。接触器 KM_1 线圈通过以下途径得电 ：L_{21}号线→FU_2→1 号线→FR 常闭触点→2 号线→SB_1 常闭触点→3 号线→SB_2 常开触点→4 号线→SB_3 常闭触点→5 号线→接触器 KM_1 线圈→0 号线→FU_2→L_{22}号线。接触器 KM_1 得电自锁，其主触点闭合接通电动机 M 的正转电源，电动机 M 启动正转，同理当需要电动机 M 反转时，按下反转启动按钮 SB_3 其串接在接触器 KM_1 线圈回路 4 号线至 5 号线之间的常闭触点立即断开，而后并接在 3 号线至 6 号线之间的常开触点闭合。接触器 KM_2 线圈通过以下途径得电 ：

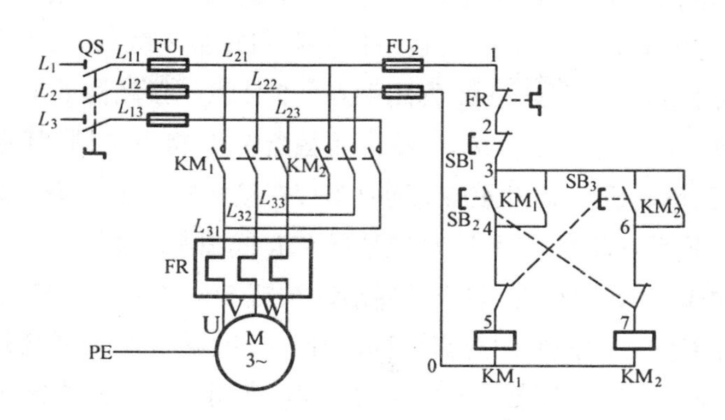

图 8-6　按钮联锁正反转控制电路

L_{21}号线→FU_2→1 号线→FR 常闭触点→2 号线→SB_1 常闭触点→3 号线→SB_3 常开触点→6 号线→SB_2 常闭触点→7 号线→接触器 KM_2 线圈→0 号线→FU_2→L_{22}号线。接触器 KM_2 得电自锁，其主触点闭合接通电动机 M 的反转电源，电动机 M 启动反转。当需要停车时，按下停车按钮 SB_1接触器 KM_1 或 KM_2 线圈失电释放，所有常开、常闭触点复位，电动机 M 断电停车。

这种电路的优点是操作方便，缺点是容易产生电源两相短路故障。例如，当正转接触器 KM_1 发生主触点熔焊或被杂物卡住等故障时，即使 KM_1 线圈失电，主触点也分断不开，这时若直接按下反转按钮 SB_2，KM_2 得电动作，触点闭合，必然造成电源两相短路故障。故在实际工作中，经常采用按钮、接触器双重联锁的正反转控制电路。

(三)接触器、按钮双重联锁正反转控制电路

接触器按钮双重联锁正反转控制电路结合了接触器联锁和按钮联锁正反转控制电路的优点，操作方便，工作安全可靠，其电路原理如图 8-7 所示。

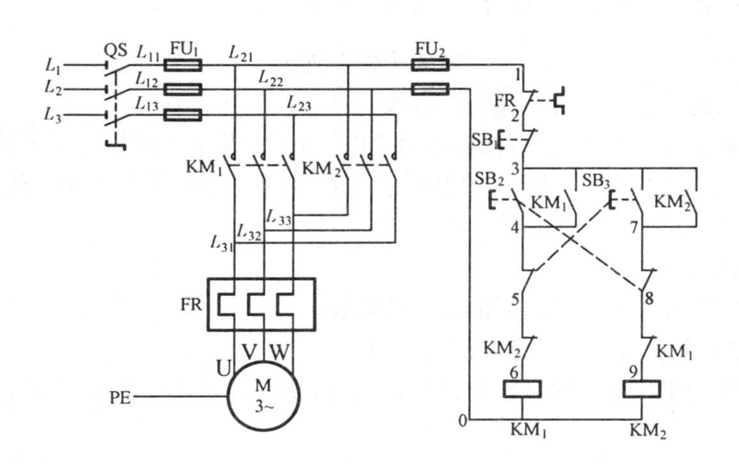

图 8-7　接触器按钮双重联锁正反转控制电路

其电路工作原理如下：合上电源开关 QS，当需要电动机正转时，按下正转启动按钮 SB_2，

按钮 SB_2 串接在接触器 KM_2 线圈回路 7 号线至 8 号线之间的常闭触点立即断开。接触器 KM_1 线圈通过以下途径得电：L_{21} 号线→FU_2→1 号线→FR 常闭触点→2 号线→SB_1 常闭触点→3 号线→SB_2 常开触点→4 号线→SB_3 常闭触点→5 号线→接触器 KM_2 常闭触点→6 号线→接触器 KM_1 线圈→0 号线→FU_2→L_{22} 号线。接触器 KM_1 得电自锁，其主触点闭合接通电动机 M 的正转电源，电动机 M 启动正转。同时串接在接触器 KM_2 线圈回路 8 号线至 9 号线之间的接触器 KM_1 辅助常闭触点断开，对接触器 KM_2 线圈实现联锁。

同理，当需要电动机 M 反转时，按下反转启动按钮 SB_3，按钮 SB_3 串接在接触器 KM_1 线圈回路 4 号线至 5 号线之间的常闭触点立即断开。接触器 KM_2 线圈通过以下途径得电：L_{21} 号线→FU_2→1 号线→FR 常闭触点→2 号线→SB_1 常闭触点→3 号线→SB_3 常开触点→7 号线→SB_2 常闭触点→8 号线→接触器 KM_1 常闭触点→9 号线→接触器 KM_2 线圈→0 号线→FU_2→L_{22} 号线。接触器 KM_2 得电自锁，其主触点闭合接通电动机 M 的反转电源，电动机 M 启动反转。同时由接在接触器 KM_1 线圈回路 5 号线至 6 号线之间的接触器 KM_2 辅助常闭触点断开，对接触器 KM_1 线圈实现联锁。

当需要停车时，按下停车按钮 SB_1，接触器 KM_1 或 KM_2 线圈失电释放，所有常开、常闭触点复位，电动机 M 断电停车。

二、准备器材

(1)精读接触器按钮双重联锁正反转控制电路的原理图，熟悉线路所用电气元件及作用和线路的工作原理。

(2)检查所选用的电气元件的外观应完整无损，附件、备件齐全。调整热继电器的整定电流值。

(3)用万用表、兆欧表检测电气元件及电动机的有关技术数据是否符合要求。

三、接触器按钮双重联锁正反转控制电路的安装工艺

工艺要求和安装步骤详见第一节，安装步骤简述如下：

(1)根据电气元件选配安装工具和控制板；

(2)绘制位置图，在控制板上按位置图固装电气元件，并贴上醒目的文字符号；

(3)绘制接线图，如图 8-8 所示，在控制板上按接线图的走线方法进行板前明线布线和套编码套管；

(4)安装电动机；

(5)连接电动机和按钮金属外壳的保护接地线；

(6)连接电源、电动机等控制板外部的导线；

(7)自检有线的正确性、合理性、可靠性及元件安装的牢固性，确保无误后才能进行通电试车；

(8)校验；

(9)经指导教师检查合格后才能通电试车，通电时，由指导教师接通电源，并进行现场监护，如果出现故障，学生应独立进行检修，若需带电检修时，必须有指导教师在现场监护；

(10)通电试车完毕，先拆除三相电源线，再拆除电动机负载线。

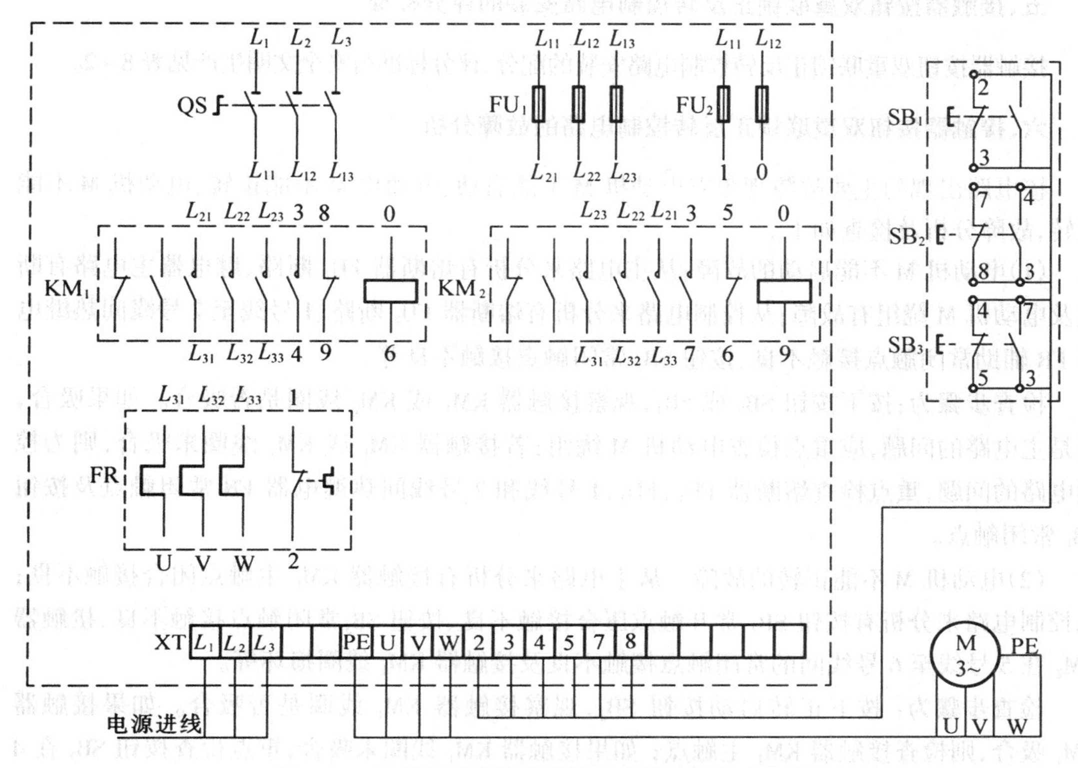

图 8-8 接触器按钮双重联锁正反转控制电路接线图

四、接触器按钮双重联锁正反转控制电路安装的注意事项

(1)电动机及按钮的金属外壳必须可靠接地。接至电动机的导线必须穿在导线通道内加以保护,或采用坚韧的四芯橡皮线或塑料护套线进行临时通电校验。

(2)按钮内接线时用力不可过猛,以防螺钉打滑。

(3)热继电器的热元件应串接在主电路中,其常闭触点应串接在控制电路中。

(4)热继电器的整定电流应按电动机的额定电流自行调整,绝对不允许弯折双金属片。

(5)在一般情况下,热继电器应置于手动复位的位置上。若需要自动复位时,可将复位调节螺钉沿顺时针方向向里旋足。

(6)热继电器因电动机过载动作后,若需再次启动电动机,必须待热元件冷却后,才能使热继电器复位。一般自动复位时间大于 5 min,手动复位时间大于 2 min。

(7)启动电动机时,在按下启动按钮 SB_2 的同时,必须按住停车按钮 SB_1,以保证万一出现事故时可立即按下 SB_1 停车,以防止事故扩大。

(8)通电试车时,按下电源开关 QS,按下正转启动按钮 SB_2 或反转启动按钮 SB_3,观察控制是否正常,并在按下 SB_2 后再按下 SB_3,观察有无联锁作用。

(9)编码套管套装要正确。

(10)通电试车时必须有指导教师在现场,并做到安全文明生产。

五、接触器按钮双重联锁正反转控制电路安装的评分标准

接触器按钮双重联锁正反转控制电路安装的配分、评分标准与安全文明生产见表 8－2。

六、接触器按钮双重联锁正反转控制电路的故障分析

该电路出现的主要故障现象有电动机 M 不能启动、电动机 M 不能正转、电动机 M 不能反转，故障分析及检查如下。

(1)电动机 M 不能启动的故障：从主电路来分析有熔断器 FU_1 断路、继电器主电路有断点及电动机 M 绕组有故障；从控制电路来分析有熔断器 FU_2 断路、1 号线至 2 号线间热继电器 FR 辅助常闭触点接触不良、按钮 SB_1 常闭触点接触不良等。

检查步骤为：按下按钮 SB_2 或 SB_3，观察接触器 KM_1 或 KM_2 线圈是否吸合。如果吸合，则是主电路的问题，应重点检查电动机 M 绕组；若接触器 KM_1 或 KM_2 线圈未吸合，则为控制电路的问题，重点检查熔断器 FU_1，FU_2，1 号线和 2 号线间热继电器 FR 常闭触点及按钮 SB_1 常闭触点。

(2)电动机 M 不能正转的故障　从主电路来分析有接触器 KM_1 主触点闭合接触不良；从控制电路来分析有按钮 SB_2 常开触点压合接触不良、按钮 SB_3 常闭触点接触不良、接触器 KM_2 在 5 号线至 6 号线间的常闭触点接触不良及接触器 KM_1 线圈损坏等。

检查步骤为：按下正转启动按钮 SB_2，观察接触器 KM_1 线圈是否吸合。如果接触器 KM_1 吸合，则检查接触器 KM_1 主触点；如果接触器 KM_1 线圈未吸合，重点检查按钮 SB_3 在 4 号线至 5 号线间的常闭触点及接触能 KM_2 在 5 号线和 6 号线间的常闭触点。

(3)电动机 M 不能反转的故障　从主电路来分析有接触器 KM_2 主触点闭合接触不良；从控制电路来分析有按钮 SB_3 常开触点压合接触不良、按钮 SB_2 常闭触点接触不良、接触器 KM_1 在 8 号线至 9 号线间的常闭触点接触不良及接触器 KM_2 线圈损坏等。

检查步骤为：按下反转启动按钮 SB_3，观察接触器 KM_2 线圈是否吸合。如果接触器 KM_2 吸合，则检查接触器 KM_2 主触点；如果接触器 KM_2 线圈未吸合，重点检查按钮 SB_2 在 7 号线和 8 号线间的常闭触点及接触器 KM_1 在 8 号线和 9 号线间的常闭触点。

七、接触器按钮双重联锁正反转控制电路的检修

(一)检查线路

(1)对照原理图、接线图逐线核对，重点检查：

①主电路接触器 KM_1 和 KM_2 主触点之间的换相线，若接错将会造成电动机不能反向运行；

②控制线路中按钮、接触器辅助触点之间的连线有无错接、漏接、虚接等现象，每个启动按钮的常开触点上、下接线端子所接出的连线，应接到这个按钮所控制的接触器的自锁触点端子，而正、反转的自锁线不可接反，否则将会引起“自启动”现象，甚至造成短路。尤其要注意每一对触点的上下端子接线不可颠倒，同一根导线两端线号应相同。

(2)检查导线与接线端子的接触、紧固情况，排除虚接现象。

(3)用万用表检查线路通断情况，取下接触器 KM_1，KM_2 的灭弧罩，用手操作来模拟触点分合动作，将万用表拨在 $R\times 1$ 电阻挡位进行测量。

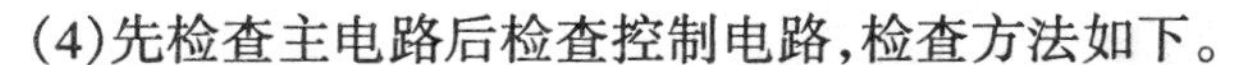

(4)先检查主电路后检查控制电路,检查方法如下。

①检查主电路,取下 FU_2 熔体,断开控制电路,装好 FU_1 熔体,用万用表分别测量开关 QS 下端子 $L_{11} \sim L_{12}$,$L_{11} \sim L_{13}$,$L_{12} \sim L_{13}$之间的电阻,应均为断路($R \to \infty$)。若某次测量结果为短路($R \to 0$),这说明所测两相之间的接线有短路现象,应仔细检查,排除故障。

按下接触器 KM_1 或 KM_2 的动触点,检查辅助常开触点应闭合,辅助常闭触点应断开,测量接触器线圈电阻。在接触器完好时,重复上述测量,用万用表分别测得电动机两相绕组的值。若某次测量结果为断路($R \to \infty$),这说明所测两相之间的接线有断路现象,应仔细检查,找出断路点,并排除故障。

检查电源换相通路,将万用表两只表笔分别接在 $U \sim L_{11}$,$V \sim L_{12}$,$W \sim L_{13}$的接线端子上,按下接触器 KM_1 的动触点,测量结果应为短路($R \to 0$),若某次测量结果为断路($R \to \infty$),这说明所测的接线有断路现象,应仔细检查,找出断路点 ,并排除故障。按下接触器 KM_2 的动触点,重复上述测量,在 $U \sim L_{11}$,$W \sim L_{13}$端子上测得电阻值为电动机 U 相绕组和 W 相绕组之间的电阻值。在 $V \sim L_{12}$端子上测量结果为短路($R \to 0$)。

②检查控制电路,将万用表两只表笔分别接到 L_{21}和 L_{22}端子上进行以下检查。

检查启动、停止控制,分别按下接触器 KM_1,KM_2 的动触点,应测得接触器 KM_1,KM_2 的线圈电阻值,在按下接触器 KM_1,KM_2 的动触点的同时,再按下停车按钮 SB_1,万用表应显示电路由通而断,说明启动、停止控制电路正常。

检查自锁电路,分别按下接触器 KM_1,KM_2 的动触点,应依次测得接触器 KM_1、KM_2 线圈的电阻值,再按下停车按钮 SB_1,使万用表显示由通而断。若发现异常,重点检查接触器自锁线、触点上下端子的连线及线圈有无断线和接触不良。容易接错的是 KM_1 和 KM_2 的自锁线相互接错位置,将常闭触点误接成自锁线的常开触点使用,使控制电路动作不正常。

检查按钮联锁电路,按下接触器 KM_1 的动触点,应测得接触器 KM_1 线圈电阻值,再按下按钮 SB_2 时,使其常闭触点分断,万用表显示由通而断;按下接触器 KM_2 的动触点,应测得接触器 KM_2 线圈电阻值,再按下按钮 SB_2 时,使其常闭触点分断,万用表显示由通而断;同时按下 SB_2 和 SB_3 时,接触器 KM_1 和 KM_2 的主触点无论是闭合或断开,万用表显示为开路。如以上检查正常,说明按钮联锁无误,若有异常重点检查按钮盒内 SB_1,SB_2 和 SB_3 之间的连线、按钮引出的护套线与接线端子 XT 的连线是否正确。

辅助触点联锁电路,按下接触器 KM_1 的动触点测出其线圈电阻值后,再按下接触器 KM_2 的动触点,万用表显示由通而断,同样先按下接触器 KM_2 的动触点,再按下接触器 KM_1 的动触点,也测出线路由通而断。若将接触器 KM_1 和 KM_2 的动触点同时按下,万用表显示为断路无指示。若发现异常现象,重点检查接触器常闭触点与相反转向接触器线圈的连线。常见联锁线路的错误接线有:将常开辅助触点错接成联锁线路中的常闭辅助触点;把接触器的联锁线错接到同一接触器的线圈端子上使用,引起联锁控制电路动作不正常。

检查过载保护环节,取下热继电器 FR 盖板,轻拨热元件自由端使其触点动作,应测得热继电器常闭触点由通而断,常开触点由断至通,然后按下复位按钮使触点复位。

(二)试车

完成上述各项检查后,检查三相电源,将热继电器按电动机额定值整定好,在有人监护下试车。

(1)空操作试验　拆掉电动机绕组的连接线,合上开关QS作以下试车。

①启动、停车控制　按下SB_2,接触器KM_1应立即动作并保持吸合状态,按下SB_1,触器KM_1应立即释放。再按下SB_3,接触器KM_2应立即动作并保持吸合状态,按下SB_1,接触器KM_1应立即释放。重复操作几次检查线路的可靠性。

②正反向联锁控制　按下SB_2使接触器KM_1通电动作,然后缓慢地轻按SB_3,KM_1应立即释放,继续将SB_3按到底,接触器KM_2应通电动作;再缓慢地轻按SB_2,KM_2应立即释放,继续将SB_2按到底,KM_1又通电动作。应重复操作几次检查联锁控制的可靠性。

③检查辅助触点联锁　按下SB_2,接触器KM_1线圈通电动作并自锁,再按下SB_3,接触器KM_1释放后,接触器KM_2线圈通电动作并自锁。接触器KM_1常闭触点对接触器KM_2线圈有联锁作用,同样按下SB_3,接触器KM_2线圈通电动作并自锁,再按下SB_2,接触器KM_2释放后,接触器KM_1动作,接触器KM_2的常闭辅助触点对接触器KM_1线圈有联锁作用。反复操作几次,检查联锁控制线路的可靠性。

(2)带负载试车　断开电源,接上电动机引出线,合上开关QS。

①正反向控制　按下SB_2使电动机正向启动,注意电动机运行时有无异常响声;按下SB_1使KM_1线圈断电释放,电动机断电。待电动机停止转动后,再按下SB_3使电动反向启动,并注意电动机的转向应与上次操作运行的方向相反。按下SB_1,KM_1线圈断电释放,电动机断电停止运行。

②联锁控制　按下SB_2使电动机正向运行,待电动机达到正常转速后再按下SB_3,电动机应立即反向启动运行。当电动机达到正常转速后再次按下SB_2,观察电动机和控制电路的动作可靠性,但不能频繁操作,而且要待电动机转速正常后再作换向操作,以防止接触器燃弧或电动机过载发热。

如果同时按下SB_2和SB_3时,KM_1和KM_2均不会通电动作。

(三)注意事项

(1)检修前先要掌握接触器按钮双重联锁正反转控制电路中各个控制环节的作用与原理。

(2)在排除故障的过程中,故障分析、排除故障的思路和方法要正确。

(3)对用测电笔检测故障时,必须检查测电笔是否符合使用要求。

(4)不能随意更改线路和带电触摸电气元件。

(5)仪表使用要正确,以防止引起错误判断。

(6)在检修过程中严禁扩大和产生新的故障。

(7)带电检修故障时,必须有指导教师在现场监护,并要确保用电安全。

第五节　电动机降压启动控制电路的安装与维修

电动机采用全压直接启动时,其启动电流一般为额定电流的4~7倍。对于功率较小的电动机,直接启动对电网影响不大。但对于功率较大的电动机,过大的启动电流会降低电动机的使用寿命，减小电动机本身的启动转矩，甚至使电动机无法启动；过大的启动电流还会引起电源电压波动，使变压器二次电压大幅度下降，影响同一供电网络中其他设备的正常工作。因此，一般情况下，当电动机功率大于7.5 kW时，应考虑对电动机采取降压启动控制，以减小电动机的启动电流，保证电网的正常供电。常用的降压启动的方法有四种，定子绕组接电阻降压启动，Y－△降压启动，自耦补偿降压启动，延边△降压启动。

一、工作原理

（一）定子绕组串接电阻降压启动电路

定子绕组串接电阻降压启动电路如图8－9所示。主电路由转换开关QS、熔断器FU_1、接触器KM_1和KM_2主触点、电阻R、热继电器FR、电动机M组成，控制电路由熔断器FU_2、热继电器FR常闭触点、停车按钮SB_1常闭触点、启动按钮SB_2常开触点、时间继电器KT线圈及延时闭合常开触点、接触器KM_1和KM_2线圈及辅助常开常闭触点组成。图中串接电阻R是为了限制电动机M的启动电流。

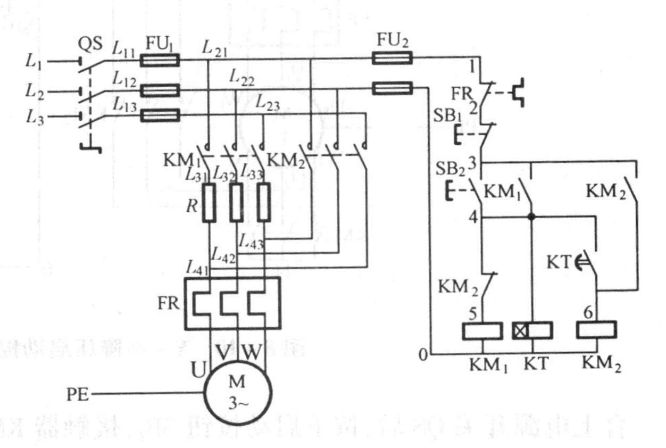

图8－9 定子绕组串接电阻降压启动电路

电路工作原理如下：合上电源总开关QS，按下启动按钮SB_2，接触器KM_1线圈通电自锁，电动机M串电阻降压启动，同时时间继电器KT线圈得电吸合并开始计时。当电动机M的转速上升到一定值时，KT延时时间到接在4号线至6号线间的KT延时闭合常开触点闭合，接通KM_2线圈的电源，接触器KM_2线圈通电自锁，其主触点将限流电阻R短接，电动机M全压运转。同时，串接在KM_1线圈回路4号线至5号线间的KM_2常闭触点断开，使接触器KM_1和时间继电器KT断电，从而延长了接触器KM_1和时间继电器KT的使用寿命，节省了电能，提高了电路的可靠性。停车时，按下停车按钮SB_1，线圈KM_2断电释放，电动机M停转。

（二）Y－△降压启动控制电路

Y－△降压启动控制电路是在电动机启动时将定子绕组接成Y形，每相绕组承受的电压为电源的相电压（220 V），随着电动机转速的升高，待启动结束后再将定子绕组换接成三角形接法，每相绕组承受的电压为电源线电压（380 V），此时电动机进入额定电压下正常运行。即电动机绕组在接成△形时，其每相绕组所承受的电压值为接成Y形时的1.73倍，其所通过的电流值也为接成Y形时的1.73倍。与其他降压启动方法相比，Y－△降压启动投资少，线路简单，但其启动转矩特性差，因此只适用于轻载或空载启动的场合。凡是正常运行时定子绕组接成三角形的笼型异步电动机，均可采用这种降压启动方法。

Y－△降压启动电路中应用最广的是接触器、时间继电器自动控制方式，其控制电路如图8－10所示。电路中除有熔断器、热元件外，还有三个接触器KM_1，KM_2，KM_3。其中KM_1为电源接触器，用于通断主电路，KM_3和KM_2分别为控制接触器和运行接触器。当KM_3吸合时电动机为Y形接线，实现降压启动。KM_2 在启动结束后吸合电动机为△形接线，实现正常运行。其工作原理如下：

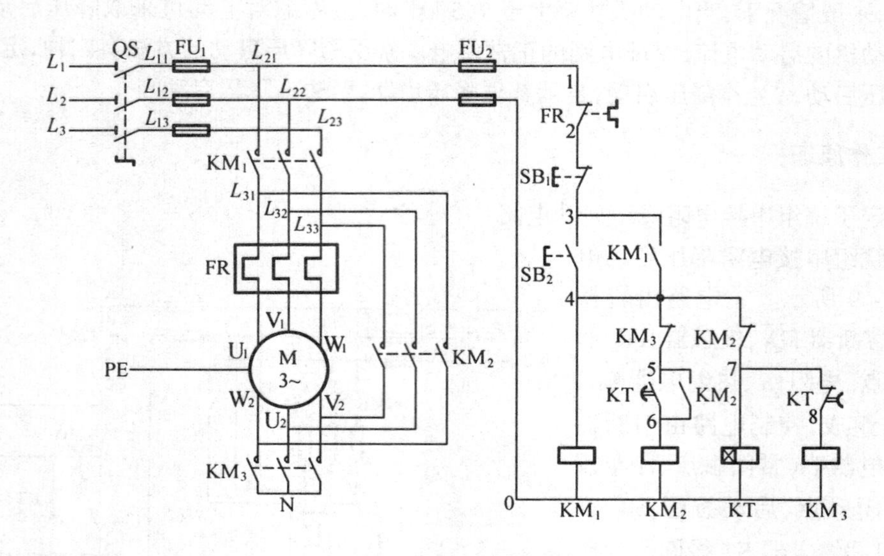

图8-10　Y-△降压启动控制电路

合上电源开关QS后，按下启动按钮 SB_2，接触器 KM_1、时间继电器KT、接触器 KM_3 线圈通电吸合。KM_1 在3号线至4号线间的常开触点闭合自锁，接触器 KM_1，KM_3 主触点将电动机M绕组接成Y形降压启动。同时，接触器 KM_3 在4号线至5号线间的常闭触点断开，切断接触器 KM_2 线圈回路电源，使得在接触器 KM_3 吸合时，接触器 KM_2 不能吸合。经过一定时间后电动机转速升高至一定值时，电动机电流下降，时间继电器KT延时达到整定值，其在5号线至6号线之间的延时闭合常开触点闭合，在7号线至8号线之间延时的断开常闭触点断开，切断接触器 KM_3 线圈回路的电源，接触器 KM_3 失电释放，同时 KM_3 在4号线至5号线之间的常闭触点复位闭合，接通接触器 KM_2 线圈回路电源，接触器 KM_2 线圈通电吸合自锁，其主触点与接触器 KM_1 主触点将电动机M绕组接成△形全压运行。而接触器 KM_2 在4号线至7号线间的常闭触点断开，切断时间继电器KT和接触器 KM_3 线圈的电源通路，时间继电器KT失电释放，并保障在接触器 KM_2 吸合时接触器 KM_3 不能吸合。利用 KM_2 的常闭触点断开KT线圈的电源，使KT退出运行，这样可延长时间继电器的寿命并节约电能。停车时按下 SB_1 停车按钮，接触器 KM_1，KM_2 的线圈相继断电释放，电动机M停转。

（三）自耦补偿降压启动控制电路

自耦补偿降压启动是利用自，变压器来进行降压的，在自耦变压器降压启动控制电路中，电动机启动电流的限制是依靠自耦变压器的降压作用来实现的。自耦变压器按量形接线，电动机启动时，将电源电压加到自耦变压器一次侧，电动机定子绕组接到自耦变压器二次侧，构成降压启动电路。启动一定时间，当电动机转速升高到预定值后，将自耦变压器切除，电源电压通过接触器直接加于定子绕组，电动机进入全压运行自耦补偿降压启动控制电路，其优点是启动转矩和启动电流可以调节，缺点是设备庞大，成本较高。因此，这种方法适用于额定电压220 V/380 V、接法为Y-△容量较大的三相交流箱型异步电动机的不频繁启动。常用的自耦补偿启动装置分为手动和自动两种操作形式。

手动操作的自耦补偿启动器有QJ3,QJ5等型号,自动操作的自耦补偿启动装置有XJ01,CTZ等系列。在实际应用中,自耦变压器二次侧有三个抽头,使用时应根据负载情况及供电系统要求选择一个合适的抽头。下面以XJ01系列自耦补偿启动器的控制电路为例,介绍自耦补偿启动器的工作原理,其控制电路如图8-11所示。

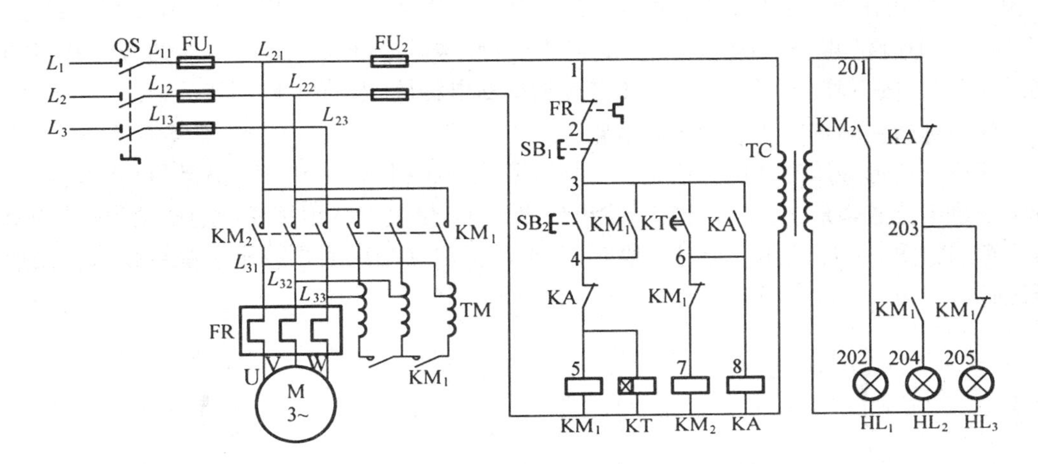

图8-11 自耦补偿降压启动控制电路

XJ01系列自耦补偿启动器是由自耦变压器、交流接触器、中间继电器、热继电器、时间继电器和按钮等电气元件组成。自耦补偿降压启动电路由主电路、控制电路和指示电路所组成,主电路由转换开关QS、熔断器FU_1、接触器KM_1和KM_2主触点、自耦变压器TM、热继电器FR、电动机M组成;控制电路由熔断器FU_2、热继电器FR常闭触点、停车按钮SB_1常闭触点、启动按钮SB_2常开触点、时间继电器KT线圈及延时闭合常开触点、中间继电器KA线圈及常开常闭触点、接触器KM_1和KM_2线圈及辅助常开常闭触点组成。指示电路由KA常闭触点、KM_1辅助常开常闭触点、KM_2辅助常开触点、指示灯HL_1,HL_2和HL_3组成。其中主电路中自变压器TM和接触器KM_1的五对常开主触点构成自耦变压器的降压启动电路,接触器KM_2主触点用以实现电动机全压运行。控制电路中选用中间继电器KA,用以增加触点个数和提高控制电路设计的灵活性。指示电路中用三个信号灯作电路工作状态措示,HL_1灯亮,显示电动机全压运行状态;HL_2灯亮,显示降压启动过程;HL_3灯亮,显示电源有电,电动机处于停车状态。

电路工作原理如下:

合上电源开关QS后,指示灯HL_3亮。按下启动按钮SB_2,接触器KM_1通电自锁,五对常开主触点闭合,电动机M经自耦变压器TM降压启动。KM_1接在6号线至7号线间的常闭触点断开,对接触器KM_2实现联锁;接在203号线至205号线间的KM_1常闭触点断开,切断指示灯HL_3回路电源,指示灯HL_3熄灭;接在203号线至204号线间的KM_1常开触点闭合,指示灯HL_2亮,显示降压启动。同时,时间继电器KT线圈通电延时,为电动机正常运转作准备,经过一定时间,电动机M转速升高至一定值,电动机电流下降,时间继电器KT延时达到整定值,接在3号线至6号线之间的延时闭合常开触点闭合,中间继电器KA通电,KA接在3号线至8号线间的常开触点闭合自锁，同时KA接在201号线至203号线之间的常闭触断开，切断指示灯 HL_2、HL_3 回路电源，指示灯 HL_2、HL_3 熄灭。KA接在4号线至5号线之间的常闭触点断开，切断时间继电器KT和接触器 KM_1 线圈的电源通路，接触器 KM_1 线圈断电释放，所有触点复位，主触点分断，将自耦变压器TM切除。当接触器 KM_1 接在6号线至7号线间的常闭触点复位后，接触器 KM_2 线圈立即通电，其主触点闭合，电动机M全压运行。接触器 KM_2 接在201号线至202号线间的常开触点闭合，指示灯 HL_1 亮，显示全压运行。利用KA的常闭触点断开KT线圈，使KT退出运行，这样可延长时间继电器的寿命并节约电能。停车时，按下停车按钮，线圈 KM_2，KA相继断电释放，电动机M停转。

（四）延边三角形降压启动控制电路

延边三角形降压启动的方法是在每相定子绕组中引出一个抽头，电动机启动时将一部分定子绕组接成△形，另一部分定子绕组接成Y形，使整个绕组接成延边三角形，其绕组连接示意图如图8－12所示。经过一段时间，电动机启动结束后再将定子绕组接成三角形全压运行。

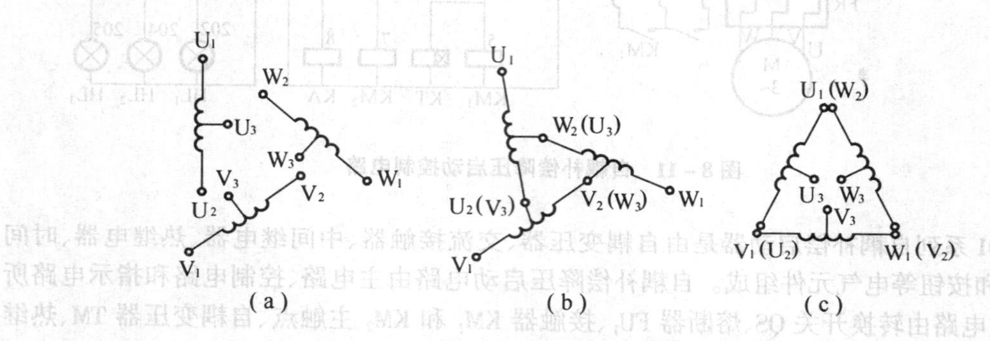

图8－12　延边三角形电动机定子绕组示意图

(a)原始状态；(b)启动时；(c)正常运转

电动机定子绕组作延边三角形接线时，每相定子绕组所承受的电压大于Y形接法时的相电压，而小于△形接法时的相电压。这样，在不增加其他启动设备的前提下，既起到降压限流的作用，又不致使电动机启动转矩太低。并且电动机每相绕组电压的大小可随电动机绕组抽头位置的改变而调节，从而克服了Y－△降压启动时启动电压偏低、启动转矩偏小的缺点。但延边三角形降压启动方法仅适用于定子绕组有抽头的特殊三相交流异步电动机。

延边三角形降压启动控制电路如图8－13所示。主电路中接触器 KM_1 和 KM_3 主触点闭合时，电动机作延边三角形连接启动；接触器 KM_1 和 KM_2 主触点闭合时，电动机作三角形接法全压运行，其电路工作原理如下。

合上电源开关QS后，按下启动按钮 SB_2，接触器 KM_1、时间继电器KT、接触器 KM_3 线圈通电吸合。KM_1 在3号线至4号线间的常开触点闭合自锁，接触器 KM_1，KM_3 主触点闭合，将电动机M绕组接成延边三角形降压启动。同时，接触器 KM_3 在4号线至5号线间的常闭触点断开，切断接触器 KM_2 线圈回路电源，使得在接触器 KM_3 吸合时，接触器 KM_2 不能吸合。经过一定时间后电动机转速升高至一定值时，电动机电流下降，时间继电器KT延时达到整定值，其在4号线至5号线之间的延时闭合常开触点闭合，在7号线至8号线之间的延时断开常闭触点断开，切断接触器 KM_3 线圈回路的电源，接触器 KM_3 线圈失电释放，同时

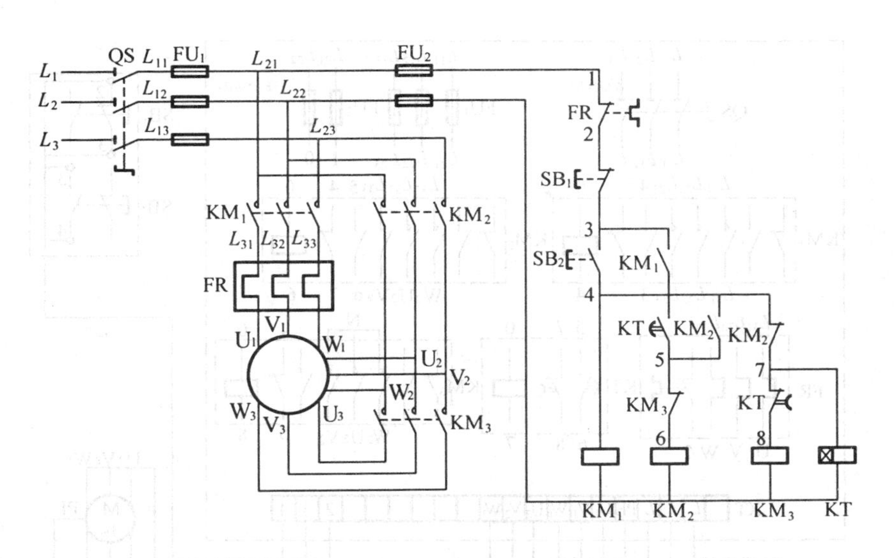

图 8－13　延边三角形降压启动控制电路

KM_3在 5 号线至 6 号线之间的常闭触点复位闭合，接通接触器 KM_2 线圈回路电源，接触器 KM_2 线圈通电吸合自锁，其主触点闭合，与接触器 KM_1 主触点将电动机 M 绕组接成三角形全压运行。而接触器 KM_2 在 4 号线至 7 号线间的常闭触点断开，切断时间继电器 KT 和接触器 KM_3 线圈的电源通路，时间继电器 KT 失电释放，触点瞬时复位，并保障接触器 KM_2 对接触器 KM_3 实现联锁。图中利用接触器 KM_2 的常闭触点断开 KT 线圈的电源，使 KT 退出运行，这样可延长时间继电器的寿命并节约电能。停车时，按下 SB_1 停车按钮，接触器 KM_1，KM_2 线圈相继断电释放，电动机 M 停转。

二、准备器材

(1)精读 Y－△降压启动控制电路的原理图，熟悉线路所用电气元件及作用和线路的工作原理。

(2)检查所选用电气元件的外观应完整无损，附件、备件齐全，调整热继电器的整定电流值和时间继电器的整定时间。

(3)用万用表、兆欧表检测电气元件及电动机的有关技术数据是否符合要求。

三、Y－△降压启动控制电路的安装工艺

工艺要求和安装步骤详见本章第一节，下面简述其安装步骤：

(1)根据电气元件选配安装工具和控制板；

(2)绘制位置图，在控制板上按位置图固装电气元件，并贴上醒目的文字符号；

(3)绘制接线图如图 8－14 所示，控制板上按接线图的走线方法进行板前明线布线和套编码套管；

(4)安装电动机；

(5)连接电动机和按钮金属外壳的保护接地线；

(6)连接电源、电动机等控制板外部的导线；

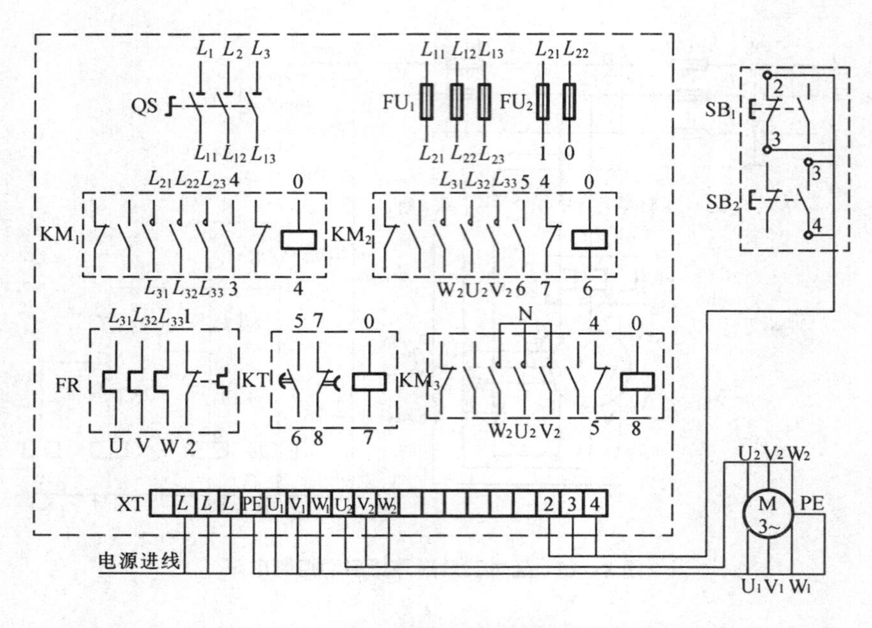

图 8－14　Y－△降压启动控制电路接线图

(7)自检布线的正确性、合理性、可靠性及元件安装的牢固性，确保无误后进行试车；

(8)校验；

(9)经指导教师检查合格后才能进行通电试车；

(10)通电试车完毕，先拆除三相电源线，再拆除电动机负载线。

四、Y－△降压启动控制电路安装的注意事项

(1)电动机及按钮的金属外壳必须可靠接地。接至电动机的导线必须穿在导线通道内加以保护，或采用坚韧的四芯橡皮线或塑料护套线进行临时通电校验。

(2)Y－△降压启动的电动机必须有 6 个出线端子且定子绕组在△形接法时的额定电压等于三相电源线电压。

(3)按钮内接线时，用力不可过猛，以防螺钉打滑。

(4)热继电器的热元件应串接在主电路中，其常闭触点应串接在控制电路中。

(5)热继电器的整定电流应按电动机的额定电流自行调整，绝对不允许弯折双金属片。

(6)时间继电器和热继电器的整定值，应在不通电时预先整定好，并在试车时校正。

(7)时间继电器安装时，必须使时间继电器断电后动铁芯释放时的运动方向垂直向下。

(8)接线时要保证电动机△形接法的正确性，即接触器 KM_2 主触点闭合时，应保证定子绕组的 U_1 与 W_2 相连接、V_1 与 U_2 相连接、W_1 与 V_2 相连接。

(9)接触器 KM_3 的进线必须从三相定子绕组的末端引入，若误将其从首端引入则在 KM_3 吸合时，会产生三相电源短路事故。

(10)编码套管套装要正确。

(11)通电试车时必须有指导教师在现场，并做到安全文明生产。

(12)在通电试车时，学生应根据 Y－△降压启动控制电路的控制要求进行独立校验，如果出现故障应能自行排除。

五、Y－△降压启动控制电路安装的评分标准

Y－△降压启动控制电路安装的配分、评分标准与安全文明生产见表8－2。

六、Y－△降压启动控制电路的故障分析

电路出现的主要故障现象有电动机M不能启动、电动机M不能转换成三角形运行。

(1)电动机M不能启动，也就是电动机M不能接成Y形启动。从主电路来分析，有熔断器FU_1断路，接触器KM_1，KM_3主触点接触不良，热继电器FR主触点有断点，电动机M绕组有故障等。从控制电路来分析有1号线至2号线热继电器FR常闭触点接触不良，2号线至3号线按钮SB_1常闭触点接触不良，3号线至4号线按钮SB_2常开触点接触不良，4号线至7号线接触器KM_2的常闭触点接触不良，7号线至8号线间的时间继电器KT延时断开常闭触点接触不良，接触器KM_1及接触器KM_3线圈损坏等。

故障检查的步骤：按下启动按钮SB_2，观察接触器KM_1，KM_2线圈是否吸合。若接触器KM_1，KM_3线圈都吸合，则为主电路的问题，重点检查熔断器FU_1、接触器KM_1及KM_3主触点、电动机M绕组等；如果接触器KM_1，KM_3均不吸合，则重点检查熔断器FU_2，1号线至2号线间热继电器FR的常闭触点，2号线至S号线间按钮SB_1常闭触点3号线至4号线按钮SB_2常开触点，4号线至7号线间的接触器KM_2常闭触点、7号线至8号线间的时间继电器KT延时断开常闭触点，以及接触器KM_1，KM_3线圈等。

(2)电动机M能Y形启动但不能转换为三角形运行的故障。从主电路分析有接触器KM_2主触点闭合接触不良，从控制电路来分析有时间继电器KT线圈损坏、4号至5号线间接触器KM_3常闭触点接触不良、接触器KM_2线圈损坏等。

检查步骤为：按下启动按钮SB_2，电动机M在Y形启动后，观察时间继电器KT线圈是否吸合，若未吸合，时间继电器KT线圈损坏。如果KT吸合，经过一定时间后，观察7号线至8号线间KT延时断开常闭触点是否断开，接触器KM_3是否释放，5号线至6号线间KT延时闭合常开触点是否闭合，KM_2线圈是否通电。若KM_3未释放，则检查7号线至8号线间KT延时断开常闭触点(不能延时断开)；如KM_3释放，观察KM_2线圈是否通电。若KM_2线圈未通电，则检查5号线至6号线间KT延时闭合常开触点(不能延时闭合)和检查4号线至5号线间接触器KM_3常闭触点；若KM_2线圈通电，则检查KM_2主触点。

七、Y－△降压启动控制电路的检修

(一)检查线路

(1)按照原理图、接线图逐线核查，重点检查主电路各接触器之间的关系，Y、△连接的连接线及控制电路的自锁线、联锁线，有无错接、漏接、脱落、虚接等现象。

(2)检查导线与各端子的接线是否牢固。

(3)用万用表检查线路通断情况，取下接触器KM_1，KM_2，KM_3的灭弧罩，用手操作来模拟触点分合动作，将万用表拨在$R\times1$电阻挡位进行测量。

(4)先检查主电路后检查控制电路，检查方法如下。

①检查主电路，取下 FU_2 熔体，断开控制电路，装好 FU_1 熔体，用万用表分别测量开关 QS 下端子 $L_{11} \sim L_{12}$，$L_{11} \sim L_{13}$，$L_{12} \sim L_{13}$之间的电阻，均应为断路（$R \to \infty$）。若某次测量结果为短路（$R \to 0$），这说明所测两相之间的接线有短路现象应仔细检查，排除故障。

Y 启动电路，同时按下接触器 KM_1 和 KM_3 的动触点，重复上述测量，用万用表分别测得电动机各相绕组的值。若某次测量结果为断路（$R \to \infty$），这说明所测两相之间的接线有断路现象，应仔细检查找出断路点，并排除故障。

△运行电路，同时按下接触器 KM_1 和 KM_2 的动触点，重复上述测量，用万用表应分别测得电动机两相绕组串联后再与第三相绕组并联的电阻值。

②检查控制电路，装好 FU_2 熔体，将万用表表笔接到 L_{21}，L_{22} 处进行以下检查。

启动联锁控制电路，按下启动按钮 SB_2，测出 KM_1，KT 和 KM_3 三个线圈的并联阻值；同时按下接触器 KM_1 的动触点，使其常开触点闭合，也应测出 KM_1，KT 和 KM_3 三个线圈的并联电阻值；同时按下接触器 KM_1 和 KM_2 的动触点，使其常开触点闭合，常闭触点分断，应测出 KM_1 和 KM_2 两个线圈的并联电阻值；同时按下接触器 KM_1，KM_2 和 KM_3 的动触点，使其常开触点闭合，常闭触点分断，应测出 KM_1 线圈的电阻值。

KT 的控制作用，按下启动按钮 SB_2，测出 KM_1，KT 和 KM_3 三个线圈的并联电阻值，再按住 KT 电磁机构的衔铁，等到 KT 的延时断开常闭触点分断切除 KM_3 的线圈，应测出电阻值增大。

（二）试车

检查三相电源，将热继电器按电动机的额定电流整定好，在一人操作一人监护下进行试车。

（1）空操作试验。拆掉电动机绕组的连线，合上开关 QS。按下启动按钮 SB_2，KM_1，KM_3 和 KT 线圈应同时通电动作，待 KT 的延时断开触点分断后，KM_3 断电释放，同时 KT 的延时闭合触点接通 KM_2 线圈通电动作，KM_2 常闭触点分断，KM_3 和 KT 退出运行。按下停车按钮 SB_1，KM_1 和 KM_2 同时释放。重复操作几次，检查线路动作的可靠性。

（2）带负载试车。断开电源，恢复电动机连接线，并作好停车准备，合上开关 QS，接通电源。按下启动按钮 SB_2，电动机通电启动，应注意电动机运行的声音，待几秒后线路转换，观察电动机是否全压运行且转速达到额定值。若 Y－△转换时间不合适，可调节 KT 的针阀，使延时转换时间更准确。如电动机运行时发现异常现象，应立即停车检查后，再投入运行。

（三）注意事项

（1）检修前先要掌握 Y－△降压启动控制电路中各个控制环节的作用与原理，并熟悉电动机的接线方法。

（2）在排除故障的过程中，故障分析、排除故障的思路和方法要正确。

（3）对用测电笔检测故障时，必须检查测电笔是否符合使用要求。

（4）不能随意更改线路和带电触摸电气元件。

（5）仪表使用要正确，以防止引起错误判断。

（6）在检修过程中严禁扩大和产生新的故障。

（7）带电检修故障时，必须有指导教师在现场监护，并要确保用电安全。

实训一　用按钮和接触器控制电动机单向运转电路的安装

【目的】学会安装按钮和接触器控制的电动机单向运转控制电路，并能排除简易故障。

【工具、仪表与器材】万用表、螺丝刀、钢丝钳、电工刀，常开按钮、常闭按钮，交流接触器、电动机、热继电器，熔断器、隔离开关，导线适量。

【训练步骤与工艺要点】

1.按图8－1所示电路，清理并检测所需元件，将元件型号、规格、质量检查情况记入表8－4中。

表8－4　电动机单向运转控制电路元件清单

元件名称	型　　号	规　　格	数量	是否合用
接触器				
启动按钮				
停止按钮				
热继电器				
主电路熔断器				
控制电路熔断器				
隔离开关				
电动机				

注："是否合用"栏中若填"否"，应注明是型号规格不对还是有故障，如有应注明故障部位。（下同）

2.在事先准备好的配电板上，参照图8－1所示布置元件，然后接好线路，将元器件实际安装图画于下面的空栏中。

3.在已安装完工经检查合格的电路上，人为设置故障，通电运行，观察故障现象，并将故障现象记入表8－5中。

表 8-5　电动机单向运转故障设置统计表

故障设置元件	故障点	故障现象
常开按钮	触头不能接触	
接触器	线圈接头开路	
接触器	自锁触头开路	
接触器	一相触头不能接触	
接触器	两相触头不能接触	
热继电器	整定值调得太小	
热继电器	常闭触头不能接触	

注:触头开路故障可在触头间塞入纸屑隔离。(下同)

训练所用时间________　　　　参加训练者(签字)________

20____年____月____日

实训二　双重联锁控制电机正反转电路的安装

【目的】学会安装用按钮和辅助触头作复合联锁的电动机的可逆控制电路,并能排除简易故障。

【工具、仪表与器材】工具、仪表与实训一中所列相同,器材有常闭按钮、常开按钮、接触器、热继电器、主电路和控制电路熔断器、隔离开关、电动机,导线适量。

【训练步骤与工艺要点】

1.按图 8-7 所示电路,清理并检测所需元件,将元件型号、规格、质量检查情况记入表 8-6 中。

表 8-6　用按钮和辅助触头作双重联锁电动机可逆控制电路元件清单

元件名称	型　号	规　格	数量	是否合用
接触器				
启动按钮				
停止按钮				
热继电器				
主电路熔断器				
控制电路熔断器				
隔离开关				
电动机				

2.在事先准备好的配电板上,照图 8-8 所示布置元器件,并编好电路,在下面空栏中画出元件实际位置和布线示意图。

电动机双重联锁可逆控制电路实际安装图

3.在已经安装完工经检查合格、通电能正常运行的电路上，人为设置故障并通电运行观察故障现象，并将故障现象记入表8－7中。

表8－7 电动机可逆控制电路故障设置情况统计表

故障设置元件	故 障 点	故 障 现 象
反转常开按钮	触头不能接触	
正转接触器	联锁触头不能接触	
反转接触器	自锁触头不能接触	
反转接触器	一相主触头不能接触	
控制电路熔断器	熔丝断	
热继电器	动作后没复位	

训练所用时间________　　　　参加训练者(签字)________

20____年____月____日

实训三　鼠笼式电动机Y－△启动电路安装

【目的】学会安装电动机自动式Y－△降压启动电路。

【工具、仪表与器材】实训一中所列电工工具、仪表。器材有Y－△启动器、控制按钮、热继电器、主电路和控制电路熔断器、隔离开关、绕组为△形接法电动机，导线适量。

【训练步骤与工艺要点】

1.按照图8－10所示电路，安装接触器自动控制的Y－△降压启动控制电路，先清理并检测所需元件，并将元件型号、规格质量检测情况记入表8－8中。

表 8-8　Y-△降压启动电路元件清单

元件名称	型　　号	规　　格	数量	是否合用
Y-△启动器				
启动按钮				
停止按钮				
热继电器				
主电路熔断器				
控制电路熔断器				
隔离开关				
电动机				

2.在事先准备好的配电板上，按图 8-10 所示电路布置元器件，并连好电路，在下面的空栏中画出元器件实际位置和布线示意图。

3.在安装完工并检查无误的配电板电路上，先通电试运转，然后人为设置故障并通电运行，观察故障现象，并将故障现象记入表 8-8 中。

Y-△降压启动电路实际安装图

表 8-9　Y-△降压启动电路故障设置情况统计表

故障设置元件	故 障 点	故 障 现 象
接触器 KM	线圈端子接触松脱	
接触器 KM	自锁触头不能接触	
接触器 KMY	联锁触头不能接触	
接触器 KMY	一相主触头不能接触	
接触器 KM△	自锁触头不能接触	

训练所用时间________　　　　参加训练者(签字)________

20____年____月____日

第九章　电子线路的安装与调试

第一节　常用电子元器件的检测

一、电阻器

(一)电阻器的分类

(1)按结构电阻器可分为一般电阻器、片形电阻器、可变电阻器。

(2)按材料电阻器可分为合金型、薄膜型和合成型。

①合金型又可分为精密线绕电阻(RX)、功率型线绕电阻(额定功率在2 W以上,阻值为0.15欧到数百千欧)和精密合金箔电阻(具有温度自动补偿和高精度、高稳定性、高频高速响应等特点)三种。

②薄膜型又可分为金属膜电阻(RJ)、金属氧化膜电阻(RY)、碳膜电阻(RT)。金属膜电阻的特点是工作环境温度适应范围广,温度系数小,噪声低,体积小。金属氧化膜电阻的特点是具有极好的脉冲、高频和过负载性,机械性能好,化学稳定性高。碳膜电阻的特点是阻值范围宽,价格低廉,体积比金属膜电阻大。

③合成型又可分为实心电阻(S)、高压合成膜电阻(RHY)、真空兆欧合成膜电阻(BH)、金属玻璃釉电阻(RI)以及集成电阻等。

另外还有敏感电阻,通常有热敏、压敏、光敏、磁敏、气敏、力敏等不同类型电阻。它们广泛应用于检测技术和自动控制领域。

(二)电阻器的主要技术数据

(1)阻值。电阻器的标称值和偏差一般都标在电阻体上,其标注方法有直接标注法、文字符号法和色标法。直接标注法是用阿拉伯数字和单位符号在电阻器表面直接标出标称阻值,其允许偏差直接用百分数表示。文字符号法是用阿拉伯数字和文字符号两者结合起来表示标称阻值和允许偏差。表示电阻允许偏差的文字符号如表9－1所示。表示电阻单位的文字符号前面的数字表示整数阻值,后面的数字依次表示第一位小数阻值和第二位小数阻值,电阻单位符号如表9－2所示。色标法常用于小功率电阻的标注,特别是0.5 W以下的碳膜和金属膜电阻。色标电阻也称色环电阻,常见的色环电阻有三环、四环、五环三种。三环电阻的前两位表示有效数字,第三位表示应乘的倍数。四环电阻的前两位表示有效数字,第三位表示应乘的倍数,第四环表示误差。五环电阻的前三位表示有效数字,第四位表示应乘的倍数,第五环表示误差,如图9－1所示。误差环和前面色环间的宽度是其他色环间宽度的1.5～2倍,色环颜色及含义如表9－3所示。

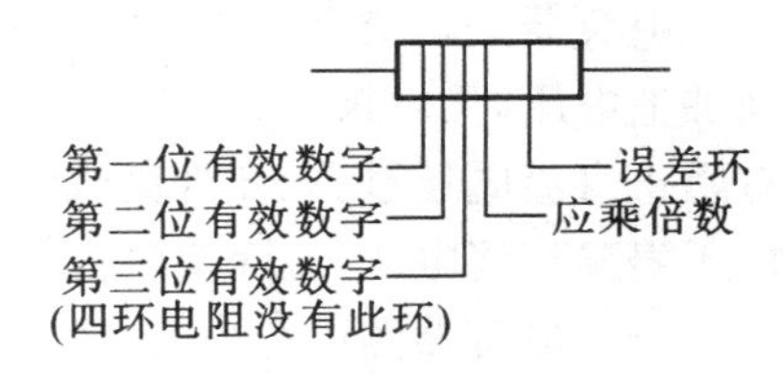

图9－1　色环电阻

表 9-1　电阻允许偏差的文字符号

符号	B	C	D	F	G	J	K	M
偏差	±0.1	±0.25	±0.5	±1	±2	±5	±10	±20

表 9-2　电阻的单位符号

符号	Ω	kΩ	MΩ	GΩ	TΩ
含义	欧(姆)	千欧、10^3 Ω	兆欧、10^6 Ω	吉欧、10^9 Ω	太欧、10^{12} Ω

表 9-3　色环颜色及含义

颜色	黑	棕	红	橙	黄	绿	蓝	紫	灰	白	金	银
表示数字	0	1	2	3	4	5	6	7	8	9	—	—
表示误差	-	±1%	±2%	-	-	±0.5%	±0.25%	±0.1%	-	-	±5%	±10%

(2)额定功率、电阻器在电路中长时间连续工作不损坏,或不显著改变其性能所允许消耗的最大功率,称为电阻器的额定功率。小于 1 W 的电阻器在电路图中通常不用数字标出其额定功率,大于 1 W 的电阻器都用阿拉伯数字表示,如 2 W。在电路图中表示电阻器额定功率的图形符号如图 9-2 所示。

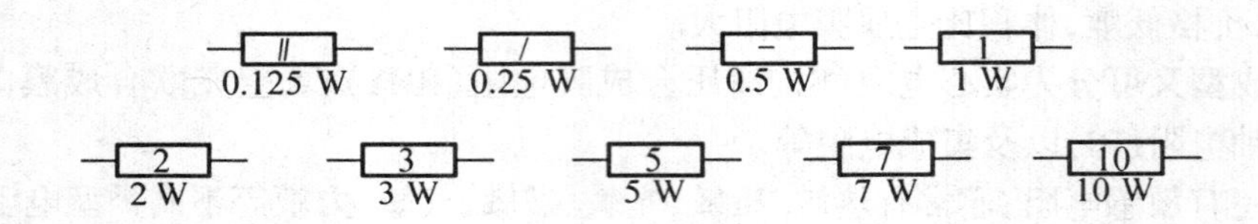

图 9-2　电阻器额定功率的表示方法

二、电容器

电容器是家用电器中的主要元器件之一,它和电阻器一样几乎每种电子电路中都离不开它。电容器的用途不同、结构不同、材料不同,因此电容器的品种规格是五花八门的。

电容器是两个金属电极中间夹有绝缘材料(又称电介质)所组成的。当在两个金属电极间加上电压时,电极上就会贮存电荷,所以电容器实际上是贮存电能的一种元件。电容器具有阻止直流电通过,而允许交流电通过(当然,也有些阻力)的特点,因此电容器在电路中常用于隔离直流电压、滤除交流信号、调谐信号等。

(一)电容器的型号命名

根据国家标准,国产电容器的型号由四部分组成,如图 9-3 所示,各部分所用字母或数字意义见表 9-4。

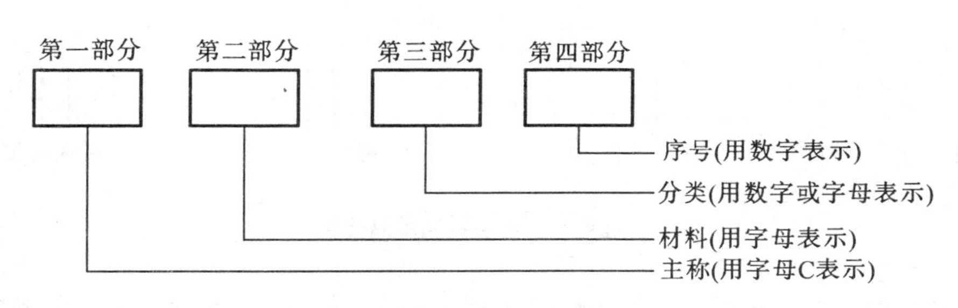

图 9-3　电容器的型号命名

表 9-4　电容器型号中数字和字母代号的意义

材料				分类				
字母	意义	字母	意义	数字字母	意义			
					瓷介	云母	有机	电解
C	高频瓷	H	漆膜	1	圆片	非密封	非密封	箔式
T	低频瓷	Q	复合介质	2	管形	非密封	非密封	箔式
Z	纸介	D	铝电介质	3	叠片	密封	密封	烧结粉液体
J	金属化纸	A	钽电介质	4	独石	密封	密封	烧结粉液体
Y	云母	N	铌电介质	5	穿心		穿心	
V	云母纸	G	合金电介质	6	支柱			
I	玻璃釉	L	涤纶等极性有机薄膜	7				无极性
O	玻璃膜			8	高压	高压	高压	
B	聚苯乙烯等非极性有机薄膜	LS	聚碳酸酯极性有机薄膜	9			特殊	特殊
BF	聚四氟乙烯非极性有机薄膜	E	其他材料电解质	G	高功率			
				W	微调			

例如,型号为 CCW1 的元件的含义是圆片形微调整瓷介电容器,各部分含义如下

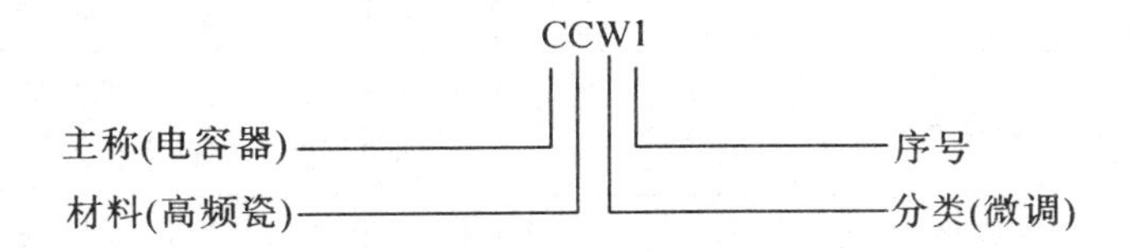

(二)电容器的分类

电容器的图形符号如图 9-4 所示。

1.按电介质分类

实际上电容器的电性能、结构和用途在很大程度上取决于所用的电介质,因此电容器常按电介质分类。

(1)固体有机介质电容　如纸介电容、有机薄膜介质电容器、纸膜复合介质电容器。

电容器(一般符号)　电解电容器　可变电容器　微调电容器

图9-4　电容器的图形符号

(2)固体无机介质电容　如云母电容、陶瓷电容器、玻璃电容器、玻璃釉电容器等。

(3)电解电容器　如铝电解电容器、钽电解电容器、铌电解电容器。

2.按照结构分类

(1)固定电容器　这种电容器的容量不能改变,大多数电容器都是固定电容器,如纸介电容器、云母电容器、电解电容器等。

(2)可变电容器　这种电容器的电容量可以在一定范围内调节,它通常应用于一些需要经常调整的电路中,例如接收机的调谐回路等。

(3)微调电容器　微调电容器又称为半可变电容器或补偿电容器,电容量可以调整,但一般每次调整好后,就固定不动了。

(三)电容器的主要参数

1.标称容量和误差

电容器的电容量是指电容器加上电压后能贮存电荷的能力。储存电荷越多,电容量越大,否则电容器电容量越小。电容量与电容器的介质薄厚、介质介电常数、极板面积、极板间距等因素有关。介质愈薄、极板面积愈大、介质常数愈大,电容量就愈大;反之,电容量愈小。标在电容器外壳上的电容量数值称为电容器的标称容量。

为便于生产和使用,国家规定了一系列容量值作为产品标准,表9-5是固定电容器的标称容量系列。

表9-5　固定电容器标称容量系列

标称值系列	允许误差	标称容量系列
E24	±5%	1.0　1.1　1.2　1.3　1.5　1.6　1.8　2.2 2.4　2.7　3.0　3.3　3.6　3.9　4.3 4.7　5.1　5.2　5.6　6.2　7.5　8.2　9.1
E12	±10%	1.0　1.2　1.5　1.8　2.2　2.7　3.3　3.9 4.7　5.6　6.8　8.2
E6	±20%	1.0　1.5　2.2　3.3　4.7　6.8

2.额定直流工作电压(耐压)

电容器的耐压是表示电容器接入电路后,能长期连续可靠地工作,不被击穿时所能承受的最大直流电压。使用时绝对不允许超过这个耐压值,如果超过,电容器就要损坏或被击穿,如果电压超过耐压值很多,有时电容器本身就会爆裂。电容器用于交流电路中,其最大值不能超过额定的直流工作电压。

3.绝缘电阻

电容器的绝缘电阻是指电容器两极之间的电阻,或者叫漏电电阻。绝缘电阻大小决定于电容器介质性能的好坏。使用电容器时应选绝缘电阻大的为好,因绝缘电阻越小,漏电就越多,这样会影响电路的正常工作。

(四)电容器的容量值标注方法

1.字母数字混合标法

这种方法是国际电工委员会推荐的表示方法。具体内容是用2~4位数字和一个字母表示标称容量,其中数字表示有效数值,字母表示数值的单位,字母有时既表示单位也表示小数点。如

$22\ m = 22\times10^3\ \mu F = 22\ 000\ \mu F$　　$47n = 47\times10^{-3}\ \mu F = 0.047\ \mu F$

$3\mu3 = 3.3\ \mu F$　　$5n9 = 5.9\times10^3\ pF = 5\ 900\ pF$

$2p2 = 2.2\ pF$　　$\mu22 = 0.22\ \mu F$

2.不标单位的直接表示法

这种方法是用1~4位数字表示,容量单位为pF。如数字部分大于1时,单位为皮法,当数字部分大于零小于1时,其单位为微法(μF)。如3 300表示3 300皮法(pF),680表示的680皮法(pF),7表示7皮法(pF),0.056表示0.056微法(μF)。

3.有极性电解电容器的引脚极性表示方式

①采用"+"号表示正极性脚,在外壳上有"+"一侧的那根引脚是正极。

②采用不同的端头形状来表示引脚的极性,这种方式往往出现在两根引脚轴向分布的电解电容器中。

③标出负极性引脚,在电解电容器的绿色绝缘套上画出像负号的符号,以此表示这一引脚为负极性引脚。

④采用长短不同的引脚来表示引脚极性,通常长的引脚为正极性引脚。

4.电容器容量的数码表示法

一般用三位数表示容量的大小,前面两位数字为电容器标称容量的有效数字,第三位数字表示有效数字后面零的个数,它们的单位是pF。如

$102 = 10\times102\ pF = 1\ 000\ pF$　　$221 = 22\times101\ pF = 220\ pF$

$224 = 22\times104\ pF = 0.22\ \mu F$　　$472 = 47\times102 = 4\ 700\ pF$

5.电容器的色码表示法

色码表示法是用不同的颜色表示不同的数字,其颜色和识别方法与电阻色码表示法一样,单位为pF。

6.电容量的误差

电容器容量误差的表示法有两种。一种是将电容量的绝对误差范围直接标注在电容器上,即直接表示法,如2.2±0.2 pF。另一种方法是直接将字母或百分比误差标注在电容器上。字母表示的百分比误差是D表示±0.5%,F表示±1%,G表示±2%,J表示±5%,K表示±10%,M表示±20 %,N表示±30%,P表示±50%。如电容器上标有334 K则表示0.33 pF,误差为±10%。又如电容器上标有103 P表示这个电容器的容量变化范围为0.01~0.02 μF,P不能误认为是单位pF。

(五)普通电容器的故障及检测

电容器在电路中的使用数目和应用的范围仅次于电阻器,电容器和电阻器相比较在检

测修配等方面有着很大的不同,电容器的故障发生率比电阻器高,检测也复杂。

1.故障类型

普通电容器的常见故障主要有以下几种。

(1)电容器开路故障　电容器开路之后,用万用表测量便没有电容器的作用了。当不同电路中的电容器出现开路故障之后,电路的具体故障现象是不同的,但共同的故障特性是只影响交流信号,不影响电路中的直流工作状态。

(2)电容器击穿故障　当电容器击穿后,没有电容器的作用,电容器两根引脚之间为通路,这时电容的隔直作用消失,不同电路中电容器击穿后电路的具体故障表现是不同的,但共同点是电路的直流工作出现故障,从而影响到电路的交流工作状态。

(3)电容器漏电故障　当电容器漏电时,电容器两极板之间绝缘性能下降,两极板之间存在漏电阻,将有一部分直流电流通过电容器,电容器的隔直性能变差,同时电容器的容量也下降。当耦合电容器漏电时,将造成电路噪声大故障,当滤波电容器漏电时,电源电路的直流输出电压下降,同时滤波效果明显变劣。漏电严重时,故障现象同电容击穿时差不多,对于轻度漏电故障往往造成电路的软故障,出现疑难杂症故障时,很难发观电容器的轻度漏电,电容器漏电故障主要出现在一些工作频率比较高的电路中。

(4)电容器软击穿故障　电容器的软击穿故障表现为加上工作电压后电容器才击穿,在断电后又不表现为击穿,这称为电容器的软击穿故障。对这种故障,用万用表检测它时,不会表现出击穿的特征,若在通电情况下测量电容器两端的直流电压为零或很低,则为软击穿故障。电容器的这种故障也是很难发现的。一般情况下,在工作电压较高场合下运用的电容器比较容易出现软击穿故障,工作于高频状态下的电容器容易出现漏电故障。

2.检测方法

普通电容器的检测方法主要有二种:一是采用万用表欧姆挡检测法,这种方法操作简单,检测结果基本上能够说明问题;第二种是采用代替检查法,这种方法的检测结果可靠,但操作比较麻烦,此方法一般多用于在路检测。修理过程中,一般是先用第一种方法,再用第二种方法加以确定。

(1)万用表欧姆挡检测法

为保证电容器装入电路后的正常工作,在装入电路前对电容器必须进行检测,主要采用万用表检测法。而检测在路电容器要采用第二种方法或将在路电容器脱开电路后进行检测。普通万用表可以用欧姆挡进行电容器的粗略检测,虽然是粗略的,但由于检测方便和能够说明一定的问题,故被普遍采用。

①漏电电阻的测量　用万用表的欧姆挡($R\times10$ K 或 $R\times1$ K 挡,视电容器的容量而定),当两表笔分别接触电容器的两根引线时,表针首先朝顺时针方向(向右)摆动,然后再慢慢地向左回归至"∞"位置的附近,此过程为电容器的充电过程。当表针静止时所指的电阻值就是该电容器的漏电电阻。在测量中如表针距无穷大较远,表明电容器漏电严重,不能使用。有的电容器在测漏电电阻时,表针退回到无穷大位置,又顺时针摆动,这表明电容器漏电更严重(一般要求漏电电阻 $R\geqslant500$ K,否则不能使用)。对于电容量小于 5 000 pF 的电容器,万用表不能测出它的漏电阻。

当测量上百微法大电容时,充电时间很长。为缩短测量大电容器漏电阻的时间,可采用如下方法:当表针偏转到最大值时,迅速从 $R\times1$ K 挡拨到 $R\times1$ 挡;由于 $R\times1$ 挡欧姆中心值很小,电容很快就充好电,表针立即回到"∞"处;然后再拨回 $R\times1$ K 挡,若表针仍停在

"∞"处，说明漏电阻极小，测不出来，若表针又慢慢地向右偏转，最后停在某一刻度上，说明存在漏电阻，其读数即为漏电阻值。

②电容器的断路、击穿检测　检测容量为 6 800 pF ~ 1 μF 的电容器时，用 $R \times 10$ K 挡，红、黑表棒分别接电容器的两根引脚，在表棒接通的瞬间，应能见到表针有一个很小的摆动过程。

如若未看清表针的摆动，可将红、黑表棒互换一次后再测，此时表针的摆动幅度应略大一些，若在上述检测过程中表针无摆动，说明电容器已断路。若表针向右摆动一个很大的角度，且表针停在那里不动（即没有回归现象），说明电容器已被击穿或严重漏电。注意，在检测时手指不要同时碰到两支表捧，以避免人体电阻对检测结果的影响。同时，检测大电容器如电解电容器时，由于其电容量大，充电时间长，所以当测量电解电容器时，要根据电容器容量的大小，适当选择量程。电容量越小，量程越要放小，否则就会把电容器的充电误认为击穿。

检测容量小于 6 800 pF 的电容器时，由于容量太小，充电时间很短，充电电流很小，万用表检测时无法看到表针的偏转，所以此时只能检测电容器是否存在漏电故障，而不能判断它是否开路，即在检测这类小电容器时，表针应不偏，若偏转了一个较大角度，说明电容器漏电或击穿。对于检测这类小电容器是否存在开路故障，用这种方法是无法检测的，可采用代替检查法，或用具有测量电容功能的数字万用表来测量。

③电解电容器极性的判断　用万用表测量电解电容器的漏电电阻，并记下这个阻值的大小，然后将红黑表捧对调再测电容器的漏电电阻，将两次所测得的阻值对比，漏电电阻小的一次，黑表棒所接触的是负极。

④微调电容器和可变电容器检测方法　对于微调电容器和可变电容器没什么有效的检测方法，主要是用万用表的 $R \times 10$ K 挡测量动片引脚与各定片引脚之间的电阻，应呈开路特征。如有一定电阻，说明动片与定片之间有短路现象，可能是灰尘或介质损坏，当介质损坏时，要作更换处理。

(2)代替检查法

对检测电容器而言，代替检查法在具体实施过程中分成下列两种不同的情况。

①如若怀疑某电容器存在开路故障，可在电路中直接用一只好的电容器并联上去，通电检验，若 C_1 是原电路中的电容，C_0 是为代替检查而并联的好电容，令 $C_0 = C_1$。由于怀疑 C_1 开路，所以在 C_1 两端直接并联一只电容 C_0 是可以的，这样的代替检查操作过程比较方便。代替后通电检查，若故障现象消失，则说明是 C_1 开路了，否则也可以排除 C_1 出现开路故障的可能性。

②若怀疑电路中的电容器是短路或漏电，则不能采用直接并联上去的方法，要断开怀疑电容器的一根引脚（或拆下该电容）后再用代替检查，因为电容短路或漏电后，该电容器两根引脚之间不再是绝缘的，使并上的电容不能起正常的作用，就不能反映代替检查的正确结果。

(3)检测中的注意事项

在检测容量小于 1 μF 普通电容器的过程中，要注意以下几个方面的问题：

①用万用表欧姆挡检测电容器的原理是：在欧姆挡表内电池与表棒是串联的，在检测电容器时，表内电池和表内电阻与被测电容器串联起来，由表内电池通过表内电阻对电容器进行充电。若电容器没有开路，就会有充电现象，即表内会有电流流动，表针会偏转，应是表针

先向右偏转再向左偏转到阻值无穷大处，当表针偏转到阻值无穷大处后，说明对电容器的充电已经结束。

当电容器存在击穿或漏电故障时，电容器两极板之间不再是绝缘的，而是存在一个电阻(称为漏电阻)而不为无穷大，万用表的欧姆挡能够测量这一漏电阻，表针向右偏转一个角度，指示漏电阻的大小，所以当测得有漏电阻存在时则说明电容器已经击穿或漏电。

②由于 1 μF 以下的小容量电容器，万用表检测时对电容器的充电时间很短，不容易观察到表针偏转现象，所以应在表捧接触瞬间观察表针的变化，而不是表棒搭在电容器引脚上之后，过一会儿再观察表针。操作方法是一手拿电容器，另一手拿表棒，拿表棒的方法如拿筷子。首先将任意一表棒接触电容器的一脚，然后双眼看着万用表指针，最后像夹食物一样，将另一表棒接触电容器的另一脚上，这样即可看到充电过程。

③万用表检测方法也可以在路检测电容器，但小容量电容器因为电容量太小，受外电路影响较大，测量结果是不准确的，所以一般不采用在路检测的方法。

④普通万用表检测电容器时，无法准确测出电容器的容量，修理中往往无须去测量容量的大小，只要求判断电容器是否存在开路或短路、严重漏电等故障。

⑤采用万用表检测的方法不能测出电容器的轻微漏电故障。

(六)电解电容器检测及修配方法

电解电容器是固定电容器中的一种，将它单独列出介绍是因为它与普通固定电容器有较大的不同，它的容量一般大于 1 μF，其检测方法也有较大不同。

1.故障特征

电解电容器的故障发生率比较高，其故障主要有下列几种。

(1)击穿故障　这种故障还分成两种情况，一是常态下(未加电压)已击穿；二是常态下还好，加上电压后击穿，这时的检测比较困难。

(2)漏电大故障　电解电容器的漏电比一般电容器的大，但漏电太大就是故障了。在电解电容器漏电后，电容器仍能起一些作用，但电容量下降，会影响直流电路的正常工作，严重时影响到交流电路的正常工作。

(3)容量减少故障　当电解电容器出现这种故障时，电解电容器无击穿等明显现象，这一故障主要是因使用时间太长而使电容量下降。

(4)开路故障　当电解电容器出现这一故障时，电解电容器已不能起一个电容器的作用，对直流电路工作没有影响(滤波电容除外)，使交流电路不能工作。

(5)爆炸故障　这种情况只出现在有极性电解电容器更换新的电容器时，由于电容器的正、负引脚接反而发生爆炸。电源电路中滤波电容器的故障发生率最高，主要是击穿和漏电故障，在击穿或严重漏电时会熔断电路中的保险丝。

2.检测方法

检测电解电容器的方法很多，在不同的场合可以采用不同的检测方法，下面介绍一些常用的电解电容器检测方法。

(1)脱开检测方法

电解电容的检测主要是检测它的漏电阻大小及充放电现象，方法是采用万用表 $R\times1$ kΩ 挡，在检测前，先将电解电容器的两根引脚相碰一下，以便放掉电容器内残余的电荷。当表棒刚接通时，表针向右偏转一个角度，然后表针便缓缓地向左回转，最后表针停下。表针停下所指示的阻值为该电解电容器的漏电阻。此阻值愈大愈好，应十分接近无穷大处。

上述检测过程中，如若漏电阻只有几十千欧，说明这一电解电容器漏电严重。如若表针向右摆动不回摆了，说明电容器已被击穿。表针向右摆动的角度愈大，说明这一电解电容器的电容量愈大，反之则说明容量愈小。由于电解电容的容量较大、偏差也较大，所以在检测中主要关心电容器是否存在击穿或漏电故障，容量的具体大小这种方法无法测量，关系也不大。

(2)在路检测方法

电解电容器的在路检测，主要是检测它是否已开路或是否已击穿这两种明显的故障，对漏电故障由于受外电路的影响，一般测不准。

在路检测的方法是用万用表 $R\times1\ \text{k}\Omega$ 挡，电路断电后先用导线将被测电容器的两个引脚相碰一下，以放掉可能存储在电容器内的电荷。然后，两根棒分别接触电解电容器的两极引脚，此时表针应先向右迅速偏转，然后再向左回摆。如若无向右偏转和回摆现象，说明电容器已损坏；如表针回转后所指示的阻值很小（接近短路），说明电容已被击穿；如若表针无回转但所指示的阻值不很小，说明此电容开路的可能性很大，应将这一电解电容器脱开电路后进一步检测。

(3)在路通电检测方法

当怀疑某电解电容器只在通电状态下才存在击穿故障时，可以给电路通电，然后用万用表直流电压挡测量该电容器两端的直流电压，若为 0 V 或很低，则该电容器已被击穿，若测量的电压值正常（不低），说明怀疑错误。

3.检测注意事项

关于对电解电容器的检测，要注意以下几个方面的问题：

(1)对有极性电解电容器的检测，黑表棒应接电容器的正极，红表棒接负极，若接反则测得的漏电电阻比较小，不符合实际情况。

(2)对于无极性的电解电容器，红黑表棒可以不分。

(3)对在路电容器，可以先采用在路检测方法，当存在怀疑时，再进行脱开电路检测。

(4)当电容器内部已经充电，再用万用表去检测时，表针向右偏转的角度不大，有时甚至不偏转。所以，在测量一次后，如若要进行第二次检测，要先将电容器的两根引脚直接接触一下，先放电，再测量。在路检测时，在刚关机时的电容器内部可能充有电荷，此时也要先放电，后检测。

(5)若表棒接通电解电容器两根引脚时表针不偏转，可将电容器两引脚相互碰一下后再测（这样做是为了放掉电容器内部的电荷），若表针仍不偏转，说明该电容器存在开路故障。

4.更换方法

关于电解电容器的更换方法，主要说明以下几点：

(1)对于开路或容量变小的电解电容器，更换时如若拆下坏电容器不方便，可在不拆下的情况下接入新的电解电容器，将新电容器焊在原电容器的引脚焊点上。

(2)对于漏电、击穿故障的电解电容器，一定要先拆下坏电容器后再更换。

(3)对于有极性电解电容器，焊上新电容器时，一定要认清正、负引脚后再焊。正、负引脚焊反了，有的造成漏电增大（如耦合电容器），有的则要爆炸（如滤波电容器）。当滤波电容器正、负引脚接反时，通电后该电容器先膨胀，约几秒钟后会爆炸，这一点一定要小心。

三、电感器

电感器是电子技术应用中常用的电子元件，可用于调谐、振荡、耦合、匹配、滤波、延迟、补偿、偏转聚焦等电路中。

(一)电感器的分类

(1)按电感量变化可分为固定电感器、可变电感器和微调电感器等。

(2)按电感器线圈内介质不同可分为空心电感器、铁芯电感器、磁心电感器、电感器等。

(3)按绕制特点可分为单层电感器、多层电感器、蜂房电感器等。

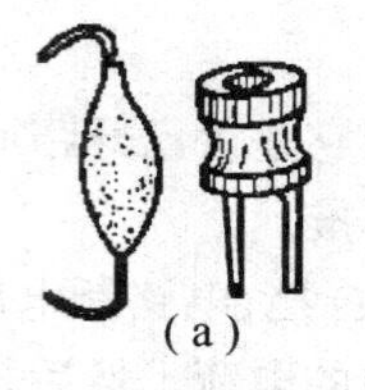

(a)

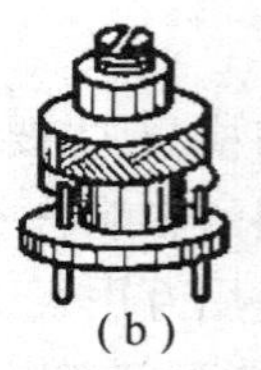

(b)

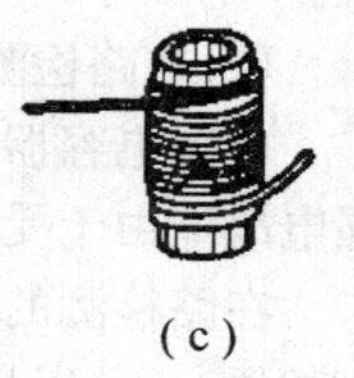

(c)

图9-5　常见部分电感器外形

(a)磁心电感器；(b)可调磁心电感器；(c)空心电感器

常见部分电感器外形及图形符号如图9-5所示。

(二)电感器的主要参数

(1)标称电感量。电感的单位是亨(H)，实际标称电感量常用的单位是毫亨(mH)及微亨(μH)，换算关系为 $1\ \mathrm{H}=10^3\ \mathrm{mH}=10^6\ \mu\mathrm{H}$。

(2)额定电流。线圈中允许通过的最大电流，常用的规格有50 mA，150 mA，300 mA，700 mA，1 600 mA。

电感器的标注方法与电阻器、电容器的标注方法相同，有直标法、文字符号法和色标法。

四、晶体管

根据国家标准，晶体管器件型号的命名由五部分组成，第一部分用数字表示半导体管的电极数目，第二部分用字母表示半导体器件的材料和极性，第三部分用字母表示半导体的类别，第四部分用数字表示半导体器件的序号，第五部分用字母表示区别代号。场效应管复合管、PIN管、激光器件的型号只有第三、四、五部分而没有第一、二部分。半导体器件型号的前三部分组成如表9-6所示。

表9-6　晶体管型号前三部分组成

第一部分		第二部分		第三部分	
用数字表示半导体管的电极数		用字母表示半导体器件的材料和极性		用字母表示半导体的类别	
符号	意义	符号	意义	符号	意义
2	二极管	A	N型锗材料	P	普通管
3	三极管	B	P型锗材料	W	稳压管
		C	N型硅材料	V	微波管
		D	P型硅材料	Z	整流管
		A	PNP型锗材料	S	隧道管

表 9-6(续)

第一部分		第二部分		第三部分	
用数字表示半导体管的电极数		用字母表示半导体器件的材料和极性		用字母表示半导体的类别	
符号	意义	符号	意义	符号	意义
		B	NPN 型锗材料	N	阻尼管
		C	PNP 型硅材料	U	光电器件
		D	NPN 型硅材料	K	开关管
				X	低频小功率管
				G	高频小功率管
				D	低频大功率管
				A	高频大功率管
				T	可控整流器
				Y	体效应器件
				J	阶跃恢复管
				CS	场效应管
				BT	半导体特殊器件
				FH	复合管
				JG	激光器件

(一)二极管的极性和性能的简易判别

一般在二极管管壳上都标有二极管的符号以表示其极性,有的用圆圈或圆点表示,在壳体上有圆圈或圆点的一端为负极。若无标记,可用万用表电阻挡测量其正、反向电阻来加以区别。对耐压低、小电流的二极管只能用 $R\times100$ 或 $R\times1$ k 挡测量。测量时,万用表的红、黑表笔分别接二极管的两端,然后交换表笔再次测量,两次测量的电阻值相差越大越好。若两次测量的阻值相差很大,说明二极管单向导电性能好,并且呈高阻值时红表笔所接的一端为二极管的阳极。若两次测量的阻值相差很小,说明该二极管已失去单向导电性。若两次测量值均很大,说明该二极管已开路。

(二)三极管的极性和性能的简易判别

(1)先判断基极 b 和三极管类型。将万用表置欧姆挡“$R\times100$”或“$R\times1$ k”处,先假设三极管的某极为“基极”,并将黑表笔接在假设的基极上,再将红表笔先后接到其余两个电极上,如果两次测得的电阻值都很大(或者都很小),约为几千欧至十几千欧(或约为几百欧至几千欧),而调换表笔后测得的电阻值都很小(或者都很大),则可确定假设的基极是正确的。如果两次测得的电阻值是一大一小,则可肯定假设的基极是错误的,这时必须重新假设另一电极为“基极”,再重复上述的测试。最多重复两次就可找出真正基极,当基极确定以后,将黑表笔接基极,红表笔分别接其他两极,此时若测得的电阻值很小,则该三极管为 NPN 型管,反之为 PNP 型管。

(2)判断集电极 c 和发射极 e。以 NPN 型管为例,把黑表笔接到假设的集电极 c 上,红表笔接到假设的发射极 e 上，并且用手捏住 b 和 c 极（不能使 b、c 直接接触），相当于在 b、c 之间接入偏置电阻。读出表头所示 c，e 间的电阻值，然后将红、黑两表笔调换重测。

若第一次电阻值比第二次小，说明第一次假设正确，黑表笔所接为三极管集电极 c，红表笔所接为三极管发射极 e。因为 c，e 间电阻值小，说明通过万用表的电流大，偏置正确。使管子处于放大状态，测试过程如图 9－6 所示。

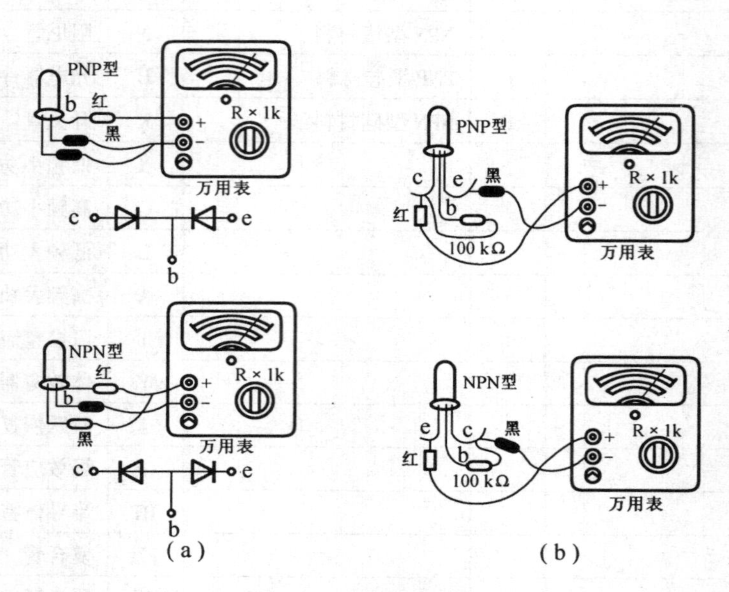

图 9－6　三极管极性测量

（三）单结晶体管的简易测试

（1）确定发射极。单结晶体管的发射极 e 对第一基极 b1、对第二基极 b2 都相当于一个二极管，b1 和 b2 之间相当于一个固定电阻。用万用表 $R\times100$ 挡，将红、黑表笔分别接单结晶体管任意两个管脚，测量其电阻，接着对调红、黑表笔，测电阻。若第一次测得阻值小，第二次测得电阻值大，则第一次测试时黑表笔所接的管脚为 e 极，红表笔所接的管脚为基极 b。若两次测得的电阻值都一样，约在 2～10 kΩ，那么这两个脚都为 b 极，另一个管脚为 e 极。

（2）确定 b1 和 b2。由于单结晶体管在结构上 e 靠近 b2 极，故 e 对 b1 的正向电阻比 e 对 b2 的正向电阻要稍大一些，测量 e 与 b1，e 与 b2 的正向电阻值，即可区别第一基极 b1 和第二基极 b2。

（四）晶闸管的简易测试

（1）单向晶闸管。单向晶闸管的外形有平面型、螺栓型和小型塑封型等几种。它有三个电极，阳极 A、阴极 K 和控制极 G。单向晶闸管的内部结构包含四层半导体材料构成的三个 PN 结，如图 9－7 所示。它的电极分别从 P_1 引出阳极、P_2 引出控制极、N_2 引出阴极。

①判断电极。假设三个电极中的一个为控制极，选择万用表 $R\times10$ 的电阻挡，将黑表笔接控制极，红表笔分别接另外两个电极，测量结果为低阻值时，黑表笔接的是控制极，红表笔接的是阴极，另一管脚是阳极。

②判断性能。测量阳极与阴极之间的正反向电阻，若阻值都很大（指针基本不动），表明

阳极与阴极之间是正常的,若阻值仅几千欧,甚至为零,则表明晶闸管性能不好或内部短路。选择万用表的 $R\times1$ 挡,将黑表笔接阳极,红表笔接阴极,在黑表笔不离开阳极的情况下短接一下控制极后,万用表应保持几欧到几十欧的读数,表明晶闸管性能良好。

(2)双向晶闸管。双向晶闸管是由制作在同一硅单晶片上、有一个控制极的两只反向并联的单向晶闸管构成。它是 NPNPN 五层三端半导体器件,如图 9-8 所示。双向晶闸管也有三个电极,但它没有阴、阳极之分,而统称为主电极 T_1 和 T_2,另一个电极 G 称为控制极。双向晶闸管的工作特点是,它的主电极 T_1 和 T_2 无论加正向电压还是反向电压,其控制极 G 的触发信号无论是正向还是反向,它都能被"触发"导通。由于双向晶闸管具有正、反两个方向都能控制导通的特性,所以它的输出电压不像单向晶闸管那样是直流,而是交流形式。

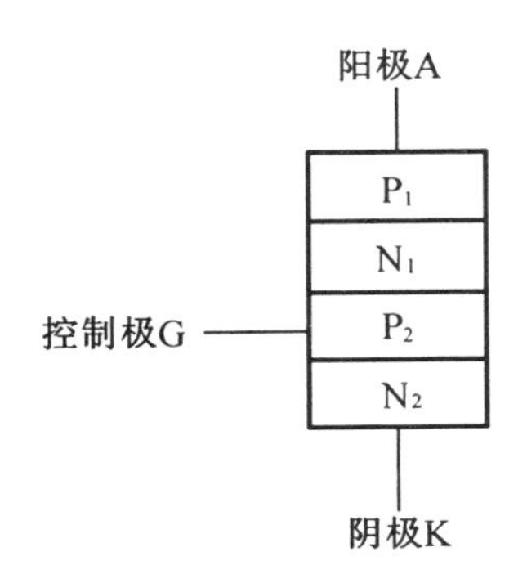

图 9-7　单向晶闸管的结构

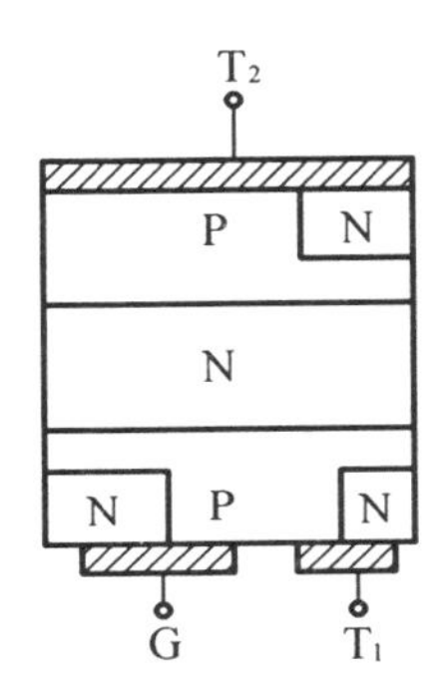

图 9-8　双向晶闸管的结构

双向晶闸管电极及性能检测。选择万用表 $R\times10$ 的电阻挡,将黑表笔接 T_1,红表笔接 T_2,指针应不动或微动,调换两表笔,指针仍不动或微动为正常。在红表笔不离开 T_2 的情况下短接一下控制极后,万用表应保持几欧到几十欧的读数;调换两表笔,仍在红表笔不离开 T_2 的情况下短接一下控制极后,万用表应保持几欧到几十欧的读数,则表明晶闸管性能良好。

(五)场效应管的检测

(1)结型场效应管栅极的判别。根据 PN 结的单向导电性,用万用表 $R\times1$ K 挡,将黑表笔接管子一个极,红表笔分别接另外两个电极,测得电阻都很小,则黑表笔所接的是栅极,且为 N 型沟道场效应管。若将红表笔接管子一个极,黑表笔分别接另外两个电极,若测得电阻都很小,则红表笔所接的是栅极,且为 P 型沟道场效应管。

(2)结型场效应管性能判别。根据判别栅极的方法,能粗略判断出管子的好坏。当栅源间、栅漏间反向电阻很小时,说明管子已损坏。若要判别管子的放大性能,可将万用表的红、黑表笔分别接触源极和漏极,然后用手碰触栅极,表针应偏转较大,说明管子放大性能较好;若表针不动,说明管子性能差或已损坏。

第二节　典型电子线路的安装与检修

一、焊接工艺

电烙铁是烙铁钎焊的热源，分内热式、外热式两种。常用规格有25 W，45 W，75 W，100 W，300 W等。

（一）选用电烙铁应考虑的问题

（1）焊接集成电路、晶体管及其他受热易损元器件时，应选用20 W内热式或25 W热式电烙铁。

（2）焊接导线及同轴电缆时，应选用45～75 W外热式电烙铁，或50 W内热式电烙铁。

（3）焊接较大的元器件时，如大电解电容器的引线脚、金属底盘接地焊片等，应选用100 W以上的电烙铁。

（二）电烙铁的使用方法及注意事项

（1）新烙铁在使用前的处理。新烙铁使用前必须先给烙铁头镀上一层焊锡。方法是先把烙铁头表面的氧化层挫去，然后接上电源，当烙铁头温度升至能熔化锡时，将松香在烙铁头上，再涂上一层焊锡，直至烙铁头的表面挂上一层锡，便可使用。并在以后也应保持这层锡层的完整，这样既保护了烙铁的焊头不被氧化，又便于焊接。

（2）中途停止焊接操作时应将烙铁放置在烙铁支架上，以免烧坏物品。

（3）长时停焊或焊接完毕时，应切断电源。烙铁头放凉后方可收起。

（4）电烙铁的握法。电烙铁的握法有三种，如图2－18所示。（a）为反握法，此法适用于大功率的电烙铁，焊接散热量较大的被焊件。（b）为正握法，也适用于较大功率的电烙铁，且多为弯形烙铁头。（c）为握笔法，适用于小功率的电烙铁，焊接散热量小的被焊接如收音机、电视机电路的焊接和维修等。与焊件形成面接触而不是点接触或线接触，这样能大大提高效率。不要用烙铁头对焊件加力，这样会加速烙铁头的损耗，并造成元件损坏。加热要靠焊锡桥，所谓焊锡桥，就是靠烙铁上保留少量焊锡作为加热时烙铁头与焊件之间传热的桥梁，但作为焊锡桥的锡保留量不可过多。送丝时焊锡量要合适，焊锡量过多容易造成焊点上焊锡堆积并容易造成短路，且浪费材料；焊锡量过少，容易焊接不牢，使焊件脱落。烙铁撤离要及时，而且撤离时的角度和方向对焊点的成型有一定影响，应使焊点光滑美观。

二、调压稳压电路

（一）串联稳压电路

为克服稳压管稳压电路输出电流较小，输出电压不可调的缺点，引入串联型稳压电路。

串联型稳压电路是以稳压管稳压电路为基础，利用晶体管的电流放大作用增大负载电流，并在电路中引入深度电压负反馈使输出电压稳定，通过改变网络参数使输出电压可调。

串联型稳压电路由采样环节、基准电路、比较放大环节、调整环节几部分组成，实验电路如图9－9所示。

当电网电压减小或负载电阻变小而引起输出电压 U_O 减小时，取样电压即比较放大管 T_3 基极电位 U_{b3} 也减小，而其射极电位（基准）不变，因此 U_{be3} 减小，使其集电极电位 U_{c3} 升高，即使调整管 T_1 的基－射电压 U_{be1} 增大，导致 T_1 导通增强，其集－射电阻 R_{ce1} 减小，管压

降 U_{ce1} 降，从而使输出电压 U_0 上升，保证了 U_0 基本不变。

由于在稳压电路中，调整管与负载串联，因此流过它的电流与负载电流一样大。当输出电流过大或发生短路时，调整管会因电流过大或电压过高而损坏，所以需要对调整管加以保护，电路中的 LED 为限流指示。

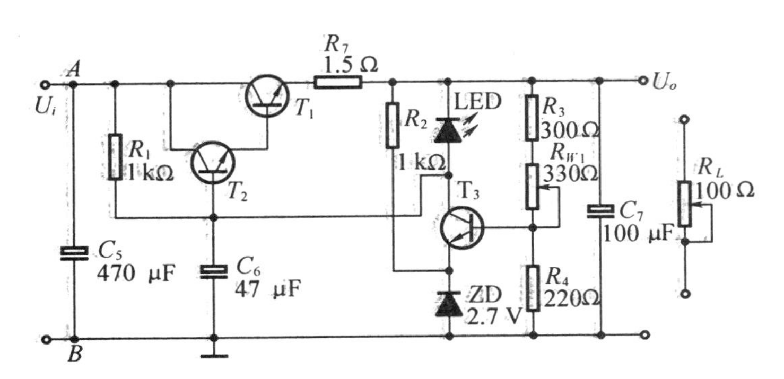

图 9－10　串联型稳压电路

(二)白炽灯无极调光电路

图 9－11 所示电路是一种简单的晶闸管调光电路，晶闸管和电路和工作原理叙述如下。

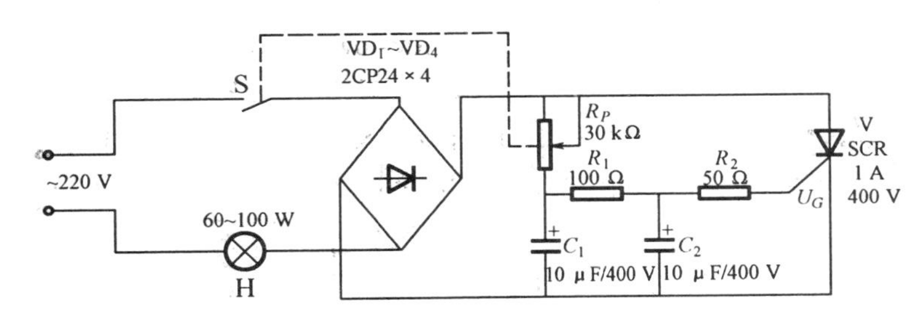

图 9－11　晶闸管白炽灯无级调光电路

(1)晶闸管正向阻断　晶闸管只加正向电压(阳极接正，阴极接负)，控制极不加触发电压时，晶闸管不导通。

(2)晶闸管导通　当晶闸管加正向电压，控制极加触发电压后，晶闸管导通，此后，即使将触发电压消失，若晶闸管电流在其维持导通电流以上，晶闸管仍维持导通。

(3)晶闸管关断　当晶闸管正向电压被取消或加反向电压，或者晶闸管电流小于它的维持电流时，晶闸管关断。

电路中带开关 S 的电位器 R_P、电容 C_1，C_2 和电阻 R_1，R_2 组成移相触发电路，当开关 S 接通后，交流电流经二极管 VD_1 ~ VD_4 组成的整流桥为单向脉动电流，经 RP 向 C_1，C_2 充电，当电容两端电压升高达到晶闸管 V 控制极触发电压而使其触发导通时，电流形成回路。

将 R_P 的阻值调小时，晶闸管触发角变小，导通角变大，灯光亮度增强；将 R_P 的阻值调大时，晶闸管触发角变大，导通角变小，灯光亮度减弱。在交流电压过零点时，晶闸管关断(电阻性负载电路中电压和电流同相位)。

以上形成充电—导通—截止的循环过程。

调节电位器 R_P，改变晶闸管 V 的导通角，从而改变灯泡负载 H 的平均负电压(电流)，便起到随意调光的作用。

(三)风扇调速控制器电路

图 9－12 所示是一种简单实用的风扇调速电路，双向晶闸管和电路工作原理如下。

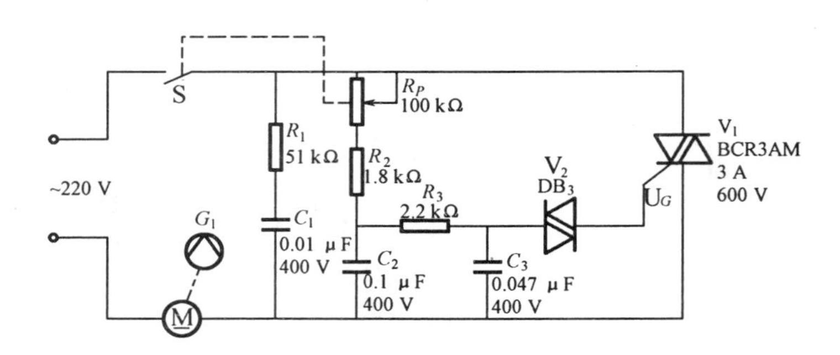

图 9－12　风扇调速器电路

(1)双向晶闸管阻断状态　双向晶闸管阴、阳两极加交流电压，控制极不加触发电压，晶闸管不导通。

(2)双向晶闸管导通　双向晶闸管阴、阳极加交流电压，控制极加触发电压后，晶闸管仍维持导通。

(3)双向晶闸管关断　由于该电路带电感性负载，所以电压过零时电流不一定为零(相位上电流滞后电压)，晶闸管不一定关断。

图中 R_1，C_1 组成吸收电路用于吸收双向晶闸管 V_1 开、关时产生的尖峰脉冲，避免对外产生干扰，带开关 S 的电位器 R_P、电阻 R_2、R_3，电容 C_2 和 C_3 组成可调积分电路。在电源正负或半波时，电源通过电位器 R_P 和电阻 R_2 对电容 C_2 充电，当电容上的电压升高到双向触发二极管 V_2 的击穿电压时，电容器通过 V_2 对双向晶闸管 V_1 的控制极放电并施加触发 U_G，触发 V_1 正向或反向导通，此时风扇电动机 M 有电流流过。

V_1 的正向晶闸管导通时，其反相晶闸管承受反向电压而截止，反之亦然。因此，不管是正半周还是负半周都可以通过调节电位器 R_P 的阻值来改变积分电路的时间常数，可以改变双向晶闸管 V_1 的导通角，使输出给电风扇的交流电压随之改变。表现为 R_P 阻值增大，风扇转速变慢，反之则变快。

三、三端稳压器的制作

由三端稳压器制作的稳压电源具有结构简单、稳压性能好等优点，广泛地应用于较小电流的场合。用固定式三端集成稳压电路 7805 设计制作连续可调直流稳压的实际电路如图 9－13 所示。

三端稳压器应用时必须注意引脚功能，不能接错，否则电路将不能正常工作，甚至损坏集成电路。78××系列三端稳压器封装形式和引脚功能如图 9－14 所示。

图 9－14 中 R_1 取 220Q，R_2 取 680Q 主要用来调整输出电压。输出电压 $U_O \approx U_{xx}(1+R_2/R_1)$，该电路可在 5～12 V 稳压范围内实现输出电压连续可调。

注：U_{xx}是指电路中三端稳压器的稳压值。

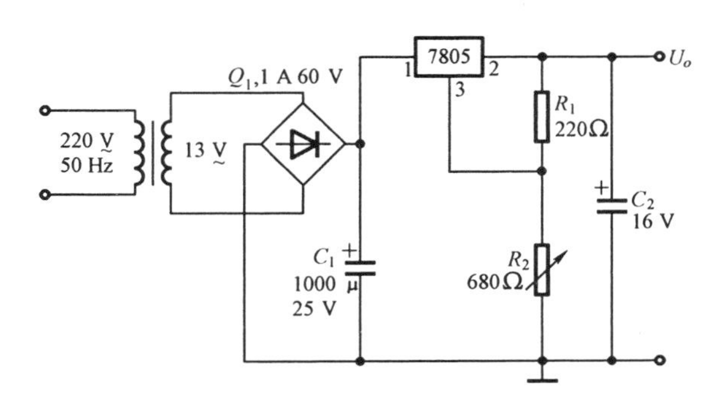

图 9－13　三端稳压器制作的可调稳压电源

按图 9－13 进行三端稳压器制作的可调稳压电源的装接，完成后进行如下调试。

(1)在空载情况下，调节电位器，用万用表直流电压挡测输出电压，观察输出电压变化范围，并观察电压稳定情况。

(2)输出电流的测量。将输出电压调到一固定值，将 5.1 kΩ 电位器调至最大，接到输出端，逐渐减小阻值，直到输出电压明显降低。用万用表电流挡测出电流大小。

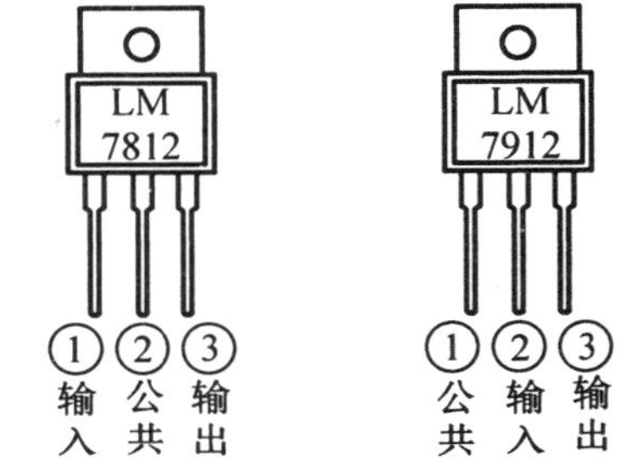

图 9－14　78××系列三端稳压器封装形式和引脚功能

四、电子电路的检修流程

电子电路的检修是一项理论与实践性很强的技术工作。检修者必须具备一定的电工及电子的理论知识，熟悉电子设备的基本结构、原理及使用，能熟练使用检测仪器，并要能灵活应用各方面的知识指导修理。通常各步骤具体操作见表 9－7。

检修是一项理论与实践性很强的技术工作。检修者不能操之过急，要反复操练，不断积累，才能熟练掌握检修技能，其注意事项如下：

(1)用手摸元器件时，要注意安全，拨动某零件后要恢复原位；

(2)通电后如出现打火、冒烟等异常现象，要及时切断电源；

(3)严禁在通电情况下使用电阻检查法；

(4)电阻检查法不适合机械类故障检查；

(5)在检测接触不良故障时，表笔接触测试点，再摆动线路板，若表针不稳，来回摆动，说明存在接触不良的故障；

(6)电压检查法适应各种电路故障的检查；

(7)测量交流电压时，要注意安全，分清是交流还是直流，正确选择量程。

表 9－7　电子电路的检修流程及步骤

步骤	解释说明
了解、观察和分析故障现象	通过询问的方法了解故障发生的过程、原因及故障现象，在确保不会再扩大故障范围的前提下，通电观察故障现象，记录故障的确切现象与轻重程度，初步确定故障的性质
外表初步检查	检查设备外部各开关旋钮等是否正常，有无松脱、断线和接触不良等问题，转动是否灵活，是否起作用，检查外部各接线、插头和插座是否良好
通电检查，确定故障	观察是否烧焦元器件，保险丝是否良好，内部连接螺丝有无松脱等不正常现象
不通电观察	先检查内部整机电源是否正常，再运用各种检查方法和检测仪器，确定故障的部位。这步需要测试各工作点的电压、波形及输出点的总体指标等。这是整个检修过程中最关键的一个环节。若在通电时元器件出现异常应及时断电，以免扩大故障范围
实施修理，修后检定	对有故障的元器件或故障点进行必要的更换、焊接、调整、修补或复制等修理工作，直到设备正常。排除设备故障后，应根据要求对调和进行调试，保证设备完好如初
填写检修记录	填写记录，可以对设备的检修结果进行跟踪，同时也为以后的检修积累经验

实训一　电烙铁拆装与锡焊技能训练

【目的】

1.通过电烙铁拆装，了解电烙铁结构，会排除电烙铁的常见故障。

2.通过对铜、铁金属丝的焊接及在印刷线路板上的元件焊接和拆焊，能较熟练地从事电子电器装修中的基本焊接。

【工具、仪表与器材】电烙铁、烙铁架、镊子、尖嘴钳、螺丝刀、刮丝刀、吸锡器、排锡管、插针、印刷线路板、万用表。表 9－7 所列焊剂配方、焊锡、铁丝、钢丝、焊片、阻容元件、晶体管、集成电路、收录机功能转换开关等。

【训练步骤与工艺要点】

1.电烙铁拆装训练

拆卸一支内热式电烙铁(或读者手中其他规格电烙铁)，研究完基本结构后组装还原，并将拆卸情况记入表 9－8 中。

表 9-8 电烙铁拆装训练记录

拆装步骤	解体后零件名称	发热器电阻/Ω		烙铁头形状
		拆卸前	解体后	

2.用元件(或用钢丝代替元器件)完成网焊、钩焊、插焊和搭焊焊点各20个以上,并将焊接情况记入表9-9中。

表 9-9 一般结构焊接记录

焊接种类	所用材料(元件)种类及规格	焊点数	电烙铁规格	焊料种类	焊剂种类	焊接工艺要点
网焊						
钩焊						
插焊						
搭焊						

训练所用时间________

参加训练者(签字)________

20____年____月____日

实训二　常用电子元器件的检测

【目的】能较为熟练地运用万用表测量二极管、三极管、晶闸管。

【工具、仪表及器材】万用表、电子元器件如表9－10所示。

表9－10　电子元器件清单

代号	规格	名称	代号	规格	名称
T1	9013	小功率三极管	C	100 μF/25 V	电解电容器
T2	D882	大功率三极管	R	470 Ω/0.125 W	金属膜电阻器
VD	1N4001	整流二极管	R_P	470 kΩ/1 W	实芯电位器

【训练步骤与要求】

1.二极管识别与检测

2.三极管识别与检测

3.电容器识别与检测

4.电阻的识别与检测

分别用外观法和万用表测量法，检测表9－10中的电子元器件并将测量情况记入表9－11中，并分析错误手法与测量误差的关系。

表9－11　电子元器件的测量

项目 / 测量情况 / 被测元器件	外观法	万用表量程	简述测量过程

表 9 – 11(续)

项目 测量情况 被测元器件	外观法	万用表量程	简述测量过程

训练所用时间________

参加训练者(签字)________
20 ____年____月____日

附录

初级维修电工考核试题

一、安装、接线及绕组的绕制技能

1.用护套线装接两地控制一盏白炽灯并有一个插座的线路,然后试灯。

(1)准备通知单

序号	名　　称	规　　格	单位	数量
1	单相交流电源	交流 220 V 和 36 V 5 A	处	1
2	万用表	自定	个	1
3	电工通用工具	验电笔、钢丝钳、螺丝刀(包括十字口螺丝刀)、电工刀、尖嘴钳、活动板手等	套	1
4	白炽灯及灯具	220 V 40 W	套	1
5	插座	250 V 10 A	套	1
6	护套线	BLVV - 2 * 1.5^2	米	10
7	绝缘软线	RVS - 2 * 16/0.15	米	1
8	黑胶布		卷	1

(2)技能试题考核要求、评分标准及现场记录

序列	试题及考核要求	评分标准	配分	扣分	得分
1	一、试题:用护套线装接两地控制一盏白炽灯并有一个插座的线路、然后试灯。 二、考核要求 1.元件在配线上布置要合理,安装要正确紧固,布线要求横平竖直,交叉跨越,接线紧固美观。 2.正确使用工具和仪表。 3.安全文明操作。 4.满分 10 分,考试时间 30 分钟。	1.木台、等座、开关、插座和挂线盒安装松动,每处扣 2 分 2.电气元件损坏,每处扣 2 分 3.火线没进开关扣 2 分 4.护套线不平直,每根扣 1 分 5 导线削损伤,每处扣 1 分 6.护套线转角圆度不大或不圆,每处扣 1 分 7.铝片线卡安装不符要求,每处扣 0.5 分 8.经两次试灯才能成功扣 2 分,仍不成功扣 5 分	10		
备注		考评员签字 年　月　日			

2.安装和调试三相异步电动机无变压器半波整流单向启动能耗制动控制电路

(1)准备通知单

序号	名　　称	规　　格	单位	数量
1	三相四线电源	~3×380/220 V,20 A	处	1
2	单相交流电源	~220 V 和 36 V,5 A	处	1
3	三相电动机	Y-112M-4.4KM 额定电压 380 V、△接法;或自定	台	1
4	木板	500 mm×450 mm×20 mm	块	1
5	组合开关	HZ10-25/3	个	1
6	交流接触器	CJ10-10 线圈电压 380V 或 CJ10-20 线圈电压 380 V	只	2
7	热继电器	JR16-20/3D 整定电流 8.8 A	只	1
8	时间继电器	JS7-4A,线圈电压 380 V	只	1
9	整流二极管	2CZ30 30 A,600 V	只	1
10	熔断器及熔心配套	RL1-60/20A	套	3
11	熔断器及熔心配套	RL1-15/4A	套	2
12	电阻器	ZX2-2/0.7,7 Ω,每片 0.7 Ω,22.3 A	组	1
13	三联按钮	LA10-3H 或 LA4-3H	个	1
14	接线端子排	JX2-1015,500V(10A,15 节)	条	1
15	木螺丝	ϕ3×20 mm;3×15 mm	个	25
16	平垫圈	ϕ4 mm	个	25
17	单芯塑料铜线	BV-2.5 mm^2	米	15
18	单芯塑料铜线	BV-1.5 mm^2	米	15
19	塑料软铜线	BVR-0.75 mm^2	米	5
20	圆珠笔	自定	支	1

(2)技能试题考核要求、评分标准及现场记录

<table>
<tr><th>序号</th><th>试题及考核要求</th><th colspan="2">评 分 标 准</th><th>配分</th><th>扣分</th><th>得分</th></tr>
<tr><td rowspan="4">1</td><td rowspan="4">一、试题:安装和调试三相异步电动机不变压器半波整流单向启动能耗制动控制电路。(电路详见附图1)
二、考核要求
1.按图纸的要求进行正确熟练的安装,元件在配线板上布置要求合理,安装要准确紧固,布线要求横平竖直,交叉跨越,接线紧固美观。正确使用工具和仪表。
2.按钮盒不固定在板上,要注明引出端子标号。
3.安全文明操作。
4.满分30分,考试时间150分钟。</td><td>一、元件安装5分</td><td>1.元件布置不整齐、不均匀、不合理、每只扣1分
2.元件安装不牢固、安装元件时漏装螺钉,每只扣1分
3. 损坏元件每只扣2分</td><td>5</td><td></td><td></td></tr>
<tr><td>二、布线10分</td><td>1.电机运行正常,如不按电气原理图接线,扣1分
2.布线不横平竖直,不交叉跨越,主、控制电路每根扣0.5分
3.接点松动、露铜过长、反圈、压绝缘层,标记线号不清楚、遗漏或误标,每处扣0.5分</td><td>10</td><td></td><td></td></tr>
<tr><td>三、通电实验15分</td><td>1.时间继电器及热继电器整定值错误各扣2分
2.主、控电路配错熔体,每个扣1分
3.一次试车不成功扣4分;二次试车不成功扣8分;三次试车不成功扣10分;乱线敷设,扣5分</td><td>15</td><td></td><td></td></tr>
<tr><td>备注</td><td></td><td colspan="3">考评员签字
年 月 日</td></tr>
</table>

3.安装和调试三相异步电动机Y-△降压启动控制电路

(1)准备通知单

序号	名 称	规 格	单位	数量
1	三相四线电源	~3×380/220 V,20 A	处	1
2	单相交流电源	~220 V和36 V,5 A	处	1
3	三相电动机	Y-112M-4.4KM额定电压380 V、△接法;或自定	台	1
4	万用表	自定	个	
5	兆欧表	500 V 0~200 MΩ	个	
6	钳形电流表	0~50 A	个	

续表

序号	名　称	规　格	单位	数量
7	电工通用工具	验电笔、钢丝钳、螺丝刀(包括十字口螺丝刀)、电工刀、尖嘴钳、活动扳手等	套	
8	木板	500 mm × 450 mm × 20 mm	块	1
9	组合开关	HZ10 - 25/3	个	1
10	交流接触器	CJ10 - 10 线圈电压 380 V 或 CJ10 - 20 线圈电压 380 V	只	2
11	热继电器	JR16 - 20/3D 整定电流 8.8 A	只	1
12	时间继电器	JS7 - 4A,线圈电压 380 V	只	1
13	整流二极管	2CZ30 30 A,600 V	只	1
14	熔断器及熔心配套	RL1 - 60/20A	套	3
15	熔断器及熔心配套	RL1 - 15/4A	套	2
16	电阻器	ZX2 - 2/0.7,7 Ω,每片 0.7 Ω,22.3 A	组	1
17	三联按钮	LA10 - 3H 或 LA4 - 3H	个	1
18	接线端子排	JX2 - 1015,500V(10A、15 节)	条	1
19	木螺丝	$\phi 3 \times 20$ mm;3×15 mm	个	25
20	平垫圈	$\phi 4$ mm	个	25
21	塑料软铜线	BV - 2.5 mm^2 颜色自定	米	15
22	塑料软铜线	BV - 1.5 mm^2 颜色自定	米	15
23	塑料软铜线	BVR - 0.75 mm^2 颜色自定	米	5
24	圆珠笔	自定	支	1
25	别径压端子	UT - 2.5 mm U1 - 4 mm	个	
26	行线槽	TC3025 长 34 cm 两边打 3.5 mm 孔	条	
27	异型塑料管	3 mm^2	米	

(2)技能试题考核要求、评分标准及现场记录

<table>
<tr><th>序号</th><th>试题及考核要求</th><th colspan="2">评 分 标 准</th><th>配分</th><th>扣分</th><th>得分</th></tr>
<tr><td rowspan="4">1</td><td rowspan="4">一、试题:安装和调试三相异步电动机 Y－△降压启动控制电路。(电路详见附图2)
二、考核要求
1.按图纸的要求进行正确熟练的安装,元件在配线板上布置要求合理,安装要准确紧固,布线要求横平竖直,交叉跨越,接线紧固美观。正确使用工具和仪表。
2.按钮盒不固定在板上,要注明引出端子标号。
3.安全文明操作。
4.满分30分,考试时间180分钟。</td><td>一、元件安装5分</td><td>1.元件布置不整齐、不均匀、不合理,每只扣1分
2.元件安装不牢固、安装元件时漏装螺钉,每只扣1分
3. 损坏元件每只扣2分</td><td>5</td><td></td><td></td></tr>
<tr><td>二、布线10分</td><td>1.电机运行正常,如不按电气原理图接线,扣1分
2.布线进入线槽,不美观,主电路、控制电路每根扣0.5分
3.接点松动、露铜过长、反圈、压绝缘层,标记线号不清楚、遗漏或误标,引出端无别径压端子每处扣0.5分
4.损伤导线绝缘或线芯,每处扣0.5分</td><td>10</td><td></td><td></td></tr>
<tr><td>三、通电实验15分</td><td>1.时间继电器及热继电器整定值错误各扣2分
2.主、控电路配错熔体,每个扣1分
3.一次试车不成功扣4分;二次试车不成功扣8分;三次试车不成功扣10分;乱线敷设,扣5分</td><td>15</td><td></td><td></td></tr>
<tr><td>备注</td><td></td><td colspan="3">考评员签字
年 月 日</td></tr>
</table>

4.安装和调试串联型可调稳压电路

(1)准备通知单

序号	名 称	规 格	单位	数量
1	单相交流电源	~220 V和36 V、5 A	处	1
2	电源开关S	自定	只	1
3	变压器T	BK50 220/18 V	只	1
4	熔断器FU1	1 A	只	1
5	二极管 $V_1 \sim V_4$	2CZ11K	只	2

续表

序号	名　　称	规　　格	单位	数量
6	三极管 V_5	2CW56	只	1
7	三极管 V_6	3DG12	只	1
8	三极管 V_7	3DG6	只	1
9	三极管 V_8	3DG6	只	3
10	电阻 R_1	1 kΩ,0.25 W	只	2
11	电阻 R_2	1 kΩ,0.25 W	只	1
12	电阻 R_3	50 Ω、0.25 W	只	1
13	电阻 R_4	300 Ω、0.25 W	只	1
14	电位器 R_P	470 Ω	只	1
15	电解电容 C_1	100 μF/50 V	只	1
16	电解电容 C_2	10 μF/25 V	只	1
17	电解电容 C_3	500 μF/16 V	只	1
18	熔断器 FU2	2 A	只	1
19	单股镀锌铜线(连接元件用)	AV - 0.1M m^2	米	1
20	多股细铜线(连接元件用)	AVR - 0.1M m^2	米	1
21	万能印刷线路板(或柳丁板)	2 × 70 × 100(或 2 × 150 × 200) mm	块	1
22	电烙铁、烙铁架等焊接工具	自定	套	1
23	焊料与焊剂	自定	套	1

(2)技能试题考核要求、评分标准及现场记录

<table>
<tr><th>序号</th><th>试题及考核要求</th><th colspan="2">评　分　标　准</th><th>配分</th><th>扣分</th><th>得分</th></tr>
<tr><td rowspan="3">1</td><td rowspan="3">一、安装和调试如下串联型可调稳压电路。
(电路详见附图 3)
二、考核要求
1.装接前要先检查元件的好坏,核对元件数量和规格,如在调试中发现元器件损坏,则按损坏元器件扣分。
2.在规定的时间内,按图纸的要求进行正确熟练地安装,正确地连接仪器与仪表,能正确进行调试。
3.正确地使用工具和仪表;装接质量要可靠,装接技术要符合工艺要求。
4.安全文明操作。
5.满分 30 分,考试时间 90 分钟。</td><td>一、按图焊接 20 分</td><td>1.布局不合理扣 1 分
2.焊点粗糙、拉尖、有焊接残渣,每处扣 1 分
3.元件虚焊、气孔、漏焊、松动、损坏元件,每处扣 1 分
4.引线过长、焊剂不擦干净扣 1 分
5.元器件的标称值不直观、安装高度不合要求扣 1 分
6.工具仪表使用不正确,每次扣 1 分
7.焊接时损坏元件每只扣 1 分</td><td>20</td><td></td><td></td></tr>
<tr><td>二、调试 10 分</td><td>1.在规定的时间内,不能正确使用连接仪器与仪表,不能正确进行调试前的准备工作扣 2 分
2.通电调试一次不成功扣 2 分;两次不成功扣 4 分;三次不成功扣 6 分
3.调试过程中损坏元件每只扣 2 分</td><td>10</td><td></td><td></td></tr>
<tr><td>备注</td><td></td><td colspan="3">考评员签字
年　月　日</td></tr>
</table>

5.进行 50 kW 以下三相异步电动机定子绕组的嵌线

(1)准备通知单

序号	名　　称	规　　格	单位	数量
1	单相交流电源	~220 V 和 36 V 5 A	处	1
2	三相四线电源	~3×380/220 V,20 A	个	1
3	万用表	自定	个	1
4	兆欧表	500 V 0~200 MΩ	个	1
5	钳型电流表	0~50 A	个	1
6	电工通用工具	验电笔、钢丝钳、螺丝刀(包括十字口螺丝刀)、电工刀、尖嘴钳、活动扳手等	套	1
7	黑胶布		卷	1
8	透明胶布		卷	1
9	50 kW 以下三相异步电动机定子绕组	自定	台	1
10	50 kW 以下三相异步电动机定子绕组的嵌线所用材料及工具	自定	套	1

(2)技能试题考核要求、评分标准及现场记录

<table>
<tr><th>序号</th><th>试题及考核要求</th><th colspan="2">评　分　标　准</th><th>配分</th><th>扣分</th><th>得分</th></tr>
<tr><td rowspan="5">1</td><td rowspan="5">一、试题:50 kW 以下三相异步电动机定子绕组的嵌线。
二、考核要求
1.嵌线前的准备:定子无灰尘,无污垢;工具准备齐全。
2.嵌线:按有关工艺要求进行。
3.正确使用工具和仪表。
4.安全文明操作。
5.满分 30 分,考试时间 180 分钟。</td><td>嵌线前的准备工作</td><td>1.定子有灰尘,有污垢扣 1 分
2.工具准备不齐全扣 1 分</td><td>2</td><td></td><td></td></tr>
<tr><td>外表质量</td><td>1.导线损伤处未作绝缘处理,每处扣 3 分
2.相间绝缘纸漏垫,每处扣 2 分
3.相间绝缘损伤已修复,每处扣 1 分
4.槽绝缘高于铁芯内圆,每处扣 4 分
5.槽楔端部破裂,每处扣 1 分
6.槽绝缘两端破裂,已修复每处扣 1 分,未修复每处扣 3 分
7.线圈端部碰端盖扣 5 分</td><td>10</td><td></td><td></td></tr>
<tr><td>直流电阻</td><td>三相电阻不平衡度 ± 3%,每超过 1%扣 1.5 分</td><td>5</td><td></td><td></td></tr>
<tr><td>接线</td><td>1.定子内部接线错误扣 10 分
2.接线盒接线错误扣 3 分</td><td>3</td><td></td><td></td></tr>
<tr><td>备注</td><td></td><td colspan="3">考评员签字
年　月　日</td></tr>
</table>

6. 10 kW 以下三相异步电动机的拆卸和装配

(1)准备通知单

序号	名　　称	规　　格	单位	数量
1	单相交流电源	~220 V 和 36 V 5 A	处	1
2	三相四线电源	~3×380/220 V、20 A	个	1
3	万用表	自定	个	1
4	兆欧表	500 V 0~200 MΩ	个	1
5	钳型电流表	0~50 A	个	1
6	电工通用工具	验电笔、钢丝钳、螺丝刀(包括十字口螺丝刀)、电工刀、尖嘴钳、活动扳手等	套	1
7	黑胶布		卷	1
8	透明胶布		卷	1
9	10 kW 以下三相异步电动机	自定	台	1
10	三相异步电动机的拆卸和装配所用材料及工具	自定	套	1

(2)技能试题考核要求、评分标准及现场记录

<table>
<tr><th>序号</th><th>试题及考核要求</th><th colspan="2">评 分 标 准</th><th>配分</th><th>扣分</th><th>得分</th></tr>
<tr><td rowspan="5">1</td><td rowspan="5">一、试题：10 kM 以下三相异步电动机的拆卸和装配
二、考核要求
1.拆装前的准备：电动机表面无灰尘，无污垢；工具准备齐全。
2.拆装：拆装步骤要正确；工具使用正确；组装质量要达到要求。
3.装配后的试验方法正确；根据试验结果判定电动机是否合格。
4 安全文明操作。
5.满分 30 分，考试时间 90 分钟</td><td>拆装的准备</td><td>1.有灰尘，有污垢扣 1 分
2.工具准备不齐全扣 1 分</td><td>2</td><td></td><td></td></tr>
<tr><td>拆卸</td><td>1.拆装步骤方法不正确每次扣 1 分
2.碰伤定子绕组扣 3 分
3.损坏零部件每次扣 2 分
4.装配标记不清楚，每处扣 1 分</td><td>10</td><td></td><td></td></tr>
<tr><td>装配</td><td>1.装配步骤、方法错误，每处扣 1 分
2.损伤定子绕组每处扣 3 分
3.损伤零部件，每次扣 2 分
4.轴承清洗不干净，每只扣 2 分
5.紧固螺钉没拧紧，每只扣 2 分
6.装配后转动不灵活扣 5 分</td><td>15</td><td></td><td></td></tr>
<tr><td>装配后的试验</td><td>1.空运转试验方法不正确扣 2 分
2.不会判定电动机是否合格 1 分</td><td>3</td><td></td><td></td></tr>
<tr><td>备注</td><td></td><td colspan="3">考评员签字
年 月 日</td></tr>
</table>

二、故障判断及修复技能

(1)准备通知单

序号	名 称	规 格	单位	数量
1	三相四线电源	~3×380/220 V、20 A	处	
2	万用表	自定	个	1
3	兆欧表	500 V 0~200 MΩ	个	
4	钳型电流表	0~50 A	个	
5	电工通用工具	验电笔、钢丝钳、螺丝刀(包括十字口螺丝刀)、电工刀、尖嘴钳、活动扳手等	套	1
6	黑胶布		卷	1
7	透明胶布		卷	1
8	机床及故障排除所用材料	1.C620 型车床 2.CW6163B 型车床 3.M7120 型平面磨床 4. 5 吨以下起重机	台	1

(2)技能试题考核要求、评分标准及现场记录

序号	试题及考核要求	评　分　标　准	配分	扣分	得分
1	一、试题：在下列机床或模拟线路板中任选一种，由监考教师设隐蔽故障三处，其中主回路一处，控制回路两处。考生向监考老师询问故障现象时，老师可以告诉考生，但考生要单独排除故障。 1. C620 型车床； 2. CW6163B 型车床； 3. M7120 型平面磨床； 4. 5 吨以下起重机； 二、考核要求 1. 从设故障开始，监考老师不得提示。 2. 根据故障现象，在电器控制线路上分析故障可能产生的原因，确定故障发生的范围。 3. 进行检修时，监考教师要进行监护，注意安全。 4. 排除故障过程中如果扩大故障，在规定的时间内可以继续排除故障。 5. 正确使用工具和仪表。 6. 安全文明操作。 7. 满分 40 分，考试时间 45 分钟。	1. 排除故障前不进行调查研究扣 1 分	1		
		2. 错标或标不出故障范围，每个故障点扣 2 分	6		
		3. 不能标出最小的故障范围，每个故障扣 1 分	3		
		4. 实验排除故障中思路不清楚，每个故障点扣 2 分	6		
		5. 每少查出一处故障点扣 2 分	6		
		6. 每少排除一处故障点扣 2 分	9		
		7. 排除故障方法不正确，每处扣 2 分	9		
		8. 扩大故障范围或产生新的故障后不能自行修复，每个扣 10 分；已经修复每个扣 5 分			
		9. 损坏电动机扣 10 分			
备注		考评员签字 年　月　日			

三、工具仪器、仪表的使用与维护技能

(1)准备通知单

序号	名　　称	规　　格	单位	数量
1	单相交流电源	~220 V 和 36 V 5 A	处	1
3	万用表	自定	个	1
6	电工通用工具	验电笔、钢丝钳、螺丝刀(包括十字口螺丝刀)、电工刀、尖嘴钳、活动扳手等	套	1
	白炽灯及工具	500 W	套	1
	电压表	自定	个	1
	电流表	自定	个	1
	多股导线	BRV 0.5 mm^2	米	5
7	黑胶布	自定	卷	1
8	透明胶布	自定	卷	1

(2)技能试题考核要求、评分标准及现场记录

序号	试题及考核要求	评 分 标 准	配分	扣分	得分
1	一、试题:工具、设备的使用和维护 1.测试一只1 kW以下灯泡的实际电压和电流。正确接线并读出实际测量的电压和电流值。 2.在各项技能考试中,工具、设备(仪器、仪表等)的使用与维护要正确无误。 二、考核要求 1.工具、设备的使用与维护要正确无误,不得损坏工具和设备。 2.安全文明操作。 3.满分10分,考试时间20分钟。	1.连接不正确每处扣1分 2.测量挡次选择不正确扣1分 3.读数有较大误差扣1分 4.测量结果错误扣2分	5		
		1.在各项技能考试中工具、设备的使用与维护不熟练不正确,每处扣1分,扣完5分为止 2.考试中损坏工具和设备扣5分	5		
备注		考评员签字 年 月 日			

四、安全文明生产

(1)准备通知单

序号	名 称	规 格	单位	数量
1	劳动保护用品	工作服自定,绝缘鞋击穿电压大于1 000 V		

(2)技能试题考核要求、评分标准及现场记录

序号	试题及考核要求	评 分 标 准	配分	扣分	得分
1	一、试题:安全文明生产。 二、考核要求 1.安全文明生产: (1)劳动保护用品、电工工具佩带齐全;(2)遵守操作规程;(3)尊重监考老师,讲文明礼貌;(4)考试结束要清理现场。 2.当监考老师发现考生有重大事故隐患时,要立即予以制止。 3.考生故意违反安全文明生产或发生重大事故,取消考试资格。 4.监考老师要在备注栏中注明考生违纪情况。	1.在以上各项考试中,违反安全文明生产考核要求的任何一项扣2分,扣完为止;考生在不同的技能试题中,违反安全文明生产考核要求同一项内容的,要累计扣分 2.当监考老师发现考生有重大事故隐患时,要立即予以制止,并每次扣安全文明生产总分5分			
备注		考评员签字 年 月 日			

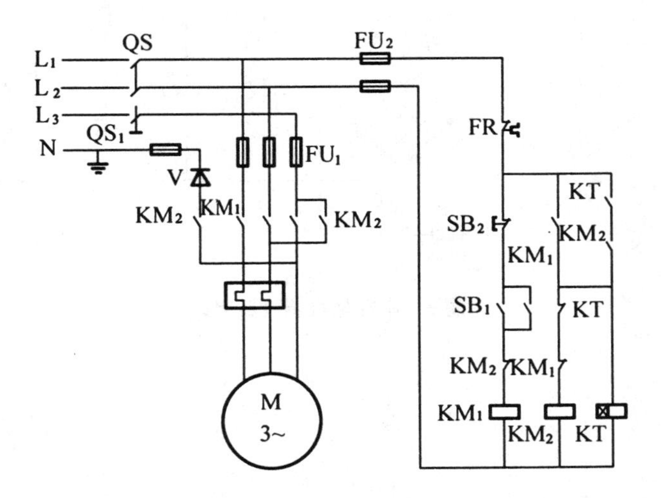

附图 1　三相异步电动机无变压器半波整流单相启动能耗制动控制电路

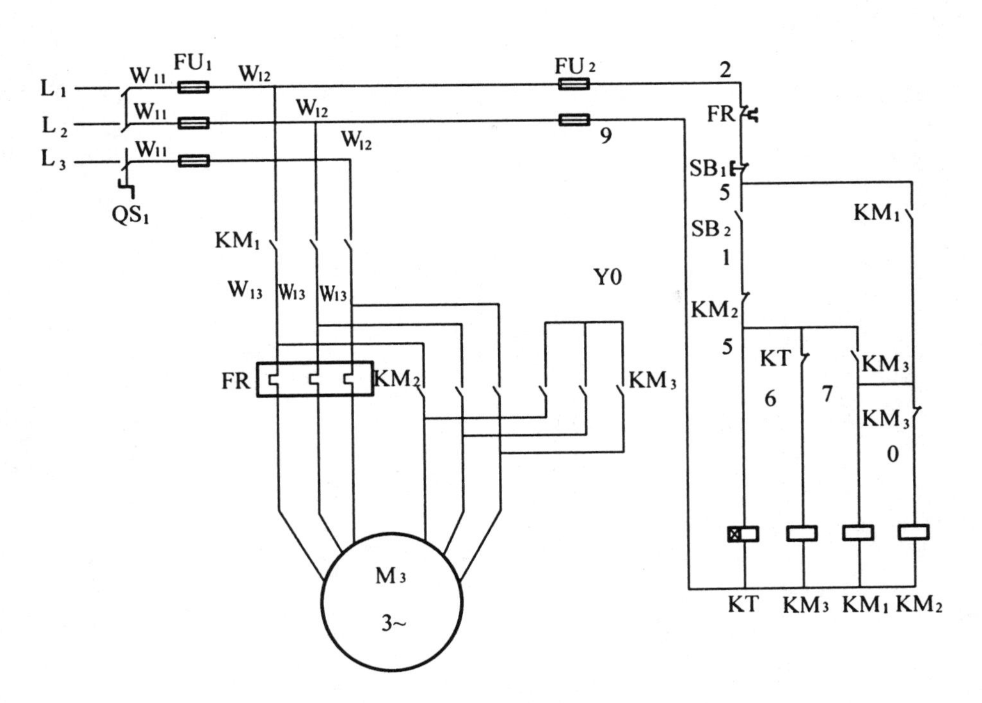

附图 2　三相异步电动机 Y－△降压启动控制电路

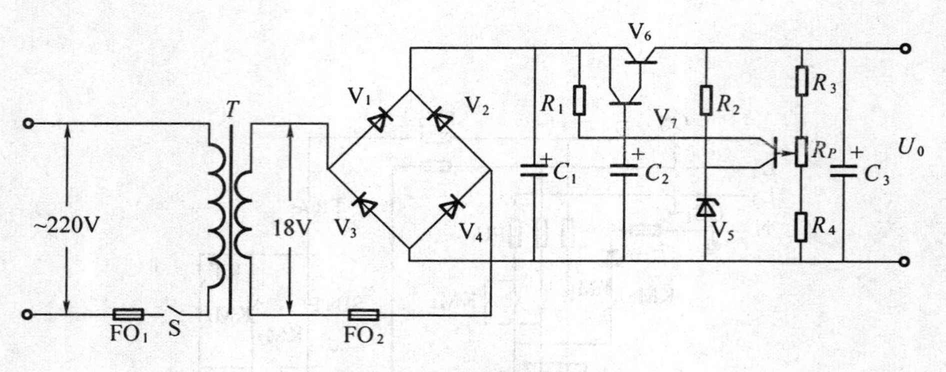

附图 3　串联型可调稳压电路

参考文献

[1] 中华人民共和国职业鉴定辅导丛书编审委员会.维修电工职业技能鉴定指南.北京:机械工业出版社,1999.

[2] 王文义.船舶电站.哈尔滨:哈尔滨工程大学出版社,2006.

[3] 邓香生.电工技术基础实训.北京:科学出版社,2005.

[4] 程立群,王奎英.电工实训基本功.北京:人民邮电出版社,2006.

[5] 曾祥富.电工技能与训练.北京:高等教育出版社,1994.

[6] 金国砥.维修电工与实训.北京:人民邮电出版社,2006.

[7] 刘法治.维修电工实训技术.北京:清华大学出版社,2006.